食品生物化学

王正朝　张正红　朱可彤◎主编

Food Biochemistry

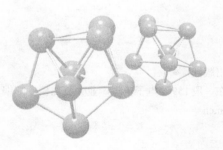

电子科技大学出版社
University of Electronic Science and Technology of China Press

·成都·

图书在版编目（CIP）数据

食品生物化学 / 王正朝，张正红，朱可彤主编.--
成都：电子科技大学出版社，2019.6
ISBN 978-7-5647-7209-3

Ⅰ.①食… Ⅱ.①王… ②张… ③朱… Ⅲ.①食品化
学－生物化学 Ⅳ.①TS201.2

中国版本图书馆CIP数据核字（2019）第136940号

食品生物化学
SHIPIN SHENGWUHUAXUE

王正朝　张正红　朱可彤　主编

策划编辑　罗　雅
责任编辑　卢　莉

出版发行　电子科技大学出版社
　　　　　成都市一环路东一段159号电子信息产业大厦九楼　邮编　610051
主　　页　www.uestcp.com.cn
服务电话　028-83203399
邮购电话　028-83201495

印　　刷　成都市火炬印务有限公司
成品尺寸　185mm×260mm
印　　张　11.25
字　　数　290千字
版　　次　2019年6月第1版
印　　次　2019年6月第1次印刷
书　　号　ISBN 978-7-5647-7209-3
定　　价　42.00元

前　　言

　　本书是为食品科学与工程学科的相关专业本科学生编写的，食品生物化学是该领域相关学科专业本科学生必修的专业基础课。以适应21世纪科技发展对具有创新意识、基础扎实、知识面广、综合素质高的人才的需求。本书主要介绍糖类、脂类、蛋白质、核酸、酶、维生素和辅酶（基）、生物氧化、糖代谢、脂代谢、物质代谢途径的相互关系与调控等内容。

　　本教材是高校食品类专业的教学用书，也可供相关专业师生和食品行业各层次、各工种不同岗位的人员阅读、参考。

　　由于编者水平有限，书中疏漏之处难免存在，敬请广大读者批评指正。

编　者

目　　录

第1章 糖　　类

1.1　概述

1.1.1　糖类化合物的概念及分布

糖是多羟醛或多羟酮及其缩聚物和衍生物的总称。主要由 C、H、O 组成，分子式常用 $C_n(H_2O)$ 以来表示，其中氢和氧原子的比例是 2：1，又称为碳水化合物。后来人们发现符合通式的不一定是糖，如 CH_3COOH（乙酸），CH_2O（甲醛），$C_3H_6O_3$（乳酸）；是糖的也不一定都符合通式，如 $C_5H_{10}O_4$（脱氧核糖），$C_6H_{12}O_5$（鼠李糖），而且有些糖还含有氮、硫、磷等成分。所以碳水化合物这个名称并不确切，但因沿用已久，所以至今在西文中仍广泛使用。

糖在自然界中分布广泛，微生物、植物和高等动物体内都含有糖，其中植物体内含量最为丰富，占植物干重的 85% ~ 90%。植物细胞壁、木质部等主要由纤维素构成；我们生活中应用的竹、木、棉、麻制品，也都是由纤维素构成的；甘蔗中含有蔗糖，水果中含有果糖、葡萄糖和果胶；谷物中含有大量的淀粉，这些纤维素、蔗糖、果糖、葡萄糖、果胶和淀粉等都属于糖类。微生物中的糖含量占菌体干重的 10% ~ 30%，人体和动物中糖含量较少，不超过干重的 2%。人体中，糖主要有以下存在形式：①以糖原形式贮藏在肝脏和肌肉中，糖原代谢速度很快，对维持血糖浓度恒定、满足机体对糖的需求有重要意义。②以葡萄糖形式存在于体液中。细胞外液中的葡萄糖是糖的运输形式，它作为细胞的内环境条件之一，浓度相当恒定。③存在于多种含糖生物分子中，糖作为组成成分直接参与多种生物分子的构成。

1.1.2　糖类化合物的种类

根据能否被水解以及其水解产物的情况，糖主要可分为以下几类。

（1）单糖：一类结构最简单的糖，是不能用水解方法再降解的糖及其衍生物，根据其所含碳原子的数目可分为丙糖、丁糖、戊糖和己糖，根据官能团的特点分为醛糖和酮糖。

（2）寡糖：也称低聚糖，指能水解生成 2 ~ 10 个单糖分子的糖，各单糖之间借脱水缩合的糖苷键相连。以双糖存在最为广泛，蔗糖、麦芽糖和乳糖是其重要代表。

（3）多糖：能水解为多个单糖分子的糖称为多糖，是聚合度很大的高分子物质，以淀粉、糖原、纤维素等最为重要。由相同的单糖基组成的多糖称为同聚多糖，以不相同的单糖基组成的称为杂聚多糖。

（4）复合糖：糖与蛋白质、脂质等分子聚合而成的化合物称为复合糖或糖复合物，如糖蛋白和糖脂等。

1.2 单糖

1.2.1 单糖的分子结构

单糖是多羟基醛或多羟基酮，分别称为醛糖和酮糖，它们的分子结构通式如图1-1所示。

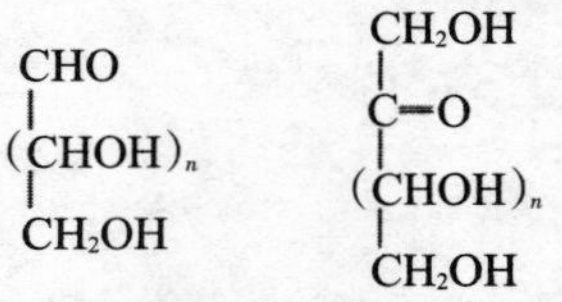

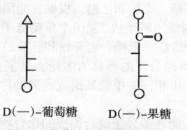

图1-1 链状醛糖和酮糖的通式

单糖的分子结构有链状结构和环状结构两种。链状结构即单糖的开链结构，其分子构型呈线性，而环状结构是指糖类C_1上的醛基与分子中其他碳原子（主要为C_4和C_5）上连接的羟基（—OH）之间形成半缩醛基，从而在分子内形成一个环状结构。单糖分子的链状结构和环状结构实际上是同分异构体。

1. 单糖的链状结构

（1）单糖的链状结构。以常见单糖分子为例，它们的链状结构分别如图1-2所示。

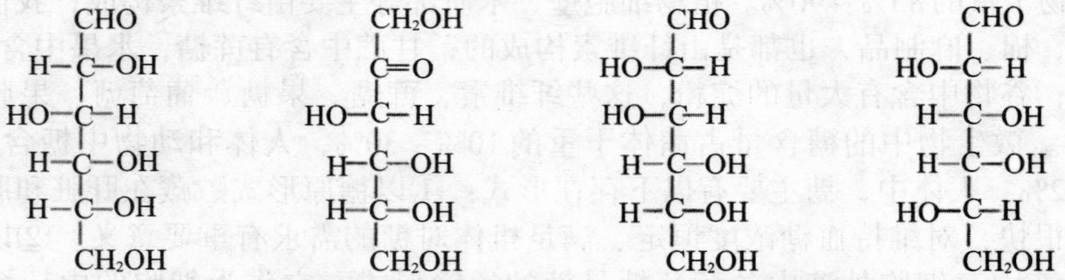

D(—)-果糖(酮糖)　　D(+)甘露糖(醛糖)　　L(—)-半乳糖(醛糖)

图1-2 常见单糖分子的链状结构

[(+)表示右旋,(−)表示左旋]

上式可以简化，以├表示碳链及不对称碳原子上羟基的位置；以△表示醛基，即—CHO；以—表示羟基，即—OH；以○表示第一醇基，即—CH_2OH，则*D*-葡萄糖和*D*-果糖分子结构的简化式如图1-3所示。

D(—)-葡萄糖　　　D(—)-果糖

图1-3 葡萄糖与果糖分子的简化式

（2）单糖的差向异构体。含有相同碳原子的同构型（醛糖或酮糖）的单糖的分子构象，如己醛糖中的葡萄糖与甘露糖、葡萄糖与半乳糖，除了一个不对称碳原子的构型不同（主要是—OH的位置）外，其余结构完全相同。把这种仅有一个不对称碳原子构型不同的两个非镜像对映异构体单糖称为差向异构体。

（3）单糖的镜像对映体。构型指一个分子由于其中各原子特有的固定的空间排列，而使该分子所具有的特定的立体化学形式。当某物质由一种构型转变为另一种构型时，要求有共价键的断裂和重新形成。

单糖有D型及L型两种异构体，即有两种构型。判断其是D型还是L型的方法是将单糖分子中离羰基最远的不对称碳原子上—OH的空间排布与甘油醛做比较，若与D-甘油醛相同，即—OH在不对称碳原子右边的为D型；若与L-甘油醛相同，即—OH在不对称碳原子左边的为L型。甘油醛的D型或L型是人为规定的。甘油醛是含有一个不对称碳原子的最简单的单糖，与其他单糖一样，含有不对称碳原子。一个不对称碳原子上的—H和—OH有两种可能的排列方法，因而形成两种对映体（antipode）。—OH在甘油醛的不对称碳原子右边，即在与—CH₂OH邻近的不对称碳原子（有*号的）右边，被规定为D型；在左边的规定为L型。

将甘油醛分子做成立体模型，则D-甘油醛及L-甘油醛两个对映体的结构如图1-4所示，它们不能重叠，而是互为镜像，因此称为镜像对映体。

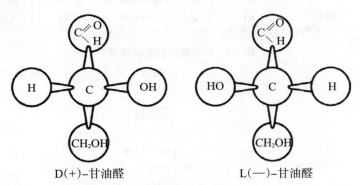

图1-4 甘油醛的镜像对映体

根据这种方法，从D-甘油醛可能衍生出2个D-丁糖，4个D-戊糖，8个D-己糖；从L-甘油醛也可衍生出同样数目的L型单糖。D型单糖与L型单糖互为对映体。故一种具有9个不对称碳原子的单糖，其镜像对映体的数目为2^n，图1-5和图1-6分别给出了D系醛糖与酮糖的立体结构。

2. 单糖的环状结构

由于葡萄糖的醛基只能与一分子醇反应生成半缩醛，不同于普通的醛；并且它不能与亚硫酸氢钠反应形成加成物，在红外光谱中没有羰基的伸缩振动，在核磁共振氢谱中也没有醛基质子的吸收峰。实验表明，因为葡萄糖的醛基与分子内的一个羟基形成了环状半缩醛结构，所以只能与一分子醇形成缩醛，又称为糖苷。

E.Fischer 1893年提出单糖的环状结构。在溶液中，含有5个或更多碳原子的醛糖和酮糖的羰基都可以与分子内的一个羟基反应形成环状半缩醛。环状半缩醛可以是五元环或六元环结构，环状结构中的氧来自形成半缩醛的羟基，所以环状半缩醛是个杂环结构。单糖的链状

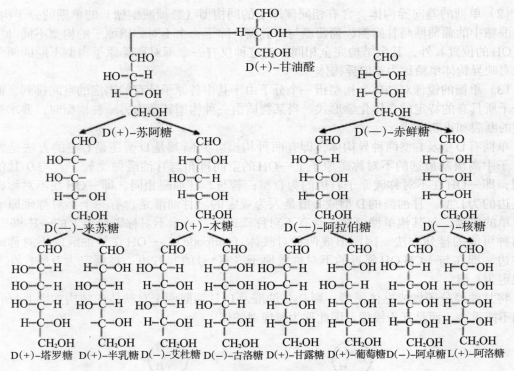

图1-5　D系醛糖衍生的单糖

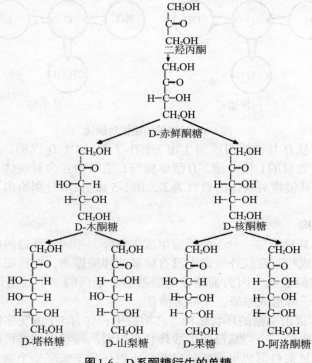

图1-6　D系酮糖衍生的单糖

结构和环状结构，实际上是同分异构体，环状结构更重要。

（1）单糖的α型和β型。由于环式第1碳原子是不对称的，与其相连的—H和—OH的位置就有两种可能的排列方式，因而就有了α和β两种构型的可能。决定α型和β型的依据与决定D构型和L构型的依据相同，都是以与分子末端—CH$_2$OH邻近的不对称碳原子的—OH的位置作为依据。凡糖分子的半缩醛羟基（即C$_1$上的—OH）和分子末端的—CH$_2$OH基邻近的不对称碳原子的—OH在碳链同侧的称为α型，在异侧的称为β型。C$_1$称为异头碳原子（头部碳原子），α型和β型两种异构体称为异头物。环式醛糖和酮糖都有α型和β型两种构型。水溶液中，单糖的α型和β型异构体可通过直链互变而达到平衡。这就是葡萄糖溶液的变旋现象。α型和β型异构体不是对映体。

（2）吡喃糖与呋喃糖。葡萄糖在无水甲醇溶液中受氯化氢催化，能产生两种各含一个甲基的甲基葡萄糖苷：α型甲基葡萄糖苷或者β型甲基葡萄糖苷。表明C$_1$有两种不对称形式，即葡萄糖分子环状结构有两种可能的形式。实验证明，C$_1$上的醛基在形成半缩醛基时有两种成环形式，一种是半缩醛基的氧桥由C$_1$和C$_5$连接，形成六元环（五个碳原子），称为吡喃型；另一种是半缩醛基的氧桥由C$_1$和C$_4$连接，形成五元环（四个碳原子），称为呋喃型。从这个角度，单糖又可分为吡喃糖与呋喃糖。葡萄糖的五元环结构（即呋喃糖）不太稳定，天然葡萄糖多以六元环（即吡喃糖）的形式存在。

（3）单糖环状结构Haworth式。Fischer的环状式虽能表示各个不对称碳原子构型的差异，较圆满地解释单糖的性质，但不能很准确地反映糖分子的立体构型。例如过长的氧桥就不符合实际情况。1926年，Haworth提出了以透视式表达糖的环状结构，即Haworth的透视式。将吡喃糖写成六元环，将呋喃糖写成五元环，这样，葡萄糖的两种环式结构的就如图1-7所示。

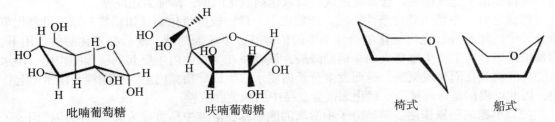

图1-7 葡萄糖的Haworth透视式　　　　**图1-8 己糖的椅式与船式结构**

吡喃葡萄糖　　　　　呋喃葡萄糖　　　　　椅式　　　　船式

天然存在的糖环结构实际并不像Haworth表示的透视平面图，吡喃糖有如图1-8所示的椅式和船式两种不同的构象。椅式构象相当刚性且热力学上较稳定，很多己糖都以这种构象存在。单糖中的酮糖与醛糖相同，也有环状结构，不过其五元环即呋喃糖更常见。

对于一种构型的糖（如 D-葡萄糖），有开链形式，也有环状形式；环状形式又分为α型和β型，成环的方式不同，又有呋喃式和吡喃式之分。因此一种糖在溶液状态时至少有5种形式的糖分子存在，它们处于平衡之中。其中α型和β型互变是通过醛式或水化醛式来完成的。

1.2.2　单糖的物理性质和化学性质

1. 单糖的物理性质

（1）单糖的旋光性。旋光性是指一种物质使偏振光的振动平面发生向左或向右旋转的特性。具有不对称碳原子（又称为手性碳原子）的化合都具有旋光性。除丙酮糖外，其余单糖分子中都具有手性碳原子，故都具有旋光性，这也可作为鉴定糖的一个重要指标。值得注意的是，凡在理论上可由 D-甘油醛（即 D-甘油醛糖）衍生出来的单糖皆为D型糖，由 L-甘油醛衍生出来的单糖皆为L型糖。但D及L符号仅表示单糖在构型上与 D-甘油醛或 L-甘油醛的关系，与旋光性无关。要表示旋光性，则在D或L后加（+）号，表示右旋；加（-）号表示左旋。构型与旋光方向是两个概念。

糖的比旋光度是指1 mL，含有1 g糖的溶液，当其透光层为1 dm时使偏振光旋转的角度，表示为 $[a]^t_\lambda$，t 为测定时的温度；λ 为测定时光的波长，一般采用钠光，符号为D。

糖在刚溶于水时，其比旋光度值是处于动态变化中的，一定时间后才趋于稳定，这种由糖发生构象转变而引起的现象称为变旋现象。因此在测定变旋光性糖的旋光度时，必须使糖溶液静置一段时间（24 h）后再测定。

（2）单糖的甜度。甜味的高低称为甜度，甜度是甜味剂的重要指标。目前，甜度的测定主要通过人的味觉来品评。通常以蔗糖作为测量甜味剂的基准物质，规定以10%或15%的蔗糖溶液在20℃时甜度为1.0，用相同浓度的其他糖溶液或甜味剂来比较甜度的高低。由于这种甜度是相对的，所以又称为比甜度。

（3）单糖的溶解度。单糖分子中有多个羟基，易溶于水，不溶于乙醚、丙酮等有机溶剂。

2. 单糖的化学性质

单糖是多羟基醛或多羟基酮，因此它们既具有羟基的化学性质（如氧化、酯化、缩醛反应），也具有羰基和醛基的化学性质，以及由于它们相互影响而产生的一些特殊化学性质。

（1）单糖的氧化作用。单糖分子中的游离羰基，在稀碱溶液中能转化为醛基，因此单糖具有醛的通性，既可以被氧化成酸，也可以被还原成醇。弱氧化剂（如多伦试剂或斐林试剂）可将单糖氧化成糖酸，通常能被这些弱氧化剂氧化的糖，都称为还原糖。

除此之外，单糖因氧化条件不同，产物也不一样。较强氧化剂（如硝酸）除了可氧化单糖分子中的醛基外，也可氧化单糖分子中的伯醇基，生成葡萄糖二酸。在氧化酶的作用下，葡萄糖形成具有重要生理意义的葡萄糖醛酸，该物质在生物体内主要起到解毒的作用。溴水也能将醛糖氧化而生成糖酸，进而发生分子内脱水，生成葡萄糖内酯。但酮糖与溴水不起作用，因此可根据是否可被溴水氧化来区分食品中的酮糖和醛糖。

（2）单糖的还原作用。单糖分子中游离的酮糖基在溶液中易重排为醛基的结构，而分子中含有自由醛基和半缩醛基的糖都具有还原性，因此单糖又被称为还原糖。游离的羰基在一定压力及催化剂镍的催化下，加氢还原成羟基，从而生成多羟基醇。如 D-型葡萄糖可被还原为 D-葡萄糖醇（又称为山梨糖醇），果糖还原后可得到葡萄糖醇和甘露醇的混合物，木糖经加氢还原可生成木糖醇。

（3）酸对单糖的作用。不同酸的种类、浓度和温度对不同种类糖的作用不同。单糖在稀溶液中是稳定的，在强的无机酸的作用下，戊糖和己糖都可被脱水。戊糖与强酸共热，产生糠醛；己糖与强酸共热，得到5-羟甲基糠醛。

糠醛和5-羟甲基糠醛能与某些酚类物质作用生成有色的缩合物。利用这一性质可鉴定糖。如α-萘酚与糠醛或5羟甲基糠醛反应生成紫色，这一反应称为莫利西试验，利用该反应可以鉴定糖的存在。间苯二酚与盐酸遇酮糖呈红色，遇醛糖呈很浅的颜色，根据这一特性可鉴别醛糖和酮糖，该反应称为西利万诺夫试验。

（4）碱对单糖的作用。单糖用稀碱液处理时能发生分子重排，醛糖和酮糖能相互转化

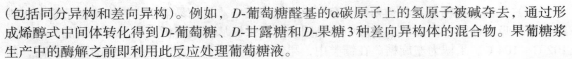

（包括同分异构和差向异构）。例如，*D*-葡萄糖醛基的α碳原子上的氢原子被碱夺去，通过形成烯醇式中间体转化得到*D*-葡萄糖、*D*-甘露糖和*D*-果糖3种差向异构体的混合物。果葡糖浆生产中的酶解之前即利用此反应处理葡萄糖液。

糖在浓碱作用下很不稳定，分解为乳酸、甲酸、甲醇、乙醇酸、3-羟基-2-丁酮和各种呋喃衍生物（包括糠醛，即羟甲基呋喃）。

（4）单糖的酯化作用。糖中的羟基可以与有机酸或无机酸作用生成酯。天然多糖中存在醋酸酯和其他羧酸酯，例如马铃薯淀粉中含有少量的磷酸酯基，卡拉胶中含有硫酸酯基。人工合成的蔗糖脂肪酸酯是一种常用的食品乳化剂。如6-磷酸葡萄糖、1，6-二磷酸果糖则是一些生物体中糖代谢的中间产物。

（6）单糖的成苷作用。单糖的半缩醛羟基很容易与另一分子的羟基、氨基或巯基反应，失水形成缩醛（或缩酮）式衍生物，统称为糖苷。其中，非糖部分称为苷或配基。如果苷是糖分子，则缩合生成聚糖。糖与配基之间的连接键称为糖苷键。糖苷键可以通过氧、氮、硫、碳原子连接，分别形成O型糖苷、N型糖苷、S型糖苷、C型糖苷。自然界最常见的是O型糖苷和N型糖苷。O型糖苷常见于多糖或寡糖的一级结构中，而N型糖苷常见于核苷。单糖有α型与β型之分，生成的糖苷也有α与β两种形式，如简单的α-甲基葡萄糖苷和β-甲基葡萄糖苷。

（7）单糖的成脎作用。单糖具有自由羰基，能与3分子苯肼（$H_2NNHC_6H_5$）作用生成糖脎。无论是醛糖还是酮糖都能成脎。糖脎为黄色结晶，不溶于水，且性质稳定。各种糖生成的糖脎形状与熔点都不相同，因此常用糖脎的生成来鉴定各种不同的糖。苯肼通常也称为糖的定性试剂。

1.2.3 重要的单糖

1. 丙糖

含有3个碳原子的糖称为丙糖。比较重要的丙糖有*D*-甘油醛和二羟丙酮，它们的磷酸酯是糖代谢的重要的中间产物。

2. 丁糖

丁糖分子共含有4个碳原子，自然界常见的丁糖有*D*-赤藓糖及*D*-赤藓酮糖，它们的磷酸酯是糖代谢的中间产物。

3. 戊糖

自然界存在的戊糖主要有*D*-核糖、*D*-2-脱氧核糖、*D*-木糖和*D*-阿拉伯糖，它们大多以多聚戊糖或糖苷的形式存在。戊酮糖中的*D*-核酮糖和*D*-木酮糖均是代谢的中间产物。

4. 己糖

重要的己醛糖中有*D*-葡萄糖、*D*-半乳糖和*D*-甘露糖，重要的己酮糖有*D*-果糖和*D*-山梨糖。下面主要介绍葡萄糖和果糖。

（1）葡萄糖。在室温下，从水溶液中结晶析出的葡萄糖，是含有一分子结晶水的单斜晶系晶体，构型为α-*D*-葡萄糖，在50℃以上失水变为无水葡萄糖。在98℃以上的热水溶液或酒精溶液中析出的葡萄糖，是无水的斜方晶体，构型为β-*D*-葡萄糖。葡萄糖的甜度为蔗糖甜度的56%~75%，其甜味有凉爽之感，适宜食用。葡萄糖加热后逐渐变为褐色，温度在170℃以上则生成焦糖。葡萄糖液能被多种微生物发酵，是发酵工业的重要原料。工业上是用淀粉作为原料，经酸法或酶法水解来生产葡萄糖的。

（2）果糖。果糖通常与葡萄糖共存于果实及蜂蜜中。果糖易溶于水，在常温下难溶于酒精。果糖吸湿性强，因而从水溶液中结晶困难，但果糖从酒精中析出的是无水结晶，熔点为$102℃ \sim 104℃$。果糖为左旋糖。在糖类中，果糖的甜度最高，尤其是β-果糖的甜度最高，其甜度随温度而变，热的时候为蔗糖的1.03倍，冷的时候为蔗糖的1.73倍。果糖易于消化，适于幼儿和糖尿病患者食用，它不需要胰岛素的作用。在常温常压下用异构化酶可使葡萄糖转化为果糖。

1.2.4　单糖的重要衍生物

1. 糖醇

糖醇可溶于水及乙醇中，较稳定，有甜味，不能还原费林试剂。常见的糖醇有甘露醇及山梨醇。甘露醇广泛分布于各种植物组织中，熔点为$106℃$，比旋光度为$-21°$。海带中的甘露醇含量为干物质量的$5.2\% \sim 20.5\%$，是制作甘露醇的良好原料。山梨醇在植物界分布也很广泛，熔点为$97.5℃$，氧化后可形成葡萄糖、果糖和山梨糖。

2. 氨基糖

糖中的—OH为—NH₂所代替，即为氨基糖。自然界存在的氨基糖都是氨基己糖，常见的是D-氨基葡萄糖，存在于几丁质、唾液酸中。氨基半乳糖是软骨组成成分软骨酸的水解产物。

3. 糖醛酸

糖醛酸由单糖的伯醇基氧化而得，其中常见的是葡萄糖醛酸，它是肝脏内的一种解毒剂。半乳糖醛酸也存在于果胶中。

4. 糖苷

糖苷主要存在于植物的种子、叶片及树皮内。天然糖苷中的糖苷配基有醇类、醛类、酚类、固醇、嘌呤等。糖苷大多极毒，但微量糖苷可作为药物。重要的糖苷有能引起溶血的皂角苷、具有强心剂作用的毛地黄苷以及能引起葡萄糖随尿排出的根皮苷。苦杏仁苷是一种毒性物质。

1.3　寡糖

寡糖，又称为低聚糖，是少数单糖（2～10个）缩合成的聚合物，可通过多糖水解得到。自然界重要的寡糖有二糖（双糖）和三糖等。研究寡糖结构涉及3个共性的问题：单糖的种类、糖苷键的类型和糖苷键的连接位置。

1.3.1　双糖

双糖又称为二糖，是最简单的低聚糖，被水解可生成2分子单糖。二糖分为两种：一种是以一个单糖的半缩醛羟基与另一个单糖的非半缩醛羟基形成的糖苷键，这种二糖仍有一个游离的半缩醛羟基，因而具有还原性，为还原糖；另一种二糖的糖苷键由两个半缩醛羟基连接而成，有游离的半缩醛基，为非还原性糖。自然界中存在的重要的二糖有蔗糖、麦芽糖、乳糖等。

1. 蔗糖

蔗糖为日常食用糖，在甘蔗、甜菜、胡萝卜和有甜味的果实（如香蕉、菠萝等）中存在较多。蔗糖是由一分子葡萄糖和一分子果糖缩合、失水而成的。分子中无半缩醛羟基，无还原性，为非还原性糖。蔗糖很甜，易结晶，易溶于水，但难溶于乙醇。蔗糖为右旋糖，比旋光度为+66.5°。蔗糖水解生成等物质的量的 D-葡萄糖和 D-果糖，果糖的比旋光度为-92.2°，葡萄糖的比旋光度为+52.6°，所以蔗糖水解液呈左旋性。其水解后的葡萄糖和果糖的混合物称为转化糖（invert sugar）。

2. 麦芽糖

麦芽糖大量存在于发芽的谷粒中，特别是麦芽中。淀粉水解时也可产生少量的麦芽糖。它是由一个葡萄糖分子的 C_4 和另外一个葡萄糖分子的半缩醛羟基脱水形成的 α-葡萄糖苷。分子内含有一个游离的半缩醛羟基，因此具有还原性，为还原糖。麦芽糖在水溶液中有变旋现象，比旋光度为+136°，且能成脎，极易被酵母发酵。

3. 乳糖

乳糖主要存在于哺乳动物的乳汁中，其中，牛乳含乳糖4%，人乳含乳糖5%~7%，这也是乳汁中唯一的糖。乳糖是由一分子半乳糖和一分子葡萄糖缩合、失水而成的。乳糖不易溶解，味道也不是很甜，具有还原性，能成脎，不能被酵母发酵，能被水解生成不同含量的葡萄糖、半乳糖和乳糖的浓缩物糖浆。这类糖浆被提出可用作冰淇淋中蔗糖的合适代用品，亦可作为水果罐头中转化糖的补充，或在啤酒和葡萄糖酒生产中用作发酵糖浆。乳糖能减缓食品关键组分的晶化作用，改善食品的持水性，还能保持食品对温度的良好稳定性。所以乳糖在食品工业中有扩大应用的趋势。

4. 纤维二糖

纤维二糖是纤维素的基本构成单位。水解纤维素可得到纤维二糖。纤维二糖由两个 β-D-葡萄糖通过1、4糖苷键相连，它与麦芽糖的区别是纤维二糖为 β-葡萄糖苷。

5. 海藻二糖

海藻二糖在动物、植物、教生物中广泛分布，如低等植物、真菌、细菌、酵母等，是由2分子葡萄糖通过它们的 C_1 结合而成的非还原性糖。

1.3.2 三糖

三糖也分为还原糖和非还原糖。常见的三糖有棉子糖、龙胆三糖和松三糖等。棉子糖与人类关系最密切，常见于很多植物中，甜菜中也有棉子糖。棉子糖又称为蜜三糖，是由葡萄糖、果糖和半乳糖各一分子组成的，它是在蔗糖的葡萄糖侧以 α-1,6糖苷键结合一个半乳糖而成。棉子糖为非还原糖。用甜菜制糖时，蜜糖中含有大量棉子糖。

棉子糖可被蔗糖酶和仅一半乳糖苷酶水解。棉子糖在蔗糖酶的作用下，分解为果糖和蜜二糖；在 α-半乳糖苷酶作用下，分解为半乳糖和蔗糖。人体本身不具有合成 α-半乳糖苷酶的能力，所以人体不能直接分解吸收利用这种低聚糖，但是肠道细菌中含有这种酶，因此棉子糖可通过肠道的作用分解，并能引起双歧杆菌等增殖。

1.3.3 环糊精

环糊精是直链淀粉在有芽孢杆菌产生的环糊精葡萄糖基转移酶作用下生成的一系列环状低聚糖的总称。它是由6~12个 D-吡喃葡萄糖残基以 α-1,4糖苷键连接而成，其中研究较多的是含有6个、7个和8个葡萄糖残基的分子，分别称为 α 环糊精、β 环糊精和 γ 环糊精。环糊精中无游离的半缩醛羟基，是一种非还原糖。α 环糊精结构特点是 C_6 上的羟基均在大环的一侧，而 C_2、C_3 上的羟基在另一侧。当多个环状分子彼此叠加成圆筒形多聚体时，圆筒形外壁排列着葡萄糖残基的羟甲基，而羟甲基是亲水性的；圆筒内壁由疏水的CH和氧环组成。因此筒外壁呈亲水性，筒内壁呈疏水性。

由于环糊精具有疏水空腔的结构，在水溶液里，形状和大小适合的疏水性物质可被包裹在环糊精形成的空腔里。环糊精常作为稳定剂、乳化剂、增溶剂、抗氧化剂、抗光解剂等，广泛应用于食品、医药、轻工业、农业、化工等方面。例如在医药工业上，环糊精可作为药物载体，将药物分子包裹于其中，类似微型胶囊，可增加药物的溶解性和稳定性，降低药物的刺激性、副作用，还可掩盖苦味等。

1.4　多糖

多糖是一类天然高分子化合物，它是由10个以上乃至几千个单糖以糖苷键相连形成的线性或支链的高聚物。按质量计，约占天然碳水化合物的90%以上。

1.4.1　命名和结构

特定单糖同聚物的英文命名是用单糖的名称作为词头，词尾为an，例如*D*-葡萄糖的聚合物称为*D*-葡聚糖。有些多糖的英文命名过去用ose结尾，例如纤维素和直链淀粉。其他多糖的名称现在已经做了修改，如琼脂糖（agarose）改为agaran，有些较老的命名词尾是以in为后缀，例如果胶（pectin）和菊糖（dahlin）。

某些多糖以糖复合物或混合物形式存在，例如糖蛋白、糖肽、糖脂、糖缀合物等糖复合物。几乎所有的淀粉都是直链和支链葡聚糖的混合物，分别称为直链淀粉和支链淀粉。商业果胶主要是含有阿拉伯聚糖和半乳聚糖的聚半乳糖醛酸的混合物。

多糖可以被酸完全水解成单糖，可利用气相色谱法和气-质联用法进行测定。可用化学方法和酶水解法来了解多糖的结构，酶法水解得到低聚糖，分析低聚糖可以知道多糖序列位置和连接类型。

1.4.2　多糖的特性

食品物料中各种多糖分子的结构、大小以及支链相互作用的方式均不相同，这些因素对多糖的特性有着重要影响。膳食中大量的多糖是不溶于水和不能被人体消化的，它们是组成蔬菜、果实和种子中细胞的细胞壁的纤维素和半纤维素。它们可使某些食品具有物理紧密性、松脆性和良好的口感，同时还有利于促进肠道蠕动。食品物料中的多糖除纤维素外，大都是水溶性的，或者是在水中可分散的。这些多糖在食品加工中起着各种不同的作用，例如硬性、松脆性、紧密性、增稠性、黏着性、形成凝胶和产生口感，并且使食品具有一定的结构和形状。

1. 多糖的溶解性

多糖分子链是由己糖和戊糖基单位构成，链中的每个糖基单位大多数平均含有3个羟基，每个羟基均可和1个水分子形成氢键。此外，环上的氧原子以及糖苷键上的氧原子也可与水形成氢键。因此，每个单糖单位能够完全被溶剂化，使之具有较强的持水能力和亲水性，使整个多糖分子成为可溶性的。在食品体系中多糖能控制或改变水的流动性，同时水又是影响多糖物理性质和功能特性的重要因素。因而，食品的许多功能性质，包括质地，都与多糖和水有关。

水与多糖的羟基所形成的氢键，使结构发生了改变，因而自身运动受到限制，通常称这种水为塑化水，在食品中起着增塑剂的作用。它们仅占凝胶和新鲜食品组织中总含水量的一小部分，这部分水能自由地与其他水分子迅速发生交换。

多糖作为一类高分子化合物，由于自身的属性而不能增加水的渗透性和显著降低水的冰点，因而在低温下仅能作为低温稳定剂，而不具有低温保护剂的效果。例如淀粉溶液冻结时形成了两相体系，其中一相为结晶水（冰），另一相是由大约70%淀粉与30%非冻结水组成的玻璃态。高浓度的多糖溶液由于黏度特别高，因而体系中的非冻结水流动性受到限制。另一方面，多糖在低温时的冷冻浓缩效应不仅使分子的流动性受到了极大的限制，而且使水分子不能被吸附到晶核和结合在晶体生长的活性位置上，从而抑制了冰晶的生长。上述原因使多糖在低温下具有很好的稳定性。因此在冻藏温度（−18℃）以下，无论是高分子量还是低分子量的多糖，均能有效阻止食品的质地和结构受到破坏，有利于提高产品的质量和贮藏稳定性。

高度有序结构线性的多糖，在大分子糖类化合物中只占少数，分子链因相互紧密结合而形成结晶，最大限度地减少了同水接触的机会，因此不溶于水。仅在剧烈条件下，例如在碱或其他适当的溶剂中，使分子链间氢键断裂才能增溶。例如纤维素，由于它的结构中β-D-吡喃葡萄糖基单位的有序排列和线性伸展，使得纤维素分子的长链和另一个纤维素分子中相同的部分相结合，导致纤维素分子在结晶区平行排列，使得水不能与纤维素的这些部位发生氢键键合，所以纤维素的结晶区不溶于水，而且非常稳定。然而大部分多糖不具有结晶性，因此易在水中溶解或溶胀。水溶性多糖和改性多糖通常以不同粒度在食品工业和其他工业中作为胶或亲水性物质具有广泛的应用前景。

2. 黏度与稳定性

可溶性大分子多糖都可以形成黏稠溶液。在天然多糖中，阿拉伯树胶溶液（按单位体积中同等质量分数计）的黏度最小，而瓜尔豆胶（瓜尔聚糖及魔芋葡甘露聚糖）溶液的黏度最大。多糖（胶或亲水胶体）在食品中的主要功能是增稠作用，此外还可控制液体食品及饮料的流动性与质地，保持半固体食品的形态及O/W乳浊液的稳定性。在食品加工中，多糖的使用量一般在0.25%~0.50%范围。

3. 胶凝作用

胶凝作用是多糖的又一重要特性。在食品加工中，多糖或蛋白质等大分子，可通过氢键、疏水作用以及范德华引力、离子键或共价键等相互作用，在多个分子间形成多个联结区。这些分子与分散的溶剂水分子缔合，最终形成布满水分子的连续的三维空间网络结构。

凝胶兼有固体和液体的某些特性。当大分子链间的相互作用超过分子链长的时候，每个多糖分子可参与两个或多个分子连接区的形成，这种作用的结果使原来流动的液体转变为有弹性的、类似海绵的三维空间网络结构的凝胶。凝胶不像连续液体那样具有完全的流动性，也不像有序固体那样具有明显的刚性，而是一种能保持一定形状、可显著抵抗外界应力作用、具有黏性液体某些特性的黏弹性半固体。凝胶中含有大量的水，有时甚至高达99%，例如带果块的果冻、肉冻、鱼冻等。

4. 水解性

多糖在食品加工和贮藏过程中不如蛋白质稳定。在酸或酶的催化下，多糖的糖苷键易发生水解，并伴随黏度降低。

多糖水解的难易程度，除了同它们的结构有关外，还受pH值、时间、温度和酶活力等因素的影响。在某些食品加工和保藏过程中，碳水化合物的水解问题是不可忽视的，因为它能使食品出现非需要的颜色变化，并使多糖失去胶凝能力。糖苷键在碱性介质中是相当稳定的，但在酸性介质中容易断裂。

上述反应中，失去 ROH 和产生共振稳定碳离子（正碳离子）是决定反应速率的一步。由于某些多糖对酸敏感，所以在酸性食品中不稳定，特别在高温下加热更容易发生水解。糖苷的水解速率随温度升高而急剧增大，符合一般反应速率常数的变化规律。多糖结构的差异和缔合度的不同可引起水解速率的变化，多糖的水解速率随多糖分子间的缔合度增加而明显地降低。

在食品加工中常利用酶作为催化剂水解多糖，例如果汁加工、果葡糖浆的生产等。从 20 世纪 70 年代开始，工业上采用 α-淀粉酶和葡萄糖糖化酶水解玉米淀粉得到近乎纯的 *D*-葡萄糖。然后用异构酶使 *D*-葡萄糖异构化，形成由 54% *D*-葡萄糖和 4 2% *D*-果糖组成的平衡混合物，称为果葡糖浆。这种廉价甜味剂可以代替蔗糖。据报道，美国糖的消费以果葡糖浆为主体。我国也生产这种甜味剂，并部分用于非酒精饮料、糖果和点心类食品的生产。

淀粉是生产果葡糖浆的原料。果葡糖浆的生产有两种不同方法。

第一种方法是酸转化法。淀粉（30%～40%水匀浆）用盐酸调整使其浓度近似为 0.12%，于 140℃～160℃加热煮 15～20 min 或直至达到要求的右旋糖当量（DE）值，水解结束即停止加热。用碳酸钠调 pH 值至 4～5.5，离心沉淀、过滤、浓缩，即得到酸转化果葡糖浆。

第二种是酸-酶转化法，即淀粉经酸水解后再用酶处理。酸处理过程与第一种方法相同，采用的酶有 α-淀粉酶、β-淀粉酶和葡萄糖糖化酶。选用何种酶取决于所得到的最终产品。例如生产 62 DE 果葡糖浆是先用酸转化至 DE 值达到 45～50，经过中和、澄清处理后再添加酶制剂，通常用 α-淀粉酶转化，使 DE 值达到大约 62，然后加热使酶失活。

高麦芽糖糖浆就是一种酸-酶转化糖浆，即先用酸处理至 DE 值达到 20 左右，经过中和、澄清后添加 β-淀粉酶转化至 DE 值达到要求为止，然后加热使酶失活。

1.5 食品中糖类的功能

1.5.1 亲水功能

糖类化合物对水的亲和力是其基本的物理性质之一，这类化合物含有许多亲水性羟基，使糖及其聚合物发生溶剂化或者增溶，因而在水中有很好的溶解性。糖类化合物的结构对水的结合速度和结合量有极大的影响。

糖类化合物结合水的能力和控制食品中水的活性是最重要的功能性质之一，结合水的能力通常称为保湿性。根据这一性质可以确定不同种类食品是需要限制从外界吸入水分还是控制食品中水分的损失。例如糖霜粉可作为前一种情况的例子，糖霜粉在包装后不应发生黏结，添加不易吸收水分的糖（如乳糖或麦芽糖）能满足这一要求。另一种情况是控制水的活性，防止水分损失，如糖果蜜饯和焙烤食品，必须添加吸湿性较强的糖，即玉米糖浆、高果糖浆或转化糖、糖醇等。

1.5.2 风味结合功能

糖类化合物在脱水工艺过程中对于保持食品的色泽和挥发性风味成分起着重要作用，特别是喷雾或冷冻干燥的食品。

$$糖-水+风味剂 \Longleftrightarrow 糖-风味剂+水$$

食品中的双糖和低聚糖比单糖更有效地保留挥发性风味成分。这些风味成分包括多种羰基化合物（醛和酮）和羧酸衍生物（主要是酯类）。环糊精因能形成包合结构，所以能有效地截留风味剂和其他小分子化合物。

大分子糖类化合物是一类很好的风味固定剂。应用最广泛的是阿拉伯树胶。阿拉伯树胶在风味物颗粒的周围形成一层厚膜，从而可以防止水分的吸收、蒸发和化学氧化造成的损失。阿拉伯树胶和明胶的混合物用于微胶囊和微乳化技术，这是食品风味固定方法的一项重大进展。阿拉伯树胶还用作柠檬、莱姆、橙和可乐等乳浊液的风味乳化剂。

1.5.3 糖类化合物褐变产物和食品风味

非氧化褐变反应除了产生深颜色类黑精色素外，还生成多种挥发性风味物质，这些挥发性风味物质有些是需要的。例如花生、咖啡豆在焙烤过程中产生的褐变风味。褐变产物除了能使食品产生风味外，它本身可能具有特殊的风味或者能增强其他风味的作用，具有这种双重作用的焦糖化产物是麦芽酚和乙基麦芽酚。

糖类化合物的褐变产物均具有强烈的焦糖气味，可以作为甜味增强剂。麦芽酚可以使蔗糖甜度的检出阈值降低至正常值的一半。另外，麦芽酚还能改善食品质地并产生更可口的感觉。据报道，异麦芽酚增强甜味的效果为麦芽酚的6倍。糖的热分解产物有吡喃酮、呋喃、呋喃酮、内酯、羰基化合物、酸和酯类等。这些化合物总的风味和香味特征是使某些食品产生特有的香味。

羰氨褐变反应也可以形成挥发性香味剂，这些化合物主要是吡啶、吡嗪、咪唑和吡咯。葡萄糖和氨基酸的混合物（质量比1：1）加热至100℃时，所产生的风味特征包括焦糖香味、黑麦面包香味和巧克力香味。羰氨褐变反应产生的特征香味随着温度改变而变化。如缬氨酸加热到100℃时可以产生黑麦面包风味，而当温度升高至180℃时，则有巧克力风味。脯氨酸在100℃时可产生烤焦的蛋白质香气，加热至180℃，则散发出令人有愉悦感觉的烤面包香味。组氨酸在100℃时无香味产生，加热至180℃时则有如同玉米面包、奶油或类似焦糖的香味。含硫氨基酸和葡萄糖一起加热可产生不同于其他氨基酸加热时形成的香味。例如甲硫氨酸和葡萄糖在温度100℃和180℃反应可产生马铃薯香味，盐酸半胱氨酸形成类似肉、硫黄的香气，胱氨酸所产生的香味很像烤焦的火鸡皮的气味。褐变能产生风味物质，但是食品中产生的挥发性和刺激性产物的含量应限制在能为消费者所接受的水平，因为过度增加食品香味会使人产生厌恶感。

1.5.4 甜味

低分子量糖类化合物的甜味是最容易辨别和令人喜爱的风味之一。蜂蜜和大多数果实的甜味主要取决于蔗糖、D-果糖或D-葡萄糖的含量。人所能感觉到的甜味因糖的组成、构型和物理性质不同而异。

糖醇可用作食品甜味剂。有的糖醇（例如木糖醇）的甜度超过其母体糖（木糖）的甜度，并具有低热量或抗龋齿等优点，我国已开始生产木糖醇甜味剂。

1.6 食品中的功能性多糖化合物

功能性多糖化合物广泛且大量分布于自然界，在食品加工和贮藏过程中有着重要的意义。它是构成动植物基本结构骨架的物质，如植物的纤维素、半纤维素和果胶，动物体内的几丁质、黏多糖等。某些多糖还可作为生物代谢储备物质而存在，像植物中的淀粉、糊精、菊糖以及动物体内的糖原等。有些多糖化合物则具有重要的生理功能，如人参多糖、香菇多糖、灵芝多糖和茶叶多糖等，有的则具有显著的增强免疫、降血糖、降血脂、抗肿瘤、抗病毒等药理活性。食品加工中常利用这些功能性多糖化合物作为增稠剂、胶凝剂、结晶抑制剂、澄清剂、稳定剂（用作泡沫、乳胶体和悬浮液的稳定）、成膜剂、絮凝剂、缓释剂、膨胀剂和胶囊剂等。

1.6.1　糖原

糖原又称动物淀粉，是肌肉和肝脏组织中储存的主要糖类化合物，因为其在肌肉和肝脏中的浓度都很低，因此糖原在食品中的含量很少。

糖原是同聚糖，与支链淀粉的结构相似，含 α-D-（1→4）和 α-D-（1→6）糖苷键。但糖原比支链淀粉的分子量更大，支链更多。从玉米淀粉或其他淀粉中也可分离出少量植物糖原，它属于低分子量和高度支化的多糖。

1.6.2　纤维素及其衍生物

纤维素是植物细胞壁的主要结构成分，通常与半纤维素、果胶和木质素结合在一起，其结合方式和程度对植物食品的质地产生很大的影响。而植物在成熟和后熟时质地的变化则是由果胶物质发生变化引起的。人体消化道内不存在纤维素酶，因此纤维素连同其他惰性多糖构成植物性食品物料中不可消化成分，如蔬菜、水果和谷物中的不可消化的糖类化合物统称为膳食纤维。除草食动物能利用纤维素外，其他动物的体内消化道也不含纤维素酶。纤维素和改性纤维素作为膳食纤维，不能被人体消化，也不能提供营养和热量，但具有促进肠道蠕动的作用。

纤维素的聚合度（DP）是可变的，取决于植物的来源和种类，聚合度范围为 1000～14 000（相当于相对分子质量 162 000～2 268 000）。纤维素由于分子量大且具有结晶结构，所以不溶于水，而且溶胀性和吸水性都很小。例如纯化的纤维素常作为配料添加到面包中，增加持水力和延长货架期，是一种低热量食品。

1. 羧甲基纤维素

纤维素经化学改性，可制成纤维素基食物胶。最广泛应用的纤维素衍生物是羧甲基纤维素钠，它是用氢氧化钠-氯乙酸处理纤维素制成的，一般产物的取代度 DS 为 0.3～0.9，聚合度为 500～2000，其反应如下所示：

$$\underset{\text{纤维素}}{\text{（纤维素结构）}} \xrightarrow[\text{ClCH}_2\text{COOH}]{\text{NaOH}} \underset{\text{羧甲基纤维素钠盐}}{\text{（羧甲基纤维素钠盐结构）}}$$

羧甲基纤维素（CMC）分子链长，具有刚性，带负电荷，在溶液中因静电排斥作用使之呈现高黏度和稳定性，它的这些性质与取代度和聚合度密切相关。低取代度（DS≤0.3）的产物不溶于水而溶于碱性溶液；高取代度（DS>0.4）羧甲基纤维素易溶于水。此外，溶解度和黏度还取决于溶液的pH值。

取代度为0.7～1.0的羧甲基纤维素可用来增加食品的黏性，溶于水可形成非牛顿型流体，其黏度随着温度上升而降低，pH值为5～10时溶液较稳定，pH值为7～9时稳定性最大。羧甲基纤维素一价阳离子形成可溶性盐，但当二价离子存在时则溶解度降低并生成悬浊液，三价阳离子可引起胶凝或沉淀。

羧甲基纤维素有助于食品蛋白质的增溶，例如明胶、干酪素和大豆蛋白等。在增溶过程中，羧甲基纤维素与蛋白质形成复合物。特别是在蛋白质的等电点附近，可使蛋白质保持稳定的分散体系。

羧甲基纤维素具有适宜的流变学性质，无毒，且不被人体消化，因此在食品中得到广泛的应用，如在馅饼、牛奶蛋糊、布丁、干酪涂抹料中作为增稠剂和黏合剂。由于羧甲基纤维素对水的结合容量大，因此在冰淇淋和其他食品中用以阻止冰晶的生成，防止糖浆中产生糖结晶。此外，还用于增加蛋糕及其他焙烤食品的体积和延长货架期，保持色拉调味汁乳胶液的稳定性，使食品疏松，增加体积，并改善蔗糖的口感。在低热量碳酸饮料中羧甲基纤维素用于阻止CO_2的逸出。

2. 甲基纤维素和羟丙基甲基纤维素

甲基纤维素（MC）是纤维素的醚化衍生物，其制备方法与羧甲基纤维素相似，在强碱性条件下将纤维素同三氯甲烷反应即得到甲基纤维素，取代度依反应条件而定，市售产品的取代度一般为1.1～2.2。

甲基纤维素具有热胶凝性，即溶液加热时形成凝胶，冷却后又恢复溶液状态。甲基纤维素溶液加热时，最初黏度降低，然后迅速增大并形成凝胶，这是由于各个分子周围的水合层受热后破裂，聚合物之间的疏水作用增强引起的。例如电解质NaCl和非电解质蔗糖或山梨醇均可使胶凝温度降低，因为它们争夺水分子的作用很强。甲基纤维素不能被人体消化，是膳食中的无热量多糖。

羟丙基甲基纤维素（HPMC）是纤维素与氯甲烷、环氧丙烷在碱性条件下反应制备的，取代度通常为0.002～0.3。其同甲基纤维素一样，可溶于冷水，这是因为在纤维素分子链中引入了甲基和羟丙基两个基团，从而干扰了羟丙基甲基纤维素分子链的结晶堆积和缔合，因此增加了纤维素的水溶性，但由于极性羟基减少，其水合作用降低。纤维素被醚化后，使分子具有表面活性且易在界面吸附，这有助于乳浊液和泡沫稳定。

甲基纤维素和羟丙基甲基纤维素可增强食品对水的吸收和保持，特别可使油炸食品不致过度吸收油脂。在某些保健食品中甲基纤维素起脱水收缩抑制剂和填充剂的作用。在不含面筋的加工食品中作为质地和结构物质。在冷冻食品中用于抑制脱水收缩（特别是沙司、肉、水果、蔬菜），在色拉调味汁中可作为增稠剂和稳定剂。

1.6.3 半纤维素

植物细胞壁是纤维素、木质素、半纤维素和果胶所构成的复杂结构。半纤维素是一类聚合物,水解时生成大量戊糖、葡萄糖醛酸和某些脱氧糖。半纤维素在食品焙烤中最主要的作用是提高面粉对水的结合能力,改善面包面团的混合品质,降低混合所需能量,有助于增加蛋白质的含量,增大面包体积。相较于不含半纤维素的面包,含植物半纤维素的面包变干硬的时间可推迟。

食物半纤维素对人体的重要性还不十分了解,它作为食物纤维的来源之二,在体内能促进胆汁酸的消除和降低血清中胆固醇含量,有利于肠道蠕动和粪便排泄。包括半纤维素在内的食物纤维素对减少心血管疾病和结肠失调的危险有一定的作用,特别是结肠癌的预防。糖尿病人采用高纤维膳食可减少病人对胰岛素的需要量。但是,多糖树胶和纤维素对某些维生素和必需微量矿物质在小肠内的吸收会产生不利的影响。

1.6.4 其他

1. 果胶

广泛分布于植物体内,存在于植物细胞的胞间层,是由α-$(1\rightarrow4)$-D-吡喃半乳糖醛酸单位组成的聚合物,主链上还存在α-L鼠李糖残基,在鼠李糖富集的链段中,鼠李糖残基呈现毗连或交替的位置。果胶的伸长侧链还包括少量的半乳聚糖和阿拉伯聚糖。各种果胶的主要差别是它们的甲氧基含量或酯化度不相同。原果胶是未成熟的果实、蔬菜中高度甲酯化且不溶于水的果胶,它使果实、蔬菜具有较硬的质地。

果胶酯酸是甲酯化程度不太高的果胶,原果胶在原果胶酶和果胶甲酯酶的作用下转变成果胶酯酸。果胶酯酸内聚合度和甲酯化程度的不同,可以是胶体或水溶性的,水溶性果胶酯酸又称为低甲氧基果胶。果胶酯酸在果胶甲酯酶的持续作用下,甲酯基可全部脱去,形成果胶酸。

果胶的胶凝作用不仅与其浓度有关,而且因果胶的种类而异,普通果胶在浓度1%时可形成很好的凝胶。

商业上生产果胶是以橘子皮和压榨后的苹果渣为原料,在pH值为1.5～3、60℃～100℃条件下提取,然后通过离子(如:Al^{3+})沉淀纯化,使果胶形成不溶于水的果胶盐,用酸性乙醇洗涤沉淀,以除去添加的离子。果胶常用于制作果酱和果冻、生产酸奶的水果基质,以及饮料和冰淇淋的稳定剂与增稠剂。

2. 瓜尔豆胶和角豆胶

是重要的增稠多糖广广泛用于食品和其他工业中。瓜尔豆胶是所有天然胶和商品胶中黏度最高的一种。瓜尔豆胶或称瓜尔聚糖是豆科植物瓜尔豆种子中的胚乳多糖,此外,在种子中还含有10%～15%水分、5%～6%蛋白质、2%～5%粗纤维和0.5%～0.8%矿物质。瓜尔豆胶原产于印度和巴基斯坦,由$(1\rightarrow4)$-D吡喃甘露糖单位构成主链,主链上每间隔一个糖单位连接一个$(1\rightarrow6)$-D-P吡喃半乳糖单位侧链。其相对分子质量约220 000,是一种较大的聚合物。

瓜尔豆胶能结合大量的水,在冷水中迅速水合生成高度黏稠的溶液,其黏度大小与体系温度、离子强度和食品成分有关。分散液加热时可加速树胶溶解,但温度很高时树胶将会发生降解。由于这种树胶能形成非常黏稠的溶液,因此通常在食品中的添加量不超过1%。瓜尔豆胶溶液呈中性，黏度几乎不受pH值变化的影响，可以和大多数食品成分共存于体系中。盐类对溶液黏度的影响不大，但大量蔗糖可降低黏度并推迟达到最大黏度的时间。瓜尔豆胶与小麦淀粉和某些其他树胶可显示出黏度的协同效应，在冰淇淋中可防止大的冰晶生成，并在稠度、咀嚼性和抗热刺激等方面都起着重要作用，阻止干酪脱水收缩，焙烤食品添加瓜尔豆胶可延长货架期，降低点心糖衣中蔗糖的吸水性，还可用于改善肉制品的品质，例如提高香肠的品质。沙司和调味料中加入0.2%～0.8%瓜尔豆胶，能增加黏稠性和产生良好的口感。

角豆胶又名利槐豆胶，存在于豆科植物角豆树种子中，主要产自中东和地中海地区。这种树胶的主要结构与瓜尔豆胶相似，平均相对分子质量为310 000，是由$\beta\rightarrow D$吡喃甘露糖残基以β-（1→4）键连接成主链，通过（1→6）键连接α-D-半乳糖残基构成侧链，甘露糖与半乳糖的比例为（3～6）：1。但D-吡喃半乳糖单位为非均一分布，保留一长段没有D-吡喃半乳糖基单位的甘露聚糖链，这种结构导致它产生特有的增效作用，特别是和海藻的鹿角藻胶合并使用时可通过两种交联键形成凝胶。角豆胶的物理性质与瓜尔豆胶相似，两者都不能单独形成凝胶，但溶液黏度比瓜尔豆胶低。角豆胶用于冷冻甜食中，可保持水分并作为增稠剂和稳定剂，添加量为0.15%～0.85%。在软干酪加工中，它可以加快凝乳的形成和减少固形物损失。此外，还用于混合肉制品，例如作为肉糕、香肠等食品的黏结剂。在低面筋含量面粉中添加角豆胶，可提高面团的水结合量。同能产生胶凝作用的多糖合并使用可产生增效作用，例如0.5%琼脂和0.1%角豆胶的溶液混合所形成的凝胶比单独琼脂生成的凝胶强度提高5倍。

3. 阿拉伯树胶

在植物的渗出物多糖中，阿拉伯树胶是最常见的一种，它是金合欢树皮受伤部位渗出的分泌物，收集方法和制取松脂相似。

阿拉伯树胶是一种复杂的蛋白杂聚糖，相对分子质量为260 000～1 160 000，多糖部分一般由L-阿拉伯糖、L-鼠李糖、D-半乳糖和D-葡萄糖醛酸构成。

阿拉伯树胶能防止糖果产生糖结晶，稳定乳胶液并使之产生黏性，阻止焙烤食品的顶端配料糖霜或糖衣吸收过多的水分。在冷冻制品（如冰淇淋、冰水饮料、冰冻果子露）中，有助于小冰晶的形成和稳定。在饮料中，阿拉伯树胶可作为乳化剂和乳胶液与泡沫的稳定剂。在粉末或固体饮料中，能起到固定风味的作用，特别是在喷雾干燥的柑橘固体饮料中能够保留挥发性香味成分。阿拉伯树胶的这种表面活性是由于它对油的表面具有很强的亲和力，并有一个足够覆盖分散液滴的大分子，使之能在油滴周围形成一层空间稳定的厚的大分子层，防止油滴聚集。通常将香精油与阿拉伯树胶制成乳状液，然后喷雾干燥制备固体香精。阿拉伯树胶的另一个特点是与高浓度糖具有相容性，因此，可广泛用于糖果（如太妃糖、果胶软糖和软果糕）中，以防止蔗糖结晶和乳化，分散脂肪组分，阻止脂肪从表面析出产生"白霜"。

4. 黄芪胶

是一种豆科植物树皮渗出胶液，来源于紫云英属的几种植物。这种树胶像阿拉伯树胶一样，是沿用已久的一种树胶，有2000多年的历史，主要产地是伊朗、叙利亚和土耳其。采集方法与阿拉伯树胶相似，割伤树皮后收集渗出液。

黄芪胶的化学结构很复杂，与水搅拌、混合时，其水溶性部分称为黄芪质酸，占树胶质量的60%～70%，相对分子质量约800 000，水解可得到43%D-半乳糖醛酸、10%岩藻糖、

4% D-半乳糖、40% D-木糖和 L-阿拉伯糖；不溶解部分为黄芪胶糖，相对分子质量 840 000，含有 75% L-阿拉伯糖、12% D-半乳糖和 3% D-半乳糖醛酸甲酯以及 L-鼠李糖。黄芪胶水溶液的浓度低至 0.5% 仍有很大的黏度。

黄芪胶对热和酸均很稳定，可作为色拉调味汁和沙司的增稠剂，在冷冻甜点心中提供适宜的黏性、质地和口感。另外，还用于冷冻水果饼馅的增稠，并产生光泽和透明性。

5. 海藻胶

食品中重要的海藻胶包括琼脂、鹿角藻胶和褐藻胶。

①琼脂。作为细菌培养基已为人们所熟知，它来自红水藻及其他各种海藻，主要产于日本海岸。琼脂是一个非均匀的多糖混合物，可分离成为琼脂聚糖和琼脂胶两部分。琼脂凝胶最独特的性质是当温度大大超过胶凝起始温度时仍然保持稳定性。例如 1.5% 琼脂的水分散液在 30℃ 形成凝胶，熔点 35℃。琼脂凝胶具有热可逆性，是一种最稳定的凝胶。

琼脂在食品中的应用包括防止冷冻食品脱水收缩，形成适宜的质地。用于加工的干酪和奶油干酪中使之具有稳定性和良好的质地，对焙烤食品和糖霜可控制水活性并阻止其变硬。此外，还用于肉制品罐头。琼脂通常可与其他聚合物（例如黄芪胶、角豆胶或明胶）合并使用，用量一般为 0.1% ~ 1%。

②鹿角藻胶。又名卡拉胶，是从鹿角藻中提取的一种多糖。鹿角藻产自爱尔兰、英国、法国和西班牙。鹿角藻胶是一种结构复杂的混合物，至少含有被定为 κ、λ、μ、ι 和 υ 五种在性质上截然不同的聚合物，其中 κ-鹿角藻胶、ι-鹿角藻胶和 λ-鹿角藻胶在食品中是比较重要的 3 种。鹿角藻胶是由 D-半乳糖和 3,6-脱水半乳糖残基以 1→3 和 1→4 键交替连接，部分糖残基的 C_2、C_4 和 C_6 羟基被硫酸酯化形成硫酸单酯和 2,6-二硫酸酯。多糖中硫酸酯含量为 15% ~ 40%。

鹿角藻胶硫酸酯聚合物如同所有其他带电荷的线性大分子一样，具有较高的黏度，即使在较宽泛的 pH 值范围内都是很稳定的，溶液的黏度随着浓度增大呈指数增加。聚合物的性质明显依赖于硫酸酯的含量和位置，以及被结合的阳离子，例如 κ-鹿角藻胶和 ι-鹿角藻胶，与 K^+ 和 Ca^{2+} 结合，通过双螺旋交联形成具有三维网络结构的热可塑性凝胶，这种凝胶有着较高的浓度和稳定性，即使聚合物浓度低于 0.5%，也能产生胶凝作用。

鹿角藻胶因含有硫酸酯阴离子，当结合钠离子时，聚合物可溶于冷水，但并不发生胶凝。鹿角藻胶能和许多其他食用树胶（特别是角豆胶）产生协同效应，能增加黏度、凝胶强度和凝胶的弹性，这种协同效应与浓度有关。

鹿角藻胶稳定牛奶的能力取决于分子中硫酸酯基的数目和位置。鹿角藻胶阴离子和牛奶中的酪蛋白反应，可形成稳定的胶态悬浮体蛋白质—鹿角藻胶盐复合物，例如 κ-鹿角藻胶与酪蛋白反应形成易流动的弱触变凝胶。在牛奶中的增稠效果为水中的 5 ~ 10 倍。因此，可利用鹿角藻胶的这种特性，在巧克力牛奶中添加 0.03% 鹿角藻胶以阻止脂肪球分离和巧克力沉淀，也可用作冰淇淋、牛奶布丁和牛奶蛋糊的稳定剂。在干酪产品中鹿角藻胶具有稳定乳胶液的作用，在冷冻甜食中能抑制冰晶形成。这些食品的生产中，一般将鹿角藻胶与羧甲基纤维素、角豆胶或瓜尔豆胶配合使用。此外，鹿角藻胶还可作为面团结构促进剂，使焙烤产品增大体积，改善蛋糕的外观质量和质地，减少油炸食品对脂肪的吸收，阻止新鲜干酪的脱水收缩。在低脂肉糜制品中 κ-鹿角藻胶和 ι-鹿角藻胶可以改善质构和提高汉堡包的质量，有时还用作部分动物脂肪的代替品。

6. 微生物多糖

是由微生物合成的食用胶，例如葡聚糖和黄原胶。

①葡聚糖。是由α-D-吡喃葡萄糖单位构成的多糖。各种葡聚糖的糖苷键和数量都不相同，据报道，肠膜状明串珠菌NRRLB512产生的葡聚糖1→6键约为95%，其余是1→3键和1→4键。由于这些分子在结构上的差别.故此有些葡聚糖是水溶性的，而另一些不溶于水。

葡聚糖可提高糖果的保湿性、黏度和抑制糖结晶，在口香糖和软糖中作为胶凝剂，以及防止糖霜发生糖结晶，在冰淇淋中抑制大冰晶的形成，对布丁混合物可提供适宜的黏性和口感。

②黄原胶。是几种黄杆菌所合成的细胞外多糖，生产上用的菌种是甘蓝黑腐病黄杆菌。这种多糖的结构，是连接有低聚糖基的纤维素链，主链在O-3位置上连接有一个β-D-吡喃甘露糖-(1→4)-β-D-吡喃葡萄糖醛酸-(1→2)-α-D-吡喃甘露糖三糖基侧链，平均每隔一个葡萄糖残基出现一个三糖基侧链。分子中D-葡萄糖、D-甘露糖和D-葡萄糖醛酸的物质的量之比为2.8：2：2，部分糖残基被乙酰化，相对分子质量大于2×10^6。在溶液中三糖侧链与主链平行，形成稳定的硬棒状结构，当加热到100℃以上，这种硬棒状结构转变成无规则线团结构，在溶液中黄原胶通过分子间缔合形成双螺旋，进一步缠结成为网状结构。黄原胶易溶于热水或冷水，在低浓度时可以形成高黏度的溶液，但在高浓度时胶凝作用较弱。它是一种假塑性黏滞悬浮体，并显示出明显的剪切稀化作用。温度在60℃～70℃时对黄原胶的黏度影响不大，在pH值为6～9的黏度也不受影响，甚至pH值超过这个范围黏度变化仍然很小。黄原胶能够和大多数食用盐和食用酸共存于食品体系之中，与瓜尔豆胶共存时产生协同效应，黏性增大，与角豆胶合并使用则形成热可逆性凝胶。

黄原胶可广泛应用在食品工业中，如用于饮料可增强口感和改善风味，用于橙汁中能稳定混浊果汁，由于它具有热稳定性，在各种罐头食品中用作悬浮剂和稳定剂。在淀粉增稠的冷冻食品（例如水果饼馅）中添加黄原胶，能够明显提高冷冻-解冻稳定性和降低脱水收缩作用。由于黄原胶的稳定性，也可用作含高盐分或酸食品的调味料。黄原胶-角豆胶形成的凝胶可以用来生产以牛奶为主料的速溶布丁，这种布丁不黏结并有极好的口感，在口腔内可发生假塑性剪切稀化，能很好地释放出布丁风味。黄原胶的这些特性与其线性的纤维素主链和阴离子三糖侧链结构有关。

第2章 脂 类

2.1 脂类概论

2.1.1 脂类物质的概念、存在

脂类物质是广泛存在于自然界的一大类物质，一切生物从高级动植物到微生物，普遍存在脂质。用油溶性溶剂从动植物各部分萃取出的物质统称为脂类物质，因此，它们的化学组成、结构、物理、化学性质以及生物功能存在着很大差异，但它们都有一个共同的特性，即不溶于水，易溶于乙醚、氯仿、苯等非极性溶剂中，用这类溶剂可将脂类物质从细胞和组织中萃取出来。

2.1.2 脂类物质的分类

脂类可以有多种分类方法，如按照脂类能否皂化可以分为可皂化脂和不可皂化脂，按照脂类的极性可以分为中性脂和极性脂，按照脂类水解产物多少又可以分为简单脂质和复杂脂质。简单脂质主要是由各种高级脂肪酸和醇构成的酯，如常说的油脂中的主要成分甘油三酯等。简单脂质的水解产物类别一般小于或等于2种。复杂脂质则是除了含有脂肪酸和各种醇以外，还含有其他成分的酯，如结合了糖分子的称为糖脂，结合有磷酸的称为磷脂，还有脂蛋白等。复合脂质的水解产物类别一般大于2种。复合脂质往往兼有两种不同类别化合物的理化性质，因而具有特殊的生物学功能。脂类物质还包括萜类和类固醇及其衍生物。

2.1.3 脂类物质的生理功能

脂类物质具有重要的生物功能，它是构成生物膜的重要物质，细胞所含有的磷脂几乎都集中在生物膜中；脂类物质中的甘油三酯，是机体代谢所需燃料的贮存形式；脂类物质也可为动物机体提供必需脂肪酸、脂溶性维生素、某些萜类及类固醇类物质；在机体表面的脂类物质有防止机械损伤和防止热量散发等保护作用；脂类作为细胞的表面物质，与细胞识别、种特异性和组织免疫等有密切关系，具有强烈生物活性的某些脂质型激素也是脂类物质。脂类物质的生理功能可从如下几方面加以概括。

①结构组分——磷脂是生物膜的主要成分：磷酸甘油酯简称磷脂，是一类含磷酸的复合脂质。它广泛存在于动植物和微生物中，是一种重要的结构脂质。它具有降低表面张力的特性，因此，主要集中在原生质表面，特别是细胞的膜相结构中，是细胞膜所特有的主要组分，细胞所含有的大部分磷脂都集中在生物膜中。生物膜所特有的柔软性、半通透性以及高电阻性都与其所含的磷脂有关。

②贮存能源——脂肪是机体的贮存燃料：脂质本身的生物学意义在于它是机体代谢所需

燃料的贮存形式。如果摄取的营养物质超过了正常需要量，那么大部分要转变成脂肪并在适宜的组织中积累下来；而当营养不够时，又可以对其进行分解供给机体所需。

③溶剂——脂肪是一些活性物质的溶剂。

④为生物体提供脂质型活性成分。

2.2 简单脂质

2.2.1 甘油三酯

甘油三酯是油脂的主要成分，含量占到油脂的98%以上，其结构如下：

$$
\begin{array}{c}
CH_2 - O - C - R_1 \\
\quad\quad\quad\quad |\ \ O \\
CH - O - C - R_2 \\
\quad\quad\quad\quad |\ \ O \\
CH_2 - O - C - R_3 \\
\quad\quad\quad\quad |\ \ O
\end{array}
$$

R_1、R_2、R_3 为脂肪酸链，当 R_1、R_2、R_3 相同时称简单甘油三酯，R_1、R_2、R_3 不相同时称混合甘油三酯

自然界的脂肪多为混合甘油三酯的混合物，由一种简单甘油三酯所组成的天然油脂极少，仅橄榄油和猪油含甘油三酯较高，约70%。

2.2.2 脂肪酸

在组织和细胞中，绝大部分的脂肪酸是以结合形式存在的，以游离形式存在的脂肪酸数量极少。从动物和微生物中分离出的脂肪酸已有百种以上。所有脂肪酸都有一长的碳氢链，系疏水基团，其一端有一个羧基，系极性基团。碳氢链有的是饱和的，如软脂酸、硬脂酸等，有的含有一个或几个双键，如油酸等。不同脂肪酸之间的区别，主要在于碳氢链的长度及双键的数目和位置。饱和脂肪酸相对稳定，而各种不同的不饱和脂肪酸很不稳定，因其中有双键，极易被氧化、分解成为醛或酮，氢化即还原为饱和脂肪酸。碳链长度不同和饱和程度不同的脂肪酸，组成的甘油三酯的性质也各有不同。油脂中最常见的饱和酸是棕榈酸与硬脂酸，其次为月桂酸、豆蔻酸、花生酸，碳链少于月桂酸的存在于牛乳脂肪与很少的植物种子油中。

饱和脂肪酸系统命名，以直链碳原子数而定。脂肪酸常用简写法表示，简写法的原则是先写出碳原子的数目，再写出双键的数目，然后标明双键的位置。如软脂酸16：0，表明软脂酸含16个碳原子，无双键；油酸18：1（9）或18：1△9，表明油酸具有18个碳原子，含有一个双键，位置在第9位。某些酸也有习用名。

天然脂肪酸的分子结构存在一些共同规律。

（1）一般都是碳数为偶数的长链脂肪酸，14～20个碳原子的占多数，最常见的是16或18碳原子酸，如软脂酸（16：0）、硬脂酸（18：0）和油酸（18：1△9）。

（2）高等动植物的不饱和脂肪酸一般都是顺式结构，反式的很少。

（3）不饱和脂肪酸的双键位置有一定的规律。一个双键者，位置在9和10碳原子之间，

多个双键者，也常有9位的双键，其余双键在C_9与碳链甲基末端之间，两个双键之间有亚甲基间隔。如油酸（18：1 △9）、亚油酸（18：2 △9，12）、亚麻酸（18：3△9，12，14）、花生四烯酸（20：4△5，8，11，14）。

（4）一般动物脂肪中含饱和脂肪酸多，而高等植物和在低温条件下生长的动物的脂肪中，不饱和脂肪酸的含量高于饱和脂肪酸。

可见天然甘油三酯的饱和脂肪酸绝大多数都是偶碳数直链的，奇碳数链的极个别，含量也极少。

哺乳动物和人体不能合成亚油酸和亚麻酸，而它们又是生长所必需的，需要由食物供给，故称为必需脂肪酸。这两种脂肪酸在植物中含量非常丰富，哺乳动物中的花生四烯酸是由亚油酸合成的，花生四烯酸在植物中并不存在。

2.2.3　脂肪酸与甘油三酯的理化性质

1. 物理性质

物质的物理性质，是其化学组成与结构的表现。天然动植物油脂的主要成分是各种高级脂肪酸的甘油三酯，在高级脂肪酸与高级脂肪酸甘油三酯的分子中，都存在非极性的长碳链和极性的—COOH与—COOR。碳链长短与不饱和键的多少各有差异，导致脂肪酸与甘油三酯的各种物理与化学性质的差异有的很小，有的很大，有时微小的差别显示出重大的意义。

（1）外观。脂肪酸与甘油三酯一般无色、无臭、无味，相对密度皆小于1。

（2）熔点。引入一个双键到碳链中会降低脂肪酸的熔点，双键越向碳链中部移动，熔点降低越大，顺式双键产生的这种影响大于反式的。双键增加，熔点更下降，但共轭双键不在此例。经过氢化、反化或非共轭双键异构化成共轭烯酸等都会提高熔点。每一个奇数碳原子脂肪酸的熔点小于与它最接近的偶数碳原子脂肪酸的熔点，例如十七酸的熔点（61.3℃），既低于硬脂酸的（69.6℃），也低于棕榈酸的（62.7℃），此现象不仅存在于脂肪酸中，也见于其他长碳链化合物。

甘油三酯的熔点是由其脂肪酸组成决定的，它一般随饱和脂肪酸的数目和链长的增加而升高。例如，三软脂酰甘油和三硬脂酰甘油在体温下为固态，三油酰甘油和三亚油酰甘油在，体温下为液态。天然甘油三酯无明确熔点，因为它们多是几种甘油三酯的混合物。

（3）折光指数化合物的折光指数，随组成分子的原子种类、数量和分子结构——官能团和键——的性质而变更。同系列化合物，相对分子质量越大，折光指数越大，但是，同系列的两个相邻化学物质的折光指数之差，却随相对分子质量的增加而逐渐缩小，双键增加折光指数升高，而共轭双键的存在，却又比同样的非共轭的化合物具有更高的折光指数。例如，由大量月桂酸组成的椰子油的折光指数，低于一切其他油脂；以棕榈酸为主要成分的棕榈油的折光指数，低于C_{18}脂肪酸为主要成分的其他油脂；以油酸为主要成分的橄榄油的折光指数，低于含亚油酸多的棉籽油，棉籽油的折光指数，却又不及含大量亚麻酸的亚麻仁油的折光指数，亚麻仁油折光指数却又比含大量桐酸的桐油低得多。在脂肪酸和它们一元醇的酯中，同样具有这样的规律。油脂在氢化过程中，碳链长度不变，而双键逐渐减少，碘价随之下降并与折光指数的降低呈直线的关系，因此，可以用折光指数控制油脂氢化的程度。

（4）溶解度。天然甘油三酯在水中的溶解度非常小，甚至比相应的脂肪酸在水中的溶解度更小。在有乳化剂如肥皂或胆汁酸盐存在下，油脂可和水混合成乳状液，这种作用可促进肠道内脂肪的吸收，有重要生理意义，因为动物的胆汁可分泌到肠道，胆汁内的胆汁酸盐可使肠内脂肪乳化。脂肪能溶解脂溶性维生素（维生素 A、维生素 D、维生素 E、维生素 K）和某些有机物质（如香精）。

（5）甘油三酯的同质多晶体。高级脂肪酸甘油三酯一般都存在 3～4 种晶型。熔融的甘油三酯迅速冷却，即得玻璃质的固体，缓缓加热玻璃质固体，即发生下面的转变，玻璃质转变成 α 型、β' 型、β 型（稳定的），这在巧克力加工中具有重要意义。

2. 甘油三酯的化学性质

甘油三酯的化学性质和它本身的酯键及其所含的甘油和脂肪酸都有关。

（1）酯键的水解与皂化。

一切甘油三酯都能被酸、碱、蒸汽及脂酶所水解，产生甘油及脂肪酸。如果水解剂是碱，则得到甘油和脂肪酸的盐类。这种盐类称皂，因此，我们也称碱水解脂肪的作用为皂化作用。钠肥皂与钾肥皂溶于水，而钙肥皂与镁肥皂则不溶于水。表示皂化所需的碱量数值称皂化价（SV）。皂化价为皂化 1 g 脂肪所需的 KOH 的毫克数。通常从皂化价的数值即可计算脂肪酸或甘油三酯的平均相对分子质量，对于甘油三酯其平均相对分子质量计算如下：

$$平均相对分子质量 = (3 \times 56 \times 1000)/SV$$

式中，56 是 KOH 的相对分子质量。由于中和 1 mol 三酰甘油的脂肪酸需要 3 mol 的 KOH，故以 3 乘之。

皂化价与脂肪（或脂肪酸）的相对分子质量成反比，脂肪的皂化价高表示含低相对分子质量的脂肪酸较多，因为同重量的低级脂肪酸皂化时所需的 KOH 数量比高级脂肪酸多。

（2）甘油三酯的氧化。

甘油三酯与脂肪酸的氧化反应一向受人重视，尤其是有关不饱和脂肪酸的氧化反应。饱和脂肪酸在强烈条件下也能被氧化，但反应复杂，缺少实用意义。

①化学试剂氧化。用化学试剂氧化不饱和脂肪酸及其酯，可以不切断碳链生成羟基化合物，这就是所谓的羟基化与生成环氧化合物的环氧化。用臭氧、高锰酸钾都可以切断碳链，生成多种小分子化合物。烯酸与很多种过氧酸反应，都可发生环氧化生成环氧酸。常用的过氧酸有过甲酸、过乙酸、过氧月桂酸、过氧苯甲酸等。甘油三酯的环氧化反应如下：

$$—CH=CH— \xrightarrow{RCO_3H} \overset{O}{\overset{\triangle}{—CH—CH—}} \xrightarrow{RCO_2H} —CH(OH)—CH(OCOR)—$$

环氧油主要用作聚氯乙烯的稳定剂——增塑剂。

②自动氧化自动氧化是自由基反应。自由基反应包括引发、链传播与终止。

引发：产生自由基 R·

链传播：$R· + O_2 \rightarrow ROO·$

$ROO· + RH \rightarrow ROOH + R·$

终止：两个自由基结合，自由基消失，结束链传播反应。

不饱和脂肪酸和酯在室温与空气氧存在下，可以发生自动氧化。饱和酸与酯在室温下不易自动氧化，若升高温度至 100℃ 以上，也会产生自动氧化。

③单线态氧氧化。在叶绿素、脱镁叶绿素、酸性红等光敏剂参与下，空气中氧分子（基态氧）被光活化成单重态氧，单重态氧氧化烯属化合物的反应机制，并不是自动氧化的自由基反应。单重态氧进攻双键碳，双键转移，产生不饱和氢过氧化物。

④酶促氧化。植物界与动物界存在很多种酶，可催化氧与多烯酸，如亚油酸作用生成

氢过氧化物，这些氧化产物都有旋光性。这类酶称为脂氧合酶，脂氧合酶-I是由大豆制取的。

空气氧化引起油脂变化，首先生成的氢过氧化物很不稳定，在室温下还要继续反应，生成一系列第二步产物。根据气相色谱分离煎炸油的挥发成分，鉴定出的有100余种，有饱和与不饱和的各类化合物：烃、醇、醛、酮、酸、酯、内酯和少量芳香与杂环化合物。

⑤酸值中和1 g油脂中游离脂肪酸所需的氢氧化钾毫克数，即为该脂肪的酸值。

$$酸值 = \frac{V \times c \times 56.108}{m}$$

式中：c——氢氧化钾溶液的浓度（mol/L）；

V——滴定所耗用氢氧化钾溶液毫升数；

m——油样质量（g）；

56.108——氢氧化钾的毫摩尔质量。

⑥皂化值完全皂化1 g油脂（甘油酯与游离酸）所需的氢氧化钾毫克数称为皂化值。将油脂与过量的0.5mol/L苛性钾酒精溶液在水浴上回流加热半小时，同时再用等量苛性钾酒精溶液做空白试验，随后各用盐酸来滴定，以酚酞为指示剂。

$$皂化值 = \frac{(V_2 - V_1) \times c \times 56.108}{m}$$

式中：V_2——滴定空白试验所消耗盐酸标准溶液的毫升数；

V_1——滴定试样所消耗盐酸标准溶液的毫升数；

c——盐酸标准溶液浓度（mol/L）；

m——试样质量（g）。

皂化值的意义：皂化值反映组成油脂的各种脂肪酸混合物的平均相对分子质量的大小，皂化值越大，脂肪酸混合物的平均相对分子质量越小，反之亦然。这对鉴定和评定油脂品质以及对脂肪酸分析都很重要。

⑦碘值。碘值是测定油脂的不饱和程度的最常用的方法。一般油脂都含有不饱和酸，只是种类、数量不同罢了。一般动植物非干性油所含的不饱和酸主要是油酸，半干性与干性植物油除去一定数量的油酸外，还有二烯的亚油酸与三烯的亚麻酸，桐油则含大量桐酸，而鱼油和鱼肝油还含有不饱和程度更高的四烯、五烯，甚至有的还有六烯酸，每一种油料所含的脂肪酸种类基本上变动不大，但是同一油料的油脂，每一种脂肪酸含量多少却因品种不同、培育与生长条件不同而存在着差异，有时差异很大。为了了解油脂的一般不饱和程度，广泛采用碘值法。

碘值的定义：加到100g物质（油脂）中碘的克数称为碘值。

为了便于反应的进行，通常测定碘值不是用碘，而是用氯化碘或溴化碘，韦氏法是较常用的方法。其测定是将称量的油脂溶于氯仿、四氯化碳或冰醋酸中，加过量的韦氏溶液，在黑暗中放置一定时间，加入适量KI，析出的碘用硫代硫酸钠溶液滴定，以淀粉溶液为指示剂，同时用等量韦氏溶液做空白试验。

$$ICl + KI \rightarrow KCl + I_2$$
$$I_2 + 2Na_2S_2O_3 \rightarrow 2NaI + Na_2S_4O_6$$

碘值计算法如下：

$$碘值=\frac{(V_2-V_1)\times c\times 0.1269}{m}\times 100$$

式中：V_2——滴定空白试验所消耗的硫代硫酸钠溶液的毫升数；

V_1——滴定试样所消耗的硫代硫酸钠溶液的毫升数；

C——硫代硫酸钠溶液的浓度（mol/L）；

0.1269——去 $\frac{1}{2}$ I_2 的摩尔质量；

m——试样质量（g）。

⑧过氧化物值。定量测定过氧化物是了解自动氧化进行程度的一种常用的分析方法，但是由于氢过氧化物比较不稳定，容易分解，对氧化程度很深的物质单纯地从过氧化物的多少不能全面反映其真实情况。

表示过氧化物数量的过氧化物值常用 1000 g 油脂中存在的过氧化物毫摩尔质量来表示。

2.2.4　类固醇的存在与结构

类固醇也称甾类，其结构特点是都含有一个由 4 个环组成的环戊烷多氢菲的骨架，骨架中 18、19 位的甲基称角甲基，带有角甲基的环戊烷多氢菲称甾核，是类固醇的母体。类固醇中有一大类称为固醇或甾醇的化合物，其结构特点是在甾核的 C_3 上有一个 13 取向的羟基，C_{17} 有一个含 8 ~ 10 个碳原子的烃链。按照来源，固醇可分为三类，即动物固醇、植物固醇和菌固醇。典型的固醇有动物的胆固醇，植物的豆固醇、谷固醇，菌类的麦角固醇。各种固醇的区别在于双键数目不同、支链长短不同。发现最早、研究最多的是胆固醇，其结构后面会有详细叙述。

胆固醇是脊椎动物细胞的重要成分，在神经组织中含量特别丰富。人体内发现的胆石，几乎全都是由胆固醇构成，伴随胆固醇共同存在的还有微量的胆固醇二氢化物——胆固烷醇。

胆固醇易溶于乙醚、氯仿、苯及热乙醇中，不能皂化。胆固醇上的羟基易与高级脂肪酸形成胆固醇酯。胆固醇易与毛地黄苷结合而沉淀，利用这一特性可以测定溶液中胆固醇的含量。动物能吸收利用食物胆固醇，也能自行合成。胆固醇在紫外线作用下形成维生素 D_3。

各种植物油料都含有固醇，常见的有豆固醇、谷固醇、菜籽油固醇、菜籽固醇等，这些固醇像动物的胆固醇一样，都是 3-羟基固醇，差异在于双键多少和支链大小。

2.2.5　蜡酯

蜡在自然界分布很广，从来源讲有动物蜡、植物蜡和矿物蜡。熔点一般不高（100℃以下），熔点低的如蜂蜡，为 60℃ ~ 70℃，熔点高的如我国的虫蜡，为 82℃ ~ 86℃，巴西棕榈蜡 78℃ ~ 84℃，加入惰性物质或油脂，可以改变蜡的稠度。

蜡冷却至室温凝固，可以切割，有滑腻感，有光泽，比水轻，不溶于水，易溶于有机溶剂，形态从较硬的固态到膏状。但是，这样的叙述还不完整。在室温时也有液体蜡，抹香鲸头部的鲸油即为液体蜡。

动植物蜡的组成比油脂复杂，蜡的成分包括长链一元醇与长链一元酸的酯、游离脂肪酸、游离醇、烃，有的还含其他的酯，例如二元酸的酯、羟基酸与醇合成的酯、甾醇与脂肪酸合成的酯、树脂等。这与油脂中的酯完全以甘油三酯形式出现很不相同。绝大多数的蜡以长链一元醇与长链脂肪酸所成的酯为主要成分，例如蜂蜡、虫蜡、巴西棕榈蜡、糠蜡等，均属于这一类。还有含相当多甾醇脂肪酸酯的，如羊毛蜡（含量约占1/3）。在生物新陈代谢作用中，酸、醇、酯与烃存在着平衡关系，烃是最后的反应产物。常温固体的动植物蜡，主要组成是饱和的长链一元醇与饱和的长链脂肪酸所成的酯。这样的酯不易水解，造成了蜡十分稳定的特性。

动植物蜡在自然界分布很广。很多植物的叶、茎和果实的表皮，都覆盖着一层很薄的蜡，保护物体少受损伤，避免水分过快蒸发。很多动物的皮和甲壳，不少微生物的外壳，也有蜡层保护着。但能大量采收的具有实用意义的动植物蜡的种类，却不像油脂那样多，实际上，只有不多的几种，主要的有昆虫分泌的蜂蜡、虫蜡，海兽体内的鲸头蜡，陆地动物的羊毛表层的羊毛蜡（精制的羊毛蜡称羊毛脂），植物叶与茎表面的棕榈蜡（这以巴西棕榈蜡最为出名），矿物蜡，如矿物质的化石蜡、地蜡、褐煤蜡。这一类蜡的成分，不完全属于同一种类型，有的几乎完全是高级烃，如地蜡、干馏褐煤所得的褐煤蜡；另一类，从沥青页岩和褐烟煤萃取出的蒙丹蜡，在它的组成中，有将近一半是高级一元醇与高级脂肪酸所成的酯，10%以上的游离高级脂肪酸和20%～30%的树脂，还包含着烃和少量的沥青。石油精炼过程自重油里面提炼出来的石蜡则完全是高级烃。

2.3 复杂脂质

2.3.1 杂脂质分类

复杂脂质分为三大类：磷酸甘油酯（也称甘油磷脂，简称磷脂）、糖基甘油二酯和（神经）鞘氨醇磷脂类。

磷酸甘油酯与糖基甘油二酯中的脂肪酸以外的组分，连接在甘油的3-位上。磷酸甘油酯与（神经）鞘脂类都含有磷酸。任何一种脂质分子中含糖的，都称为糖脂。以上这些脂质，溶解于极性很强的有机溶剂，但是，磷酸甘油酯一般不溶于丙酮。

2.3.2 磷酸甘油酯

1. 磷酸甘油酯结构

胆碱磷酸甘油酯结构如下所示。

甘油

脂肪酸链

疏水尾部

胆碱

亲水头部

不同磷脂的区别在于与磷酸结合的基团不同，图2-1是几种典型磷脂的结构。

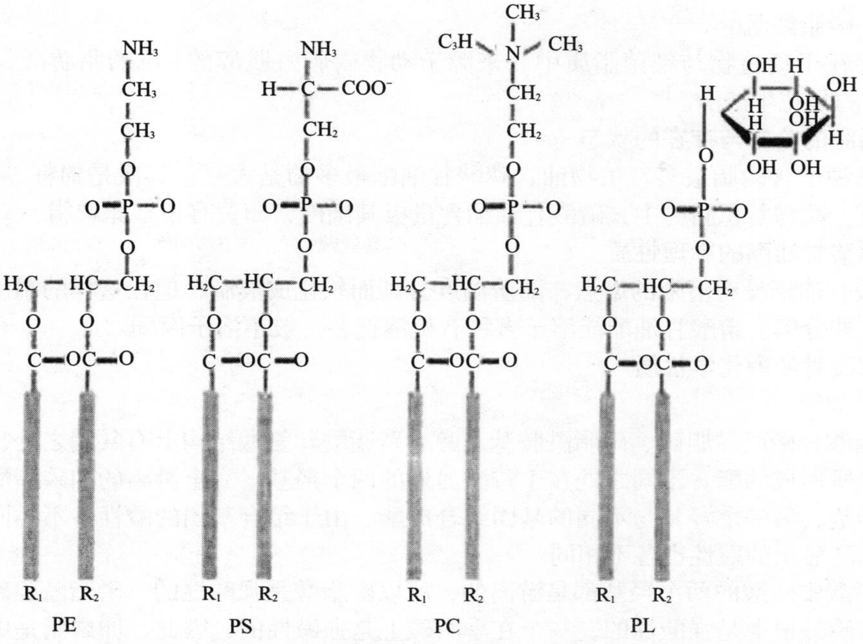

PE:磷脂酰乙醇胺;P:磷脂酰丝氨酸;PC:磷脂酰胆碱;PI:磷脂酰肌醇

图2-1　几种典型甘油磷脂

自然界中最常见的甘油磷脂有磷脂酸、心磷脂、磷脂酰胆碱、磷脂酰氨基乙醇、磷脂酰丝氨酸和磷脂酰肌醇，分述如下。

（1）磷脂酸。

动植物组织中含量极少，但在生物合成中极端重要，是所有磷酸甘油酯与脂肪酸甘油三酯的前体，在和缓条件下，可水解脂肪酸部分，剩下的甘油磷酸，要在强酸性条件下才能水解。通常饱和脂肪酸连接在1-位，多烯酸连接在2-位。

（2）心磷脂。

是双磷脂酰甘油酯，心磷脂首先发现自牛的心脏，溶于丙酮或乙醇，不溶于水，动物来源的心磷脂含亚油酸相当多。

（3）磷脂酰胆碱（卵磷脂、胆碱磷脂）。

是白色蜡状物质，极易吸水，很快被氧化。是动植物组织中最常见的磷酸甘油酯。动物卵磷脂1-位的脂肪酸完全是饱和脂肪酸，2-位的是不饱和脂肪酸。水解得到胆碱与脂肪酸和甘油磷酸。各种动物组织、脏器中都含有相当多的磷脂酰胆碱。磷脂酰胆碱有控制动物机体代谢、防止脂肪肝形成的作用。

（4）磷脂酰氨基乙醇（氨基乙醇磷脂）。

磷脂酰氨基乙醇曾被称为脑磷脂，这也是一个广泛存在于动植物组织与细菌中的重要脂质之一，动物的同一组织的氨基乙醇磷脂比卵磷脂含的多烯酸更多些，水解脑磷脂得到氨基乙醇、脂肪酸与甘油磷酸。

（5）磷脂酰丝氨酸（丝氨酸磷脂）。

这是脑与红细胞中的主要脂质，略带酸性，常以钾盐形式被分离出来，但也发现有钠、钙、镁离子。带有负电荷的磷脂酰丝氨酸能引起损伤表面凝血酶原的活化。

（6）磷脂酰肌醇。

它存在于动植物与细菌脂质中。来源于动物磷脂酰肌醇的1-位的脂肪酸，很多是硬脂酸，2-位的是花生烯酸。

2. 磷脂的分布与存在的状态

成熟种子含磷脂最多。植物油含磷酸甘油酯最多的是大豆，其次是棉籽、菜籽、花生、葵花籽等。动物蓄积脂肪中，磷酸甘油酯含量极其细微，卵黄有很多卵磷脂。

3. 磷酸甘油酯的物理性质

磷酸甘油酯没有清晰的熔点，随着温度升高而软化成液滴，但在这样的温度下，磷酸甘油酯很快即分解。磷酸甘油酯能溶于多种有机溶剂，一般不溶于丙酮。

4. 磷酸甘油酯化学性质

（1）酸度。

磷脂酸、磷脂酰胆碱、磷脂酰胺基乙醇、磷脂酰丝氨酸结构上有共同之处，都是甘油二酯与磷酸所形成的酯。不同之处在于磷酸另外的两个羟基，完全游离的如磷脂酸，有的含一个游离羟基，另一个羟基与不同的基团结合成酯。由于结合基团的酸性各不相同，所以各种磷酸甘油酯显示的酸性也各不相同。

磷脂酸中磷酸的两个羟基都是游离的，所以磷脂酸是强酸性的。磷脂酰胆碱分子中，一个羟基在磷酸根上是强酸性的，一个在季胺碱上是强碱性的，因此，卵磷脂是中性的。磷脂酰胺基乙醇分子中，有磷酸根上的酸性羟基和碱性的第一胺基，磷酸根上离解出来的质子，可与胺基成盐，但此胺基碱性较弱，所以，胺基乙醇磷脂有微酸性，从植物油中分离出来的磷脂酰胺基乙醇，对酚酞呈酸性。磷脂酰丝氨酸在磷酸的羟基和第一胺基之外，还有一个羧基，羧基的酸性不及磷酸的强，所以，由磷酸根释出的质子与胺基成盐，还剩下游离羧基，因而磷脂酰丝氨酸是酸性。

（2）水解。

在磷酸甘油酯分子中，成酯的键有三种，一种是脂肪酸与多元醇成酯的键，一种是磷酸与多元醇成酯的键，一种是磷酸与有机碱成酯的键。这三种键都能被水解，但是，水解的难易与条件各有不同。

在碱性溶液中（例如用氢氧化钾的乙醇溶液），则甘油与脂肪酸成酯的键很容易水解，析出脂肪酸和甘油的游离羟基；磷酸与胆碱成酯的键却水解较慢，显得比较困难，而甘油与磷酸成酯的键，在碱性溶液中却不发生水解作用。在酸性溶液中（例如用盐酸），磷酸与胆碱成酯的键水解很容易，首先释出胆碱；甘油与脂肪酸成酯的键，水解释出脂肪酸，但不像水解胆碱与磷酸成酯的键那样快；而甘油与磷酸成酯的键，却显得很难水解。因此，无论用酸或用碱，都不能完全水解磷酸甘油酯。

磷脂可以用酶水解，但酶的作用是有选择性的。不同的成酯的键，需要不同的磷脂酶，磷脂酶A（有A_1、A_2之分）水解磷脂仅释出一个脂肪酸，这样剩下的含一个脂肪酸的磷脂，称溶血磷脂，因为它有很强的溶血作用。磷脂酶A存在于动物的多种器官中，某些动物毒素如蜂刺、蛇毒含此酶很多。磷脂酶C，此酶作用很特殊，可水解磷脂成甘油二酯与磷酰胆碱。磷脂酶D，此酶水解磷酸与胆碱的酯键，而产生磷脂酸与胆碱，胡萝卜、白菜叶中含此酶甚多。磷脂酶C与D存在于血液、胰、黏膜、消化道、小肠液及蓖麻子的脂肪酶中。

（3）磷酸甘油酯的胶体性质。

磷脂与甘油三酯一样，分子中有亲水基团和疏水基团，因此，可以在水面上成单分子膜，但是，磷脂分子中亲水基团包括磷酰与氨基醇，比甘油三酯的极性强得多，磷脂接触水，疏水基伸出水面，亲水基团投入水中的部分比甘油三酯多得多，显出磷脂的强亲水性。磷酸甘油酯的强烈亲水性，表现在磷脂有强烈的吸湿性，遇水膨胀成胶状，然后成乳胶体。磷脂在水油两相之间的乳化作用，以及油脂在净化过程中，用水化法除去磷脂，都是由于磷脂有强烈的亲水性的缘故。

观察磷脂与水接触时所起的变化，首先呈糊状，然后成乳胶体，若用显微镜观察磷脂和水的载玻片，可看到磷脂与水接触处逐渐扩大而成柱状的丝，并且逐渐沿着水面扩大。

从理论上可知，当一种物质分子之间的亲和力比它对水的亲和力大，则此物质不溶于水，反之即溶于水。在这两个极端之间，还有很多中间状态，磷酸甘油酯就是处于这种中间状态。当水分子与磷酸甘油酯分子相接触时，水分子即进入两个磷酸甘油酯分子之间，但并未破坏磷脂分子与分子之间的结构，而引起了磷酸甘油酯的膨胀，这时，极性亲水基团倾向投到水中，非极性的烃基部分留在水面之外，而且进行定向的排列，形成双层。在一个分子极性基团与另一分子极性基团之间，即双层与双层之间有一定数目水分子隔离着。以这样的方式在空间纵深发展，就成为带液体的结晶体，这就是胶束。磷脂胶束比油重，能沉淀析出，或被离心机分离。

2.3.3　糖基甘油二酯

糖基甘油二酯存在于细菌与植物组织中，在植物种子中也有，主要是单半乳糖甘油二酯与二半乳糖甘油二酯。

2.3.4　鞘氨醇磷脂

鞘氨醇磷脂的结构如下：

从结构上看与甘油磷脂有显著不同，因而其生物学作用也有明显差别。

2.4　类脂类

类脂是复合脂类，是以脂肪酸、醇类和其他基团组成的酯，在细胞的活动中发挥重要的功能。类脂包括磷脂，糖脂和胆固醇及其酯三大类。在食品工业中广泛用作乳化剂、抗氧化剂和营养添加剂。

2.4.1　磷脂类

磷脂能和脂肪酸一样为人体供能，并且是组织细胞膜的重要构成成分；其还能帮助脂类或脂溶性物质等的消化吸收和利用，如脂溶性维生素、激素等。其中的磷脂酰胆碱能促进脂肪代谢，防止形成脂肪肝，促使胆固醇的溶解和排泄；磷脂酰乙醇胺则与血液凝固有关。按其结构不同可分为磷酸甘油酯和神经鞘脂两类；磷脂中较重要的磷脂酰胆碱和磷脂酰乙醇胺都属磷酸甘油酯类。

1. 磷酸甘油酯

（1）磷酸甘油酯的组成。这类化合物中所含甘油的第三个羟基被磷酸酯化，而其他两个羟基被脂肪酸酯化。磷酸甘油酯所含的两个长的碳氢链，使整个分子的一部分带有非极性的性质。而甘油分子的第三个羟基是有极性的，这个羟基与磷酸形成酯键相连。我们把这个极性部分称为亲水头，把非极性的碳氢长链称为疏水尾。所以这类化合物又称为两性脂类，或称极性脂类。不同类型的磷酸甘油酯的分子大小、形状、极性头部基团的电荷等都不相同，每一类磷酸甘油酯又根据它所含的脂肪酸的不同分为若干种。分子中一般含有一分子饱和脂肪酸和一分子不饱和脂肪酸，不饱和脂肪酸在甘油的第二个碳原子上。

（2）主要的磷酸甘油酯。

①磷脂酰胆碱（卵磷脂、胆碱磷脂）：磷脂酰胆碱是白色蜡状物质，极易吸水，其不饱和脂肪酸能很快被氧化。各种动物组织、脏器中都含有相当多的磷脂酰胆碱，卵巢中含量达 8%～10%。动物磷脂酰胆碱 1 位的脂肪酸完全是饱和脂肪酸，2 位的是不饱和脂肪酸。水解得到胆碱、脂肪酸和甘油磷酸。胆碱的碱性甚强，可与氢氧化钠相比，在生物界分布很广，且有重要的生物功能。磷脂酰胆碱有控制动物机体脂肪代谢、防止形成脂肪肝的作用。乙酰胆碱是一种神经递质，与神经兴奋的传导有关。在甲基转移作用中胆碱可提供甲基。

②磷脂酰乙醇胺（乙醇胺磷酸甘油酯）：磷脂酰乙醇胺，俗称为脑磷脂（cephalin），这也是一个广泛存在于动、植物组织与细菌中的重要脂质之一，动物的同一组织的磷脂酰乙醇胺比磷脂酰胆碱含的多烯酸更多些，水解磷脂酰乙醇胺得到氨基乙醇、脂肪酸与磷酸甘油酯。磷脂酰乙醇胺与血液凝固有关，可能是凝血酶激活酶的辅基。

③磷脂酸（phosphatidic acid）：动、植物组织中含量极少，但在生物合成中极端重要。是所有磷酸甘油酯与三酰甘油的前体，温和条件下，可水解部分脂肪酸，剩下的磷酸甘油酯要在强酸性条件下才能水解。通常饱和脂肪酸连接在 1 位，多烯酸连接在 2 位。

④二磷脂酰甘油（cardiolipin）：二磷脂酰甘油酯俗称心磷脂，首先发现自牛的心脏，溶于丙酮或乙醇，不溶于水，动物来源的二磷脂酰甘油含亚油酸相当多。

⑤磷脂酰丝氨酸（丝氨酸磷脂）：这是脑与红细胞中的主要脂质，略带酸性，常以钾盐形式被分离出来，但也发现有钠、钙、镁离子。带有负电荷的磷脂酰丝氨酸能引起损伤表面凝血酶原的活化。

⑥磷脂酰肌醇：它存在于动、植物与细菌脂质中。来源于动物磷脂酰肌醇的 1 位的脂肪酸，很多是硬脂酸，2 位的是花生烯酸。

（3）磷酸甘油酯的性质。磷酸甘油酯没有清晰的熔点，随着温度升高而软化成液滴，但在这样的温度，磷酸甘油酯很快即分解。磷酸甘油酯能溶于多种有机溶剂，一般不溶于丙酮。

①氧化作用：纯的磷酸甘油酯都是白色蜡状固体，暴露在空气中容易变黑，这是由于磷酸甘油酯中的不饱和脂肪酸在空气中被氧化，形成过氧化物，进而形成黑色过氧化物的聚合物。当在人体皮肤中富集时则可形成黄褐色斑、寿斑等。

②溶解度：磷酸甘油酯溶于含有少量水的多数非极性溶剂中，用氯仿-甲醇混合溶剂很容易将组织和细胞中的磷酸甘油酯类萃取出来。但是磷酸甘油酯不易溶于无水丙酮。当将磷酸甘油酯溶在水中时，除极少易形成真溶液外，绝大部分不溶的脂类形成微团。

③电荷和极性：所有的磷酸甘油酯在pH值=7时，其磷酸基团带有负电荷。磷酸基团离解的pK为1～2。磷脂酰肌醇、磷脂酰甘油、磷脂酰糖类的极性头部不带电荷，但因含有羟基，所以是极性的。而磷脂酰

乙醇胺和磷脂酰胆碱的极性头部在pH值=7时都带正电荷，因此这两种化合物本身是既带正电荷又带负电荷的兼性离子，而整个分子是电中性的。磷脂酰丝氨酸含有一个氨基（pK=10）和一个羧基（pK=3），因此磷脂酰丝氨酸分子在pH值=7时带有两个负电荷和一个正电荷，净剩一个负电荷。O-赖氨酸磷脂酰甘油有两个正电荷和一个负电荷，净剩一个正电荷。

④水解作用：在磷酸甘油酯分子中，成酯的键有三种，一种是脂肪酸与多元醇成酯的键，一种是磷酸与多元醇成酯的键，一种是磷酸与有机碱成酯的键。这三种键都能被水解，但是，水解的难易与条件各有不同。

在碱性溶液中（例如用含氢氧化钾的乙醇溶液），则甘油与脂肪酸成酯的键很容易水解，析出脂肪酸和甘油的游离羟基；磷酸与胆碱成酯的键却水解较慢，显得比较困难；而甘油与磷酸成酯的键，在碱性溶液中却不发生水解作用。

在酸性溶液中（例如用盐酸），磷酸与胆碱成酯的键水解很容易，首先释出胆碱；甘油与脂肪酸成酯的键，水解释出脂肪酸，但不像水解胆碱与磷酸成酯的键那样快；而甘油与磷酸成酯的键，却显得很难水解。因此，无论用酸或用碱，都不能完全水解磷酸甘油酯。

磷脂可以用酶水解，但酶的作用是有选择性的。不同的成酯的键，需要不同的磷脂酶。磷脂酶A（有A_1、A_2之分）水解磷脂仅释放出一个脂肪酸，这样剩下的含一个脂肪酸的磷脂，称溶血磷脂，因为它有很强的溶血作用。

⑤磷酸甘油酯的胶体性质：磷酸甘油酯可以在水面上形成单分子膜，其分子中亲水基团包括磷酰与氨基醇，比三酰甘油的极性强得多，磷脂接触水，疏水基伸出水面，亲水基团投入水中的部分比三酰甘油多得多，显出磷脂的强亲水性。

磷酸甘油酯的强烈亲水性，表现在磷脂有强烈的吸湿性，遇水膨胀成胶状，然后成乳胶体。磷脂在水油两相之间的乳化作用，以及油脂在净化过程中，用水化法除去磷脂，都是由于磷脂有强烈的亲水性的缘故。

（神经）鞘氨醇
（sphin gosing=D-
4-sphingenine）

神经酰氨(ceramide)的
典型结构

磷脂酰胆碱　　　神经酰胺

神经鞘磷脂

2. 鞘氨醇磷脂

鞘氨醇磷脂简称（神经）鞘磷脂，由（神经）鞘氨醇、脂肪酸、磷酸及胆碱（或胆胺）各1分子所组成。神经鞘磷脂与前述几种磷脂不同，它的脂肪酸并非与醇基相连，而是借酰胺键与氨基结合。在动、植物中均存在，但大量存在于神经及脑组织中，在高等植物和酵母中，鞘氨醇磷脂含的是4-羟二氢鞘氨醇。鞘氨醇磷脂是非甘油衍生物，但与甘油磷脂相似，它也有两个非极性尾部（其一为鞘氨醇的不饱和短链）和一个极性头部，也是构

成生物膜的成分。

（1）鞘氨醇。鞘氨醇是鞘脂类所含有的氨基醇的一种，鞘氨醇因含有氨基故为碱性。已发现的鞘氨醇类有30余种，在哺乳动物的鞘氨醇脂类中主要含有鞘氨醇和二氢鞘氨醇，在高等植物和酵母中为4-羟二氢鞘氨醇又称植物鞘氨醇。海生无脊椎动物常含有双不饱和氨基醇如4，8-双烯鞘氨醇。

（2）神经酰胺。神经酰胺是构成鞘脂类的母体结构，它的结构是由鞘氨醇和一长链脂肪酸（18～26个C）以鞘氨醇第二个碳上的氨基与脂肪酸的羧基形成的酰胺键相连。因此神经酰胺含有两个非极性的尾部。鞘氨醇第一个碳原子上的羧基是与极性头相连的部位。

（3）鞘磷脂。鞘磷脂存在于大多数哺乳动物细胞的质膜内，是髓鞘的主要成分。高等动物组织中含量较丰富。鞘磷脂极性头部分是磷脂酰胆碱或磷脂酰乙醇胺。鞘磷脂结构与甘油磷脂相似，因此性质与甘油磷脂基本相同。

2.4.2　糖脂

糖脂是指糖通过其半缩醛羟基以糖苷键与脂质相连接而形成的化合物，包括鞘糖脂和甘油糖脂两大类，鞘糖脂的脂质部分伸入膜的双分子层，而多糖部分暴露在细胞表面，作为细胞的标记，与细胞的识别有关。鞘糖脂包括脑苷脂类和神经节苷脂类。其共同特点是含有鞘氨醇的脂。其头部含糖。它在细胞中含量虽少，但在许多特殊的生物功能中却非常重要，当前引起了生化工作者极大的重视。

（1）脑苷脂类。脑苷脂是脑细胞膜的重要组分，由β-己糖（葡萄糖或半乳糖），脂肪酸（22～26C，其中最普遍的是α-羟基二十四烷酸）和鞘氨醇各1分子组成，因为是以中性糖作为极性头部，故属于中性鞘糖脂类。重要代表是葡萄糖脑苷脂、半乳糖脑苷脂和硫酸脑苷脂（简称脑硫脂）。

葡萄糖（或半乳糖、岩藻糖、N-乙酰葡萄糖胺等）$\xrightarrow{\text{糖苷键}}$ 鞘氨醇 $\xrightarrow{\text{酰胺键}}$ 脂肪酸

脑苷脂占脑干重的11%，少量存在于肝、胸腺、肾、肾上腺、肺和卵巢中。

（2）神经节苷脂。神经节苷脂是一类最复杂的鞘糖脂类。它的极性头部含有唾液酸，即N-乙酰神经氨酸，故带有酸性。神经节苷脂的组成如下：

$$D\text{-半乳糖} \xrightarrow{(\beta_{1\to3})} N\text{-乙酰-}D\text{-半乳糖胺} \xrightarrow{(\beta_{1\to4})} D\text{-半乳糖} \xrightarrow{(\beta_{1\to4})} D\text{-葡萄糖}$$

$$\Big|(\alpha_{3\to2}) \qquad\qquad\qquad\qquad \Big|(\beta_{1\to1'})$$

$$\text{唾液酸} \qquad\qquad\qquad \text{神经氨基醇脂肪酸}$$
$$\qquad\qquad\qquad\qquad\qquad (N\text{-脂酰鞘氨醇基})$$

神经节苷脂在脑灰质和胸腺中含量特别丰富，它也存在于红细胞、白细胞、血清、肾上腺和其他脏器中，它是中枢神经系统某些神经元膜的特征性脂组分。它可能与通过神经元的神经冲动传递有关。它在一定遗传病患者脑中积累。神经节苷脂也可能存在于乙酰胆碱和其他神经介质的受体部位。细胞表面的神经节苷脂与血型特异性和组织器官特异性以及机体免疫和细胞识别等都有关系。

2.4.3　类固醇

类固醇也称甾类，其结构特点是都含有一个由A、B、C、D四个稠环组成的环戊烷多氢

菲的骨架，其中三个环是六碳环（A、B、C环），一个环是五碳环（D环）。骨架中18、19位的甲基称角甲基，带有角甲基的环戊烷多氢菲称固醇核。根据其醇基数量及位置不同可分为固醇（胆固醇和植物固醇）和固醇衍生物两类，其中胆固醇是最重要的类固醇，在人体，胆固醇可以形成固醇类激素、胆汁、维生素D等。

1. 固醇类

固醇类是一类环状高分子一元醇，其结构特点是固醇核的3位上有一个醇基和17位上有一个分支的碳氢链，在生物体内或以游离态或以脂肪酸成酯的形式存在。按照来源固醇可分为三类，即动物固醇、植物固醇和酵母固醇。典型的固醇有动物的胆固醇，植物的豆固醇、谷固醇，菌类的麦角固醇。各种固醇的区别在于双键数目不同，支链长短不同。

胆固醇在神经组织和肾上腺中含量特别丰富。约占脑组织固体物质的17%。胆固醇是合成许多重要激素、胆汁酸的前体，是神经鞘绝缘物质，是维持生物膜的正常透过能力不可缺少的，同时还具有解毒功能。胆固醇呈弱两亲性，疏水部分可溶于膜的疏水内部。胆固醇易溶于氯仿、乙醚、苯及热乙醇中，不能皂化。它与洋地黄糖苷容易结合而沉淀。胆固醇在氯仿溶液中与乙酸酐及浓硫酸化合产生蓝绿色，这些性质常被用于胆固醇的含量测定。

在植物中，含量最多的是豆固醇和麦固醇，它们均为植物细胞的重要组分，不能为动物吸收利用。

酵母固醇主要存在于酵母菌中，以麦角固醇为最多，它经紫外线照射也可转化为维生素D_2。

2. 固醇衍生物

固醇衍生物的典型代表是胆汁酸，具有重要的生理意义。强心苷也是固醇衍生物，它是治疗心脏病的重要药物。另外，性激素睾酮、雌二醇、黄体酮和维生素D_2、维生素D_3亦是固醇衍生物。

胆汁酸在肝中合成，可从胆汁分离得出，人胆汁含有3种不同的胆汁酸，即胆酸（3,7,12-三羟基胆汁酸）、脱氧胆酸（3,12-二羟胆汁酸）及鹅脱氧胆酸（3,7-二羟基胆汁酸）。

大多数脊椎动物的胆酸能以肽键与甘氨酸、牛磺酸结合，分别形成甘氨胆酸和牛磺胆酸两种胆盐。它们是胆苦的主要原因。胆盐是一种乳化剂，能降低水和油脂的表面张力，使肠腔内油脂乳化成微粒，以增加油脂与消化液中脂肪酶的接触面积，便于消化吸收。

2.4.4 蜡

高分子一元醇与长链脂肪酸形成的酯质。在化学结构上不同于脂肪，也不同于石蜡和人工合成的聚醚蜡，故亦称为酯蜡。蜡在自然界分布很广，从来源讲，有动物蜡、植物蜡和矿物蜡。

蜡冷却至室温凝固，可以切割，有滑腻感，有光泽，比水轻，不溶于水，易溶于有机溶剂，形态从较硬的固态到膏状。蜡的凝固点都比较高，在38℃～90℃时。碘值较低（1～15）说明不饱和度低于中性脂肪。熔点一般不高（100℃以下），熔点低的如蜂蜡，在60℃～70℃时，熔点高的如我国的虫蜡，在82℃～86℃，巴西棕榈蜡78℃～84℃，加入惰性物质或油脂，可以改变蜡的稠度。其生物功能是作为生物体对外界环境的保护层，存在于皮肤、毛皮、羽毛、植物叶片、果实以及许多昆虫的外骨骼的表面。

2.4.5　萜类

萜类亦称异戊烯脂质，是由异戊二烯（结构如图）的碳骨干相连构成的链状物或环状化合物。烯萜类化合物就是很多异戊二烯单位缩合体。两个异戊二烯单位头尾连接就形成单萜；含有4个、6个和8个异戊二烯单位的萜类化合物分别称为二萜、三萜或四萜。异戊二烯单位以头尾连接排列的是规则排列；相反，尾尾连接的是不规则排列。两个一个半单萜以尾尾排列连接形成三萜，如鲨烯；两个双萜尾尾连接四萜，如β-胡萝卜素。还有些萜类化合物是环状化合物，有遵循头尾相连的规律，也有不遵循头尾相连的规律。

植物中的萜类多数有特殊气味，是各类植物特有油类的主要成分。例如柠檬苦素、薄荷醇、樟脑分别是柠檬油、薄荷油、樟脑油的主要成分。维生素A、维生素E、维生素K等都属于萜类。多聚萜醇常以磷酸酯的形式存在，这类物质在糖基从细胞质到细胞表面转移中，起类似辅酶的作用。

2.5　脂类的提取、分离与分析

脂类存在于细胞、细胞器和细胞外的体液如血浆、胆汁、乳汁和肠液中。欲研究某一特定部分（例如红细胞、脂蛋白或线粒体）的脂类，首先须将这部分组织或细胞分离出来。由于脂类不溶于水，从组织中提取和随后的分级分离都要求使用有机溶剂和某些特殊技术，这与纯化水溶性分子如蛋白质和糖是很不相同的。一般来说，脂类混合物的分离是根据它们的极性差别或在非极性溶剂中的溶解度差别进行的。含酯键连接或酰胺键连接的脂肪酸可用酸或碱处理，水解成可用于分析的成分。

2.5.1　脂类的提取与分离

非极性脂类（三酰甘油、蜡和色素等）用乙醚、氯仿或苯等很容易从组织中提取出来，在这些溶剂中不会发生因疏水相互作用引起的脂类聚集。膜脂（磷脂、糖脂、固醇等）要用极性有机溶剂如乙醇或甲醇提取，这种溶剂既能降低脂类分子间的疏水相互作用，又能减弱膜脂与膜蛋白之间的氢键结合和静电相互作用。常用的提取剂是氯仿、甲醇和水（体积比为1:2:0.8）的混合液。此比例的混合液是混溶的，形成一个相。组织（例如肝）在此混合液中被匀浆以提取所有脂类，匀浆后形成的不溶物包括蛋白质、核酸和多糖，用离心或过滤方法除去。向所得的提取液加入过量的水使之分成两个相，上相是甲醇/水，下相是氯仿。脂类留在氯仿相，极性大的分子如蛋白质、多糖进入极性相（甲醇/水）。取出氯仿相并蒸发浓缩，取一部分干燥，称重。常用的分离方法有：①依靠各组分蒸汽压力不同的蒸馏法；②依靠衍生物或各组分溶解差别的沉淀法和溶质在两个互不相溶溶剂中分配系数不同的分离法；③依靠在不同温度的部分结晶法；④脲包合物法；⑤色谱法。

2.5.2　脂类的分析

一种固定相，例如固体吸附剂或液相固定液，对很多种类化合物有不同程度的作用力，主要是固体的吸附力或液相固定液因溶解度不同而导致的不同的分配能力。再有一种起洗脱作用的流动相，如溶剂或气体，对上面被吸附或溶解于固定相的化合物，有程度不同的解吸能力或溶解能力。具备以上这两种条件就有可能将一定的混合物分开。以这样的基本原理进行的混合物分离法统称为色谱法，也称层析法，主要有液相色谱、薄层色谱、纸色谱及气相色谱等。

某些脂类对在特异条件下的降解特别敏感，例如三酰甘油，甘油磷脂和固醇酯中的所有酯键连接的脂肪酸只要用温和的酸或碱处理就被释放。而鞘脂中的酯胺键连接的脂肪酸需要在较强的水解条件下才被释放。专一性水解某些脂类的酶也被用于脂类结构的测定。磷脂酶A_1、A_2、C都能断裂甘油磷脂分子中的一个特定的键，并产生具有特别溶解度和层析行为的产物。例如磷脂酶C作用于磷脂，释放一个水溶性的磷酰醇如磷酰胆碱和一个氯仿溶的二酰甘油，这些成分可以分别加以鉴定以确定完整磷脂的结构。专一性水解及其产物的TLC或GLC相结合的技术常可用来测定一个脂的结构。要确定烃链的长度和双键的位置，质谱分析特别有效。

2.6 油脂在食品加工和贮藏过程中的变化

2.6.1 油脂在食品加工中的变化

几乎所有食品中都含有油脂，并且很多食品的烹调、加工时也要用到油脂。在食品行业用于制作各种面包、点心、巧克力、饼干、糕点或速食面、快餐食品、鱼肉香肠等都要用到油脂。油脂在加工过程中，往往要在高温情况下，与水分、氧气等接触，这时油脂会发生一系列的反应，导致其性质发生变化。

1. 油脂受热的劣变

热氧化与聚合：油脂在过度加热过程中会发生热氧化作用。热氧化作用是在空气存在的状态下，在高温中进行的氧化反应，其反应结果产生了各种低分子化合物和氧化聚合物，同时引起油脂理化指标（如酸值、过氧化值、碘值、折光指数、黏度等）及风味的变化，从而引起油脂劣变。

水解：水解（作用）是用水切断了油脂的酯结合，产生游离脂肪酸的反应。油的水解速度与油脂中所含游离脂肪酸的量成正比。油脂的水解在加热初期不明显，但随着加热时间的延长、油脂中游离脂肪酸的增加，水解加剧。

2. 油脂受热劣变的表观现象

劣变油脂如煎炸食品，当放进所炸食品时，具有持续性起泡的特征。这是因为油中氧化聚合物的积聚，积蓄量与油的黏度有较密切的关系，油泡随着油脂黏度的增加而趋于稳定。而未劣变油脂，放人食品时，只有食物周围起泡且泡会很快消失，具有不持续性起泡的特征。

劣变油脂发烟点降低，这是由于游离脂肪酸、低级羰基化合物等挥发的缘故。

3. 影响油脂在加工中变化的因素

（1）加热温度。

图2-2为精炼大豆油在各种不同温度下，长时间加热所呈现的不同黏度曲线，如图所示，油的加热温度越高，则黏度急剧增加。这说明过分加热是无益的。

（2）与空气的接触面积。

图2-3用黏度曲线表示在最初的某一定表面积锅内油炸食品，相继为最初的表面积的2

倍、3倍、4倍的锅内油炸食品时炸油的黏度状况。从这个图可以看出炸油的表面积越大，黏度上升越快。

（3）加热时间。

从图2-3也可以发现，加热时间越长，油脂黏度越高。因而在煎炸食品时，及时补充新油是有益的。

（4）金属离子。

如果油脂中混入了铁、铜等金属，尽管是极其微量的（1/1000万），也容易使油发生劣变。特别是铜对油的损害较大。

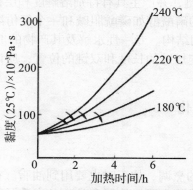

图2-2　油黏度与加热温度的关系

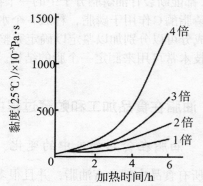

图2-3　油的黏度与空气接触面积的关系

2.6.2　油脂在贮存过程中的变化

油脂的稳定性包括热稳定性、氧化稳定性、风味稳定性以及色泽稳定性等。精炼油脂及油脂深加工产品因含杂含水少，故其稳定性应高于毛油，但由于除杂过程中也会除去大量的天然抗氧化剂，故精油的某些性能如抗氧化稳定性反而比毛油差。如无合理贮存措施，或贮存时间过长，油脂即可能出现劣变，严重的会导致整个油品变质，且还可能呈现毒性，从而大大降低油脂产品的使用及营养价值。

1. 气味劣变

油脂及其制品在制作初期并无异味，但如贮存不当或贮存时间过长，则会产生各种不良气味，通常被称为"回味臭"和"酸败臭"。"回味臭"是油脂劣变的初期阶段所产生的气味，当油脂劣变到一定的程度，便产生强烈的"酸败臭"。

回味和酸败都是油脂劣变所产生的现象，在某些方面很相似，但两者有所区别。一般说来，回味是酸败的先导，但由于油脂的劣变过程相当复杂，故有时两者并存，无明显的界线之分。

（1）回味。

鱼油等海产动物油及多烯酸类的高度不饱和植物油在贮存过程中会产生腥臭味等不良气味，这些异味有的与毛油臭味很相近，故这种现象称之为回味。海产动物油回味现象十分突出，对植物油而言，回味问题比较集中地反映在大豆油上。豆油的回味最初给人感觉是像奶油一样的气味，或者像很淡的豆腥味，继之像青草味，或像干草味，进而像油漆味，最后发出鱼腥臭味。关于回味成分的研究早在1936年就有报道，研究证实3-顺式-己烯醛是豆油中的回味物质之一，这种物质由亚麻酸产生，其他可能产生回味物质的还有亚油酸、磷脂、不皂化物、氧化聚合物等。

（2）酸败。

油脂产品贮存不当或时间过长，在空气中氧及水分的作用下，稳定性较差的油脂分子会逐渐发生氧化及水解反应，产生低分子油脂降解物，这一现象称油脂酸败，酸败的特征是酸败油中这些低分子降解物发出强烈的刺激性臭味，俗称"哈喇味"，这种刺激性臭味比回味产生的臭味要剧烈得多。油脂酸败现象在日常生活中经常遇到，因此很早以来就一直是人们加以研究和尽力要防止的问题。

油脂酸败可分为氧化酸败和水解酸败两类。饱和程度较低的脂肪酸甘油酯因其稳定性差，易发生氧化酸败；相对分子质量较低的脂肪酸甘油酯水解速度较快，易发生水解酸败；人造奶油等制品因含有水相，也较易发生水解酸败。

①氧化酸败。氧化酸败是油脂受光、微量金属元素等的诱发而与空气中氧缓慢而长期作用的结果。各种油脂长期贮存后都会出现不同程度的氧化酸败，因而氧化酸败是油脂制品劣变的最主要方面。对其机理的研究报道较多，一般认为油脂氧化后先生成过氧化物，而后分解或聚合成多种产物，如醛类、酮类、醇类、脂肪酸、环氧化物、烃、内酯、氢过氧化物、二聚物及三聚物等，其中以醛、酮类居多。醛类产物主要存在于大豆油、玉米油、橄榄油、棉籽油等不饱和酸含量较高的酸败产物中，如豆油的酸败产物有戊烯醛、2-己烯醛、2-庚烯醛、2,4-庚二烯醛等；酮类产物则主要存在于6～14个碳的低碳链饱和脂肪酸酯的酸败产物中，如奶油、椰子油等的酸败产物中存在甲基戊酮、甲基庚酮、甲基壬酮等。醛类及酮类都是氧化酸败的产物。醛类产物是双键氧化、断键产生的，酮类产物则主要是低分子脂肪酸经β-羧基化、脱羧后产生的。据报道，酮类产物除受光、微量金属诱发外，更多的是受微生物、酶的诱发而产生的，因而，即使在空气氧化可能性极小的条件下，该反应亦可发生。

②水解酸败。油脂水解酸败主要发生在人造奶油等深加工产品以及米糠油等含解酯酶较多的油品中。人造奶油中含有近30%的水分，且饱和程度高的低碳脂肪酸较多，受微生物、酶的作用，易发生水解酸败。又因为是乳状物，热稳定性极差，因而也易受温度影响，因熔化导致水解酸败。人造奶油水解酸败产物为丁酸、己酸、辛酸等，这些物质产生恶臭气味。因而人造奶油必须在规定的温度（-5℃～5℃）贮存，其细菌数也要求在规定值内。酸败的油脂不仅气味难闻，而且严重酸败的油脂还呈现毒性，甚至导致食用中毒事件。对酸败油脂毒性成分的研究由来已久，现在已有定论，认为致毒成分主要是油脂与空气中氧作用产生的过氧化物。

图2-4列出了酸败棉籽油氧化深度与热能利用率及毒性的关系。由图可见，将棉籽油在60℃吹入空气，使之氧化，得到氧化程度不同的各种油。19 d以后，过氧化值最高为1135，后趋于下降，将这些油给白鼠做动物试验表明：当给白鼠摄取过氧化值急剧增加的油时，白鼠肝肥大加剧，油作为热量源的作用反而减小；摄取量过多时，还容易引起腹泻和肠炎。对老鼠试验结果表明，其肝脏、心脏、肾脏等肥大，有肝变性、脂肪肝等症状。

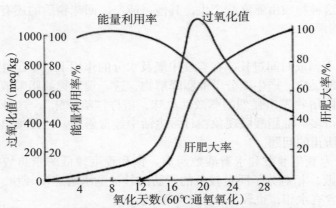

图2-4 酸败棉籽油的氧化深度与能量利用率及毒性的关系

据报道，过氢化物中5~9个碳的4-氢过氧基-2-烯醛的毒性最大。这种成分在过氧化值由最大点趋向减小时生成量最多，它能顺利地通过肠壁向体内转移而致毒。

2. 回色

油脂经过精炼，制品呈淡黄色或接近原色，但在产品贮存过程中又逐渐着色，向精炼前的原有颜色转变，这种现象称为"回色"。

一般油品贮存后均会出现回色现象，其原因是生育酚在空气、热、光、微量金属元素的作用下氧化成色满5,6-醌类色素，回色程度因贮存条件不同而各不相同，时间上也因条件不同而不同，回色较快地出现在几个小时之后，慢的在数月甚至半年之后出现。相同条件下，不同的油品，其回色程度不同，豆油因其色素组成较特殊，回色现象较少。回色现象最突出的是棉籽油，棉籽油的回色现象很显然是油中色素复合物受氧化作用引起的。

2.6.3 影响油脂产品安全贮存的因素

1. 油脂自身条件的影响

构成油脂的主要脂肪酸类型不同，其氧化速率也不同。在通常条件下，油脂的氧化首先发生在不饱和脂肪酸的双键上，因此脂肪酸不饱和程度越高，氧化速率越快，油酸、亚油酸、亚麻酸、花生四烯酸的相对氧化速率为1:10:20:40。此外，油脂中所含非甘油三酯的情况，对油脂稳定性起着很重要的作用。例如，毛油中水分高，就会发生水解反应。酶（如脂氧酶）及离子等非甘油酯成分，它们往往会加速油脂的酸败。而其中某些具有光敏剂性质的色素如叶绿素a、脱镁叶绿素a、肌红蛋白及其血卟啉、合成色素赤藓红等，都是有效的光敏剂，可使氧成单线态氧促进氧化；而油脂中含有多种天然抗氧化剂，具有不同程度的抗氧化作用或增效作用。其中，抗氧化效果最好，存在最普通且具有较高营养价值的天然抗氧化剂是生育酚，其他还有芝麻油中的芝麻酚、胡椒中的栎精等。植物油脂因含有微量的生育酚及其他天然抗氧化剂，虽然不饱和脂肪酸多，却比较稳定，而动物油脂不含天然抗氧化剂，饱和脂肪酸多，却容易氧化。

2. 空气

空气中的氧是油脂氧化的重要因子。空气充足与否，油脂与空气接触面积大小，对油脂氧化速率有重要影响。油脂接触空气面积越大，空气充足，油脂氧化速率越快。某些油脂如猪油，仅吸收少量的氧气，便可闻到油脂酸败的气味。应该对油脂进行密闭贮存，有条件时应充氮贮存，若无条件，贮罐及盛具应尽量装满，减小油面上的空间，以减小油脂与氧接触的机会。

3. 光线

光对油品质量的影响仅次于氧气。光对油脂的氧化起诱发及加速作用，如有叶绿素等光敏物质的存在，油脂的氧化速度会加快。光线对油脂的促氧化作用随波长的不同而不同，波长越短，促氧化能力越强。光对油脂滋味的稳定性也有影响，当波长597 nm以下影响尤为明显。

4. 温度

油脂的氧化因温度上升而明显加剧。一般而言，在20℃～60℃时，每升高15℃，油脂的氧化速度提高1倍，故油脂要求在较低的温度下贮存。

5. 微量金属

微量金属在油脂中具有促氧化作用，加速油脂氧化变质。其中，危害最大的是铜和铁，极微量存在也能促进油脂氧化。据报道，油脂中铜和铁的浓度分别达到0.01和0.1 mg/kg时，即可引起油脂劣变。其余能显著促氧化的金属还有锰、铬、钒、镍、锌、铝等。

6. 水分

水分具有促进油脂水解的作用。在解脂酶的作用下，水解速度加快，因而，水解酸败多数发生在人造奶油、米糠油等一类产品中，这些油脂或者水含量高，或者解脂酶含量高，如贮存不当，水分对其影响甚大。

7. 抗氧化剂

抗氧化剂如果使用得当，能延缓油脂及含油食品的劣变。

2.7 功能性脂质与人类健康

油脂的供应量与消费量一度是衡量人们物质生活水平的主要指标，直至欧洲、美国心血管等疾病的高发生率在近代出现，才使人们开始重点关心油脂及其相关伴随物（如胆固醇）与健康的关系。近些年来的研究还提出了饱和脂肪酸、单不饱和脂肪酸和多不饱和脂肪酸在膳食中的配比，并进一步提出了必需脂肪酸应提供的量，限制反式脂肪酸、饱和脂肪酸摄入量等。我国很多学者的观点认为：平衡膳食中要求含饱和脂肪酸相对少一些的植物油应占脂肪总摄入量的50%～60%，饱和脂肪酸、单不饱和脂肪酸、多不饱和脂肪酸的合适比例为1:1:1。

2.7.1 功能性脂肪酸

每一类、每一种脂肪酸均有其特定用途和功能特性。功能性脂肪酸特指那些来源于人类膳食油脂，为人体营养、健康所必需，并对现已发现的人体一些相应缺乏症和内源性疾病，特别是现今社会文明病如高血压、心脏病、癌症、糖尿病等有积极防治作用的一组脂肪酸，这其中又以备受关注和广为研究的多不饱和脂肪酸为主。

1. 多不饱和脂肪酸

多不饱和脂肪酸是功能性脂肪酸研究和开发的主体与核心，根据其结构又分为n-6和n-3两大主要系列。这类脂肪酸受到广泛关注，不仅仅因为n-6系列的亚油酸和n-3系列的α-亚麻酸是人体不可或缺的必需脂肪酸，更重要的是因为在人体生理中起着极为重要的代谢作用，与现代诸多文明病的发生与调控息息相关。目前认为n-6和n-3脂肪酸功能的突出重要性，首先在于它们是体内有重要代谢功能的前列腺素、白三烯、血栓素A2等的前体。另一突出重要性在于，它们是人体器官和组织生物膜的绝对必需成分。此外，这些多不饱和脂肪酸分子本身在人体其他许多正常生理过程中起着特殊作用。

（1）亚油酸。

亚油酸是功能性多不饱和脂肪酸中被最早认识的一种，而且在世界范围内的绝大多数膳食营养中占据着不饱和脂肪酸的大部分。亚油酸具有降低血清胆固醇水平的作用，与12：0～16：0饱和脂肪酸相比，亚油酸具有较强的降低LDL-胆固醇的浓度的作用。摄入大量亚油酸对高甘油三酯血症病人效果较为明显。我国药典仍有采用亚油酸乙酯丸剂、滴剂作预防和治疗高血压及动脉粥样硬化症、冠心病的药物。

（2）花生四烯酸。

亚油酸被定为必需脂肪酸的部分原因在于它是n-6长链多不饱和脂肪酸尤其是花生四烯酸的前体，花生四烯酸较多的存在于神经组织和脑中，大脑积极地代谢花生四烯酸，其代谢产物对中枢神经系统有重要影响，包括神经元跨膜信号的调整、神经递质的释放以及葡萄糖的摄取。从妊娠的第三个月到约2岁婴儿的生命成长发育中，花生四烯酸在大脑内快速积累，在细胞分裂和信号传递方面起重要作用。对于成年人，膳食花生四烯酸的供给是否影响与脑代谢有关的花生四烯酸底物尚不清楚。在一些抗肿瘤动物试验中，已证明花生四烯酸在体外能显著杀灭肿瘤细胞，而且对正常细胞没有显示出毒副作用。花生四烯酸已被试验性地用于一些抗癌药物新剂型中。

（3）γ-亚麻酸。

γ-亚麻酸在1919年由Heidush Kaand Laft于月见草油中发现。目前，富含γ-亚麻酸的月见草油及γ-亚麻酸制品已在营养与医疗方面获广泛应用。γ-亚麻酸在临床上的试验结果表明有降血脂作用，对甘油三酯、胆固醇、β-脂蛋白的下降有效性在60%以上，而且γ-亚麻酸在体内转变成具有扩张血管作用的PGI2，保持与血栓素A2（TXA2）的平衡，防止血栓形成，从而起到防治心血管疾病的效果。γ-亚麻酸在体内可刺激棕色脂肪组织，促使该组织中线粒体活性，使体内过多热量能得以释放，起到防止肥胖症的目的，而且可减轻机体内细胞膜脂质过氧化损害。

（4）α-亚麻酸。

α-亚麻酸最重要的生理功能首先在于它是a-3系列多不饱和脂肪酸的母体，在体内代谢可生成DHA和EPA。由于DHA是脑和视网膜中两种主要的多不饱和脂肪酸之一，所以，许多动物试验表明，膳食中α-亚麻酸，特别是在极度或长期缺乏情况下，会出现相应缺乏症状，出现视觉循环缺陷与障碍。同时α-亚麻酸的生理功能还表现在对心血管疾病的防治上。Berry和Hirsch在1987年就通过对一组无心脏病或高血压的中年男子的脂肪组织中的脂肪酸组成分析，指出脂肪组织中α-亚麻酸每增加1%，动脉收缩和舒张压就降低667Pa。1988年后，Salonen等人观察到芬兰男子较低的血压与α-亚麻酸摄入水平有重要关联，支持了前述研究结论。我国医学科学院用富含α-亚麻酸的苏子油对鼠的高脂血症试验表明：α-亚麻酸能明显降低血清中总胆固醇和LDL-胆固醇水平，提高HDL-胆固醇/LDL-胆固醇比值，作用优于安妥明。

α-亚麻酸的另一重要功能是增强机体免疫效应。许多动物试验结果表明，α-亚麻酸对乳腺癌、结肠癌、肺癌及肾癌有一定抑制作用。如近来，Siegel等人将α-亚麻酸—亚油酸的复合剂注射到已接种肿瘤细胞的鼠体内，鼠存活期延长；韩国学者对白鼠用富含α-亚麻酸的苏子油进行饲养试验，发现可明显降低致癌物诱发结肠癌的概率。

（5）DHA和EPA。

从对包括人在内的动物的脑、视网膜和神经组织的分析，DHA是其中的主要脂肪酸，是大脑及视网膜的正常发育及功能保持所必需的。机理首先在于高度的不饱和而形成一个高度流体性的膜环境，除此之外，它还具有不可替代的特殊作用机理。在脑灰色物质和视网膜中，DHA占2-羟基乙胺磷酸甘油酯中脂肪酸的30%以上。在脑中，DHA和突触体、突触小泡、髓磷脂、微粒体、线粒体结合。与花生四烯酸相比，DHA优先结合于视网膜形成甘油三酯。对猫、猴子等动物的有关DHA与视觉功能的实验较好地揭示了DHA在视力方面的重要性。而且DHA和EPA摄入后，可快速地显著提高体内这两种脂肪酸的水平，为其功能的及时发挥提供了保证。因此，在神经系统方面，DHA和EPA被证明具有维持和改善视力，提高记忆、学习等能力，抑制早、老年痴呆症的生理学效果。

在与心血管疾病的关系上，EPA和DHA在治疗心肌梗死、动脉硬化、高血压等心血管疾病的临床试验和动物饲养研究中已先后被证明具有降低血脂总胆固醇、LDL胆固醇、血液黏度、血小板凝聚力及增加HDL-胆固醇的生理功能，从而降低了心血管疾病发生的概率。

2. 中链脂肪酸

中链脂肪酸在体内主要以游离形式被吸收。由于碳链短，中链脂肪酸较长链脂肪酸水溶性好而容易被胃肠吸收，不会像长链脂肪酸在肠内细胞重新酯化。含中链脂肪酸的油脂一入口就在舌脂肪酶作用下消化并在胃中继续水解，舌脂肪酶对富含中链脂肪酸的甘油三酯水解具有专一性，从肠内水解吸收到血液需0.5 h，2.5 h可达最高峰，是长链脂肪酸耗时的一半。中链脂肪酸除少量在周围血液中短期存在外，大部分与白蛋白结合，通过门静脉系统较快地到达肝脏。在肝脏中，中链脂肪酸能迅速通过线粒体双层膜，在辛酰CoA作用下迅速被酰化，而几乎不被合成脂肪。酰化产生的过多的乙酰CoA在线粒体胞质中发生各种代谢作用，其中大部分趋向合成酮体，其生酮作用强于长链脂肪酸，而且不受甘油、乳酸盐、葡萄糖-胰岛素等抗生酮物质的影响，肝脏外组织中中链脂肪酸的代谢作用较少，但在脐带血中发现8∶0或以下脂肪酸占15%~20%，这一点亦显示中链脂肪酸在胎儿营养中也有生理作用。

由于中链脂肪酸生化代谢相对快速，所以它可作为快速能量来源，特别是对膳食油脂中长链脂肪酸难以消化或脂质代谢紊乱的个体，如无胆汁症、胰腺炎、原发性胆汁肝硬化、结肠病、小肠切除、缺乏脂肪酶的早产儿和纤维囊泡症病人等。中链脂肪酸的另一重要作用是酮体效应，所有肝外组织可利用它迅速氧化产生的大量酮体，手术后病人可利用它来提供热能，妊娠妇女可通过注射中链脂肪酸酯补充胎儿消耗酮体较多的需求。它还能节约慢性病患者肌肉中的肉碱，纠正与败血症或创伤有关的酮体血症的抑制状态。此外，中链脂肪酸生成的酮体具有麻醉和抗惊厥作用，在临床上已被用作无抗药性的癫痫治疗药物。

2.7.2 植物固醇

从与油脂的关系看，植物固醇作为一种功能性成分，按其本身的特性，是维生素原性质的，因此，它们不会使油脂的质量劣化，相反能使油脂的质量更好。现代医学研究揭示了植物固醇的重要生理活性。

1. 植物固醇与心血管系统

人体内不能合成植物固醇，而能合成胆固醇（其水平主要由肝脏等器官自动调节）。在人体内的神经、脑、肝脏、脂肪组织和血液中，胆固醇作为细胞原生质膜的成分不可或缺，起着促进人体性激素和肾上腺皮质激素等合成的作用。但成人血清中胆固醇浓度过高，易引发高血压及冠状动脉粥样硬化类心脏病。植物固醇在人体内以与胆固醇相同的方式被吸收，但其吸收率低得多，一般只有5%～10%，为胆固醇在人体内吸收率的10%～20%（有研究报道不超过10%）。更为重要的是，植物固醇的摄入能阻碍胆固醇的吸收。其原因目前主要有三类观点进行解释：一是结构相似导致的二者在微绒毛膜吸收过程中的竞争性，以及植物固醇在肠黏膜上与脂蛋白、糖蛋白结合的优先性；二是阻碍小肠上皮细胞内胆固醇酯化，进而抑制向淋巴输出；三是在小肠内腔阻碍胆固醇溶于胆汁酸微胶囊。池田经过对胆固醇吸收过程的一系列详细研究后认为，第三种可能性最大，因为胆固醇能否溶解于小肠内腔的胆汁酸微胶囊是被吸收的必要条件。

总之，植物固醇在宏观表现上能有效降低血清中胆固醇水平，起到预防和治疗高血压、冠心病等心血管疾病的作用。而且，有趣的是，最近的研究表明，α-谷固醇等植物固醇阻碍胆固醇吸收时表现出"量"的选择性，当胆固醇摄入量低于100 mg时，则几乎不显示出阻碍效应。但若达400～450 mg时，即使仅摄取少量的α-谷固醇，也能起到降低血清中胆固醇水平的效果，对胆汁酸的排泄也几乎无影响。

2. 植物固醇与炎症

植物固醇具有类似于羟基保泰松和氢化可的松的抗炎作用是被首先发现的生理功能。β-谷固醇在角叉胶致鼠水肿的研究试验中证明其抗炎效果显著，它和豆固醇作为抗炎症药物已被载入多国药典。因临床应用的人工抗炎药多具有致溃疡性，在使用时需十分谨慎，而β-谷固醇在此方面则表现出很高的安全性。同时，研究还发现β-谷固醇兼有类似乙酰水杨酸（阿斯匹林）的退热效果。

3. 植物固醇与皮肤

由于人们对胆固醇的忌讳，植物固醇在皮肤营养和保护方面发挥出优良的生理效能。年轻健康人的皮肤以其含固醇经常性分泌物维持皮肤的柔软滑润，如足底皮肤分泌物中固醇约占5%。当局部机能减退，分泌物减少或消失，皮肤就会出现干燥和角质化。若以含植物固醇的化妆品护肤，可起到预防效果，而且在角质化较为严重的情况下，也能起到明显作用。这可归结于植物固醇分子结构使其具有较强的皮肤渗透性，促进皮脂分泌和温和保持水分，以维持润湿、柔软的生理活性和表面活性。

2.7.3 磷脂

磷脂通过对神经系统、心血管系统、免疫系统和贮存与输送脂类器官等产生治疗和保护作用，使其在人体的健康与疾病防治方面具有重要的作用。

由上述生理活性可以看出，磷脂能够调节人体细胞的正常生理活动，在人体生理学中扮演重要角色。人体含有足量的磷脂，其细胞活性增加；反之，人体缺乏磷脂，即会引发一系列的疾病。磷脂具有如下作用：滋补大脑，增强记忆；保护肝脏，防止脂肪肝、酒精肝的发生，改善皮肤营养，减少和消除褐斑；清除过氧化脂质，延缓衰老等。

2.7.4 二十八烷醇

二十八烷醇是世界公认的抗疲劳物质。1949年，美国伊利诺斯大学Cureton博士在小麦胚芽油中发现了此种物质，以后进行的一系列研究表明：大米胚芽油和小麦胚芽油中所含的微量物质——二十八烷醇对人体具有重要生物活性。其主要表现为增进耐力、提高反应灵敏性、提高应激能力、降低收缩期血压等。

2.7.5　谷 维 素

许多研究表明，谷维素能防止自主神经功能失调和内分泌障碍。谷维素中的植物固醇部分同样起到抑制胆固醇吸收的作用，阿魏酸则具有利胆作用。各组分综合表现出的效果是，谷维素降低肝脏脂质、过氧化脂质及血清中低密度脂蛋白胆固醇和极低密度脂蛋白胆固醇水平，升高高密度脂蛋白胆固醇的含量，阻碍胆固醇在动脉壁的沉积，减少胆石形成指数。

2.7.6　角 鲨 烯

角鲨烯在人体内参与胆固醇的生物合成及多种生化反应。同位素标记角鲨烯的动物试验证明，角鲨烯可在肠道内被迅速吸收，并沉积于肝脏和体脂中，成为不皂化物组分。连续两周在大鼠饲养中添加 0.5 g 角鲨烯，会发现烃类化合物在毛发、皮肤、肌肉和肠组织脂质中的含量为对照组的 2～10 倍。角鲨烯在肝脏内转化成胆酸；它还能与载体蛋白和 7α-羟基-4-胆甾烯结合，显著增加 12α-羟化酶的活力，促进胆固醇的转化。

新近的研究表明，角鲨烯具有类似红细胞那样摄取氧的功能，生成活化的氧化角鲨烯，在血液循环中输送到机体末端细胞后释放氧，从而增加机体组织对氧的利用能力，促进胆汁分泌，强化肝功能，达到增进食欲、加速消除因缺氧所致的各种疾病的目的。

第3章 蛋 白 质

3.1 概述

3.1.1 蛋白质是构成生物体的基本成分

蛋白质是由一条或一条以上的多肽链按照特定方式结合而成的高分子化合物。蛋白质是构成细胞的基本成分和完成生物学功能的主要生物分子，在新陈代谢过程中，无论作为结构物质还是酶，蛋白质都有举足轻重的作用，因此，蛋白质是生命的物质基础。

氨基酸是组成蛋白质的基本单位，各种氨基酸通过脱水缩合并按一定顺序排列形成多肽链，多肽链经过盘曲、折叠（并组合）构成具有一定的稳定空间结构的蛋白质。蛋白质以多种形式出现于生命体中，例如：参与各种代谢的酶，如核糖核酸酶、胃蛋白酶、乙醇脱氢酶等；起调节作用的蛋白，如胰岛素、促甲状腺素、干扰素等；结构组成蛋白，如角蛋白、胶原蛋白等；参与保护的蛋白，如免疫球蛋白、凝血酶等；储存蛋白，如酪蛋白、卵清蛋白等。

作为生物体的结构和功能性物质，蛋白质在生物体内时刻处于动态平衡状态。蛋白质随食物摄入体内后，在胃肠道中经蛋白酶水解成寡肽和氨基酸被吸收，在细胞内进一步降解，再重新用于合成蛋白质，构成细胞结构组分或发挥其相应的功能，新合成的蛋白质又不断降解，转化为含氮小分子物质（如尿酸、尿素等）排出体外或转化成其他物质，完成蛋白质在体内的代谢。因此，蛋白质处于动态平衡中，生命体需要不断地补充蛋白质来维持这一平衡。成年人每天通常需要摄取 $50 \sim 70 \, \mathrm{g}$ 蛋白质，才能保证人体对蛋白质的营养需求。根据蛋白质中氨基酸的种类，人们把蛋白质分为完全蛋白质和不完全蛋白质。富含必需氨基酸的蛋白质统称完全蛋白质，如肉、蛋、奶、鱼中的蛋白质和大豆蛋白等；缺乏必需氨基酸或者含量很少的蛋白质称不完全蛋白质，如谷、麦类、玉米所含的蛋白质和动物皮骨中的明胶等。

3.1.2 蛋白质具有多样性的生物学功能

蛋白质种类繁多，结构各异，决定了其在生命体中性质和功能的多样性。

（1）生物催化作用。酶在蛋白质中种类最多，在生物体新陈代谢过程中起催化作用。国际生化委员会公布的酶有 3000 多种，特异性强，催化效率极高，是非酶促催化速率的 10^{16} 倍，它们几乎参与生物体内所有的化学反应，每种反应都有相应的酶参与，通过酶促反应来维持物质代谢和能量代谢的平衡，保证生命活动正常进行。如糖酵解途径是原核生物和真核生物糖代谢的共同途径，从葡萄糖到丙酮酸的 10 个步骤中每一步都有相应的酶参与。

（2）代谢调节作用。有些蛋白质具有对新陈代谢的调节作用和对蛋白质表达的调控作用。前者如调节糖代谢的胰岛素、信号转导中的细胞因子等；后者如起激活转录作用的正调控因子——大肠杆菌的 CAP 和起转录抑制作用的乳糖操纵子的阻遏蛋白。

（3）传递信息作用。信号转导中的细胞因子如 TNF-α、IFN-γ、IL-6，信号转导中膜上的受体，如负责识别和结合病原微生物病原相关分子模式（PAMP）的Toll样受体（Toll-like receptor，TLR）以及它们所激活的核转录因子NF-kB等；再如与细胞增殖和分化相关信号转导途径中的G蛋白受体偶联受体（GPCR.s）和G蛋白，它们可以激活腺苷酸环化酶系统、磷脂酶C系统和相关离子通道。

（4）转运和贮存作用。转运蛋白是指在体内或膜上负责物质运输的蛋白。体内具有负载和运输功能的蛋白，如运输氧气的血红蛋白，输送脂肪酸和胆红素的血清蛋白。膜运输蛋白又分三类，即载体蛋白（如葡萄糖载体蛋白）、通道蛋白（如水通道蛋白和离子通道蛋白）、离子泵（如钠钾ATP酶）。贮存蛋白是指具有贮存营养物质特别是氮素的蛋白质，如卵清蛋白、酪蛋白等。

（5）收缩和运动作用。指能够使器官收缩或细胞、细胞器运动，如肌动蛋白和肌球蛋白负责肌肉的收缩运动，微管蛋白引起细胞分裂过程中纺锤体的形成和向细胞两极的运动，鞭毛、纤毛的运动等。

（6）结构和支持作用。许多蛋白质作为结构物质起支持作用，给生物结构以强度及保护，如韧带含弹性蛋白，具有双向抗拉强度；构成毛发、蹄、角、甲的角蛋白，构成皮肤、骨骼、肌腱的胶原蛋白等。

（7）免疫和保护作用。对病原体起防御作用的蛋白，如抗体（免疫球蛋白）、补体、干扰素等细胞因子。

（8）控制生长和分化作用。细胞的分裂、生长和分化都受到蛋白质因子的调控。细胞周期蛋白控制细胞周期；有报道证明Notch蛋白对干细胞分化有调控作用；APC的蛋白能调控skp2和P27，从而影响细胞的生长。缺乏这种蛋白的肿瘤细胞生长会受到抑制，这为肿瘤治疗研究开辟了新的道路。

（9）生物膜功能。蛋白质以外周蛋白和内在蛋白的形式覆盖、贯穿或穿插于磷脂双分子层中，这些蛋白质除了作为膜结构蛋白，起到稳定膜系统，将细胞区域化、隔室化作用外，还有识别和结合细胞外配体引发信号传导的作用，细胞表面抗体与抗原的结合作用，作为运输蛋白转运物质进出细胞的作用，作为酶分子参与物质代谢和能量代谢的催化作用，等等。

3.2 蛋白质的化学组成与分类

3.2.1 蛋白质的化学组成

1. 蛋白质的元素组成

根据结晶纯品蛋白质的元素分析，发现它们的元素组成含有碳、氢、氧、氮和少量的硫。在蛋白质中，各元素的组成百分比为：C占50%～55%；H占6%～7%；O占19%～24%；N：13%～19%；S占0～4%。除了上述大量元素外，有些蛋白质还含有P、Fe、Cu、Mn、Zn、Se等微量元素。由各种蛋白质含氮量接近，平均为16%。这是凯氏定氮法测定蛋白质含量的计算基础。

2. 蛋白质结构的基本单位

蛋白质是生物功能的主要载体，氨基酸则是组成蛋白质的构件分子。氨基酸是含有氨基和羧基的一类有机化合物的通称。在各种生物中发现的氨基酸已近300多种，但是参与蛋白质组成的常见氨基酸或称为基本氨基酸，只有20种，严格地说是19种氨基酸和1种亚氨基酸（脯氨酸）。组成蛋白质的氨基酸均为α-氨基酸。

（1）氨基酸的结构。在结构上20种氨基酸的共同特点是含有羧基并在与羧基相连的碳原子上还连有氨基，目前，自然界中的蛋白质中尚未发现氨基和羧基不连在同一个碳原子上的氨基酸，而各种氨基酸的区别就在于R基（侧链）的不同。除甘氨酸外，其他氨基酸的α-碳原子均为不对称碳原子（即与α-碳原子键合的四个取代基各不相同），因此氨基酸可以有立体异构体，即可以有不同的构型（D型与L型两种构型）。

为表达蛋白质或多肽结构的需要，氨基酸的名称常使用三字母的缩写符号或单字母的简写符号表示，后者主要用于表达多肽链的氨基酸序列。

（2）氨基酸的分类。20种氨基酸按侧链R的理化性质分为以下4类。

①具有非极性或疏水R基的氨基酸。这组共有8种氨基酸，包括：4种带脂肪烃侧链的氨基酸，即丙氨酸、缬氨酸、亮氨酸和异亮氨酸；2种含芳香环的氨基酸，即苯丙氨酸和色氨酸；1种含硫的氨基酸即甲硫氨酸和1种亚氨基酸即脯氨酸。这组氨基酸在水中的溶解度比极性R基的氨基酸小。

②具有极性不带电荷R基的氨基酸。这一组有7种氨基酸，包括甘氨酸、丝氨酸、苏氨酸、半胱氨酸、酪氨酸、天冬酰胺和谷氨酰胺。它们的侧链中含有不解离的极性基，能与水形成氢键。

③R基团带负电荷的氨基酸。这是一组酸性氨基酸，包括天冬氨酸和谷氨酸。它们都含有两个羧基，在pH为7时分子电离带负电荷。

④R基团带正电荷的氨基酸。这一组包括3种碱性氨基酸，即精氨酸、赖氨酸和组氨酸。分子电离带正电荷。

（3）氨基酸的理化性质。

①一般物理性质。氨基酸为无色晶体，熔点极高，一般在200℃以上。不同的氨基酸其味不同，有的无味，有的味甜，有的味苦，谷氨酸的单钠盐有鲜味，是味精的主要成分。

a.溶解性质：各种氨基酸在水中的溶解度差别很大，能溶解于稀酸或稀碱中，但不能溶于有机溶剂。通常酒精能把氨基酸从其溶液中沉淀析出。根据氨基酸侧链与水相互作用的程度可将氨基酸分为几类。含有脂肪族和芳香族侧链的氨基酸，如Ala、Ile、Leu、Met、Val及Phe、Tyr，由于侧链的疏水性，这些氨基酸在水中的溶解度均较小；侧链带有电荷或极性基团的氨基酸，如Arg、Asp、Glu、His、Lys和Ser、Thr、Asn在水中均有比较大的溶解度。但也有例外，如脯氨酸为带疏水基团的氨基酸，在水中的溶解度却异常高。

b.氨基酸的疏水性：疏水性是影响氨基酸溶解行为的重要因素，也是影响蛋白质和肽的物理化学性质（如结构、溶解度、结合脂肪的能力等）的重要因素。按照物理化学原理，疏水性可被定义为：在相同的条件下，一种溶于水中的溶质的自由能与溶于有机溶剂的相同溶质的自由能相比所超过的数值。估计氨基酸侧链的相对疏水性的最直接、最简单的方法就是实验测定氨基酸溶于水和溶于一种有机溶剂的自由能变化。

c.氨基酸的光学性质：氨基酸的一个重要光学性质是对光有吸收作用。20种基本氨基酸在可见光区域均无光吸收，在远紫外区（<220 nm）均有光吸收，在紫外区（近紫外区）（220~300 nm）只有三种氨基酸（Phe、Tyr、Trp）有光吸收能力，因为它们的R基含有苯环共轭双键系统。Phe最大光吸收在259 nm、Tyr为278 nm、Trp为279 nm。因为蛋白质一般都含有这三种氨基酸残基，所以其最大光吸收在大约280 nm波长处，可利用分光光度法方便地测定蛋白质的含量。

②两性解离和等电点。

a.氨基酸的两性解离：氨基酸在水溶液或结晶内基本上均以兼性离子或偶极离子的形式存在。因为氨基酸兼性离子上既带有能释放出质子的 NH_3^+ 正离子，也有能接受质子的 COO^- 负离子，因此氨基酸是两性电解质。氨基酸在水中的兼性离子既起酸（质子供体）的作用，也起碱（质子受体）的作用。氨基酸完全质子化时，可以看成是多元酸。侧链不解离的中性氨基酸可看作二元酸，酸性氨基酸和碱性氨基酸可视为三元酸。

b.氨基酸的等电点（pI）：氨基酸处于净电荷为零时的溶液的pH称为这种氨基酸的等电点。在等电点时，氨基酸在电场中既不向正极移动也不向负极移动；大多数处于兼性离子状态，少数解离成数目相等的阳离子和阴离子，极少数为中性分子。当溶液实际的pH>pI时，氨基酸带负电荷，在电场中向正极移动；反之，pH<pI时向负极移动。

③氨基酸的化学性质。氨基酸的化学反应是指它的 α-氨基、α-羧基以及侧链上的官能团参加的反应。所有氨基酸的 α-氨基和 α-羧基呈现相似的化学反应性。侧链的化学反应性则各不相同，这取决于官能团的特性。下面讨论几个有代表性的氨基酸的化学反应。

A. α-氨基参加的反应。

a.酰基化反应：氨基酸的 α-氨基与酰氯或酸酐在弱碱溶液中发生作用时，氨基被酰基化。此反应常常在多肽和蛋白质的人工合成中被用于氨基的保护。

DNS反应：丹磺酰氯是一种酰化试剂，它能专一地与肽链N-端 α-氨基反应生成丹磺酰-肽，后者水解生成的丹磺酰-氨基酸具有很强的荧光，可直接用电泳法或层析法鉴定出N-末端是何种氨基酸。此反应常用于N-末端氨基酸的标记和微量氨基酸的测定。

b.烃基化反应：氨基酸中 α-氨基的一个氢原子被烃基取代的反应，如Sanger反应和Edman反应等。

Sanger反应：氨基酸的：α-氨基与2,4-二硝基氟苯作用产生相应的二硝基苯基氨基酸（DNP-氨基酸，黄色）。此反应可用于鉴定多肽、蛋白质的N-末端氨基酸。

Edman反应：氨基酸的 α-氨基与苯异硫氰酸酯（PITC）作用形成相应氨基酸的苯氨基硫甲酰衍生物（生成PTH-氨基酸）。此反应也可用于鉴定多肽、蛋白质的N-末端氨基酸。

苯异硫氰酸酯(PITC)　　　　　　　PTC-氨基酸　　　　　PTH-氨基酸

B. α-羧基参加的反应。

氨基酸的 α-羧基和其他有机酸的羧基一样，在一定条件下也可以发生成盐、成酯、成酰氯、成酰胺，以及叠氮化反应等。

a.成盐和成酯反应：氨基酸与碱作用生成盐；氨基酸的羧基被醇酯化后形成相应的酯。

$$H_2N-\underset{\underset{R}{|}}{\overset{\overset{H}{|}}{C}}-COOH \quad \xrightarrow[\text{干燥HCl}]{+C_2H_5OH}^{+NaOH} \quad \begin{matrix} H_2N-\underset{\underset{R}{|}}{\overset{\overset{H}{|}}{C}}-COONa + H_2O \\[2em] HCl\cdot H_2N-\underset{\underset{R}{|}}{\overset{\overset{H}{|}}{C}}-COOC_2H_5 + H_2O \end{matrix}$$

b.成酰氯反应：氨基酸中的氨基如果用适当的保护剂（如苄氧甲酰基）保护后，其羧基可与五氯化磷作用生成酰氯。这个反应可使氨基酸的羧基活化，使它容易与另一氨基酸的氨基结合，因此在多肽的人工合成中常用到此反应。

$$YHN-\underset{}{CH}-COOH + PCl_5 \longrightarrow YHN-\underset{}{\overset{R}{CH}}-\overset{\overset{O}{\|}}{C}-Cl + POCl_3 + HCl$$

式中，Y表示酰基。

c.脱羧基反应：在生物体内氨基酸经脱羧酶催化，放出二氧化碳并生成相应的一级胺。

$$R-\underset{\underset{NH_2}{|}}{CH}-COOH \xrightarrow{\text{脱羧酶}} CO_2\uparrow + RCH_2NH_2$$

d.叠氮反应：氨基酸的氨基如果用适当酰基加以保护，羧基经酯化转变为甲酯，然后与肼和亚硝酸反应即生成叠氮化合物。该反应可活化氨基酸的羧基，用于多肽的人工合成。

C.由α-氨基和α-羧基共同参加的反应。

a.茚三酮反应：茚三酮在弱酸溶液中与α-氨基酸共热，引起氨基酸氧化脱氨、脱羧反应，茚三酮被还原生成紫色物质。利用茚三酮显色可作为氨基酸定性鉴定，用分光光度法在570 nm波长下的吸收值可定量测定各种氨基酸。也可以在分离氨基酸时作为显色剂对氨基酸进行定性或定量分析。脯氨酸和羟脯氨酸与茚三酮反应并不释放氨，而是直接生成（亮）黄色化合物，可在440 nm比色。

b.成肽反应：一个氨基酸的氨基与另一个氨基酸的羧基缩合成肽，形成的键称肽键。

$$H_2\overset{+}{N}-\underset{\underset{\overset{\|}{O}}{}}{\overset{\overset{R^1}{|}}{CH}-C}-OH + H-\underset{}{\overset{H}{N}}-\underset{}{\overset{R^2}{CH}}-COO^- \longrightarrow H_3\overset{+}{N}-\underset{\underset{\overset{\|}{O}}{}}{\overset{\overset{R^1}{|}}{CH}-C}-\overset{H}{N}-\underset{}{\overset{R^2}{CH}}-COO^-$$
$$\downarrow H_2O$$

3.2.2 蛋白质的分类

蛋白质种类繁多，结构复杂，功能各异。目前有几种分类方法。

1. 根据分子形状分类

（1）球状蛋白。球状蛋白质分子比较对称，接近球形或椭球形。多肽链折叠致密，疏水氨基酸侧链位于分子内部，亲水侧链在外部；溶解度较好，能结晶。大多数蛋白质属于球状蛋白质，如血红蛋白、肌红蛋白、酶、抗体等。

（2）纤维状蛋白。纤维蛋白质分子对称性差，类似于细棒状或纤维状。溶解性质各不相同，大多数不溶于水，在生物体内主要起结构作用，如胶原蛋白、角蛋白等。有些则溶于水，如肌球蛋白、血纤维蛋白原等。

2. 根据分子组成和溶解度分类

（1）简单蛋白质。简单蛋白质分子中只含有氨基酸，没有其他成分。常见的如下列蛋白质：①清蛋白，又称白蛋白，相对分子质量较小，溶于水、中性盐类、稀酸和稀碱，可被饱和硫酸铵沉淀。清蛋白在自然界分布广泛，如小麦种子中的麦清蛋白、血液中的血清蛋白和鸡蛋中的卵清蛋白等都属于清蛋白。②球蛋白，一般不溶于水而溶于稀盐溶液、稀酸或稀碱溶液，可被半饱和的硫酸铵沉淀。球蛋白在生物界广泛存在并具有重要的生物学功能。大豆种子中的豆球蛋白、血液中的血清球蛋白、肌肉中的肌球蛋白以及免疫球蛋白都属于这一类。③组蛋白，可溶于水或稀酸。组蛋白是染色体的结构蛋白，含有丰富的精氨酸和赖氨酸，所以是一类碱性蛋白质。④精蛋白，易溶于水或稀酸，是一类相对分子质量较小结构简单的蛋白质。精蛋白含有较多的碱性氨基酸，缺少色氨酸和酪氨酸，所以是一类碱性蛋白质。精蛋白存在于成熟的精细胞中，与DNA结合在一起，如鱼精蛋白。⑤醇溶蛋白，不溶于水和盐溶液，溶于70%～80%的乙醇，多存在于禾本科作物的种子中，如玉米醇溶蛋白、小麦醇溶蛋白。⑥谷蛋白，不溶于水、稀盐溶液，溶于稀酸和稀碱。谷蛋白存在于植物种子中，如水稻种子中的稻谷蛋白和小麦种子中的麦谷蛋白等。⑦硬蛋白，不溶于水、盐溶液、稀酸、稀碱，主要存在于皮肤、毛发、指甲中，起支持和保护作用，如角蛋白、胶原蛋白、弹性蛋白、丝蛋白等。

（2）结合蛋白质。结合蛋白质是由蛋白质部分和非蛋白质部分结合而成。主要的结合蛋白有下列几种：①核蛋白，非蛋白部分为核酸，核蛋白分布广泛，存在于所有生物细胞中；②糖蛋白，非蛋白部分为糖类，糖蛋白广泛存在于动物、植物、真菌、细菌及病毒中；③脂蛋白，非蛋白质部分为脂类，脂类和蛋白质之间以非共价键结合，脂蛋白广泛分布于细胞和血液中；④色蛋白，蛋白质和某些色素物质结合形成色蛋白，非蛋白质部分多为血红素，所以又称为血红素蛋白；⑤金属蛋白，是一类直接与金属结合的蛋白质，如铁蛋白含铁、乙醇脱氢酶含锌，黄嘌呤氧化酶含钼和铁，等等；⑥磷蛋白，分子中含磷酸基，一般磷酸基与蛋白质分子中的酪氨酸、丝氨酸或苏氨酸残基通过酯键相连。如酪蛋白、胃蛋白酶等都属于这类蛋白。

3. 根据功能分类

（1）活性蛋白质。活性蛋白质是指除具有一般蛋白质的功能作用外，还具有某些特殊的生理功能的一类蛋白质。

①乳铁蛋白：乳铁蛋白晶体呈红色，是一种铁结合蛋白，分子质量约为77 kDa。一分子乳铁蛋白中含有两个铁结合位点。广泛分布于哺乳动物乳汁和其他多种组织及其分泌液中（包括泪液、精液、胆汁、滑膜液等内、外分泌液和嗜中性粒细胞），人乳中乳铁蛋白浓度为1.0～3.2 mg/mL，是牛乳中的10倍（牛乳中含量为0.02～0.35 mg/mL），占普通母乳总蛋白的20%。乳铁蛋白有多种生理功效：①消化道中天然抑菌剂；②传染病的防护作用；③发炎现象的改善；④预防肿瘤发生与转移；⑤天然的抗氧化剂；⑥促进铁吸收。

②金属硫蛋白：金属硫蛋白是由微生物和植物产生的金属结合蛋白，富含半胱氨酸的短肽，对多种重金属有高度亲和性。它是相对分子质量较低，半胱氨酸残基和金属含量极高的蛋白质。与其结合的金属主要是镉、铜和锌，广泛地存在于从微生物到人类的各种生物中，

其结构高度保守，理化特性基本一致，具有特殊的光吸收，构象较坚固，具有较强的耐热性。金属硫蛋白分子呈椭圆形，分两个结构域，分子质量为 6 ~ 7 kDa，含有 61 个氨基酸，其中 20 个氨基酸为半胱氨酸，这样每一个分子就可以结合 7 ~ 12 个金属离子。金属硫蛋白具有多种生理功能：如重金属解毒功能、清除体内自由基的功能和抗辐射功能。

③免疫球蛋白：免疫球蛋白指具有抗体活性的动物蛋白。主要存在于血浆、体液、组织和其他分泌液中。人血浆内的免疫球蛋白多数为丙种球蛋白（γ-球蛋白）。免疫球蛋白可以分为 IgG、IgA、IgM、IgD、IgE 五类。免疫球蛋白由两条相同的轻链和两条相同的重链所组成，单体的分子质量为 150 ~ 170 kDa，是一类重要的免疫效应分子。它是构成体液免疫作用的主要物质，它与抗原起免疫反应，生成抗原-抗体复合物，从而阻断病原体对机体的危害，使病原体失去致病作用。因此可以增强机体的免疫防御能力。

④大豆球蛋白：大豆球蛋白分子质量约为 350 kDa，为富含甘氨酸的一种球蛋白。大豆球蛋白是存在于大豆籽粒中的储藏性蛋白的总称，约占大豆总量的 30%。主要成分是 11 S 球蛋白（可溶性蛋白）和 7 S 球蛋白（β-浓缩球蛋白与γ-浓缩球蛋白），可溶性蛋白与β-浓缩球蛋白两者约占球蛋白总量的 70%。大豆球蛋白营养价值极高，除婴儿外，其氨基酸组成还可满足 2 岁幼儿到成人对必需氨基酸的需求，具有降低血浆胆固醇或防止胆固醇升高的功能。

⑤酶蛋白：是一类对生化反应具有催化功能的蛋白质，对于维持机体正常的新陈代谢发挥极为重要的作用。a.超氧化物歧化酶（SOD）：能促使过氧化物游离基转化成过氧化氢和氧，清除体内过量的自由基，提高人体免疫力，延缓衰老，抗疲劳，调节女性生理周期，推迟更年期。b.溶菌酶：是一种能水解致病菌中黏多糖的碱性蛋白，广泛存在于禽类的蛋清中，主要通过破坏细胞壁中的 N-乙酰胞壁酸和 N-乙氨基葡糖之间的β-1，4-糖苷键，使细胞壁不溶性黏多糖分解成可溶性糖肽，导致细胞壁破裂内容物逸出而使细菌溶解。因此，该酶具有抗菌、消炎、抗病毒等作用。

（2）非活性蛋白质。非活性蛋白包括一大类对生物体起保护或支持作用的蛋白质。如：胶原蛋白，它是构成哺乳动物皮肤的主要成分；角蛋白，具有保护和加强机械强度的作用；弹性蛋白，存在于韧带、血管壁等处，起支持与润滑作用。

3.3 蛋白质的结构

蛋白质是一种生物大分子，是由氨基酸以肽键的方式连接而成。这种以特定氨基酸及特定排列顺序连接而成的多肽链称为蛋白质的一级结构。不同的蛋白质其肽链的长度、氨基酸的组成和排列顺序各不相同。肽链经卷曲折叠形成特定的三维空间结构，即蛋白质的二级结构和三级结构。某些蛋白质由多条肽链组成，每条肽链称为一个亚基，亚基之间通过氢键、离子键等非共价键连接而成的特定空间构象，称为蛋白质的四级结构。一般认为，蛋白质的一级结构决定二级结构，二级结构决定三级结构。稳定四级结构的作用力与稳定三级结构的作用力没有本质区别。

蛋白质的生物学功能在很大程度上取决于其空间结构，蛋白质结构、构象多样性导致了其不同的生物学功能。蛋白质结构与功能关系的研究是进行蛋白质功能预测及蛋白质设计的基础。蛋白质分子只有处于它自己特定的三维空间结构情况下，才能获得其特定的生物活性；三维空间结构稍有破坏，就很可能会导致蛋白质生物活性的降低甚至丧失。因为它们的特定的结构允许其结合特定的配体分子，例如，血红蛋白和肌红蛋白与氧的结合、酶和底物分子的结合、激素与受体的结合、抗体与抗原的结合等。知道了基因密码，科学家们可以推演出组成某种蛋白质的氨基酸序列，却无法绘制蛋白质空间结构。因而，揭示人类每一种蛋白质的空间结构，已成为后基因组时代的制高点，这也是结构基因组学的基本任务。对于蛋白质空间结构的了解，将有助于对蛋白质功能的确定。同时，蛋白质是药物作用的靶标，联合运用基因密码知识和蛋白质结构信息，药物设计者可以设计出小分子化合物，抑制与疾病相关的蛋白质，进而达到治疗疾病的目的。因此，后基因组时代的研究有非常重大的应用价值和广阔前景。

3.3.1 蛋白质分子的一级结构

蛋白质的一级结构是指多肽链氨基酸残基的组成和排列顺序，也是蛋白质最基本的结构。它是由基因上遗传密码的排列顺序所决定的，各种氨基酸按遗传密码的顺序通过肽键连接起来。每一种蛋白质分子都有自己特有的氨基酸组成和排列顺序（即一级结构），由这种氨基酸排列顺序决定它的特定的空间结构。也就是说，蛋白质的一级结构决定了蛋白质的二级、三级等高级结构。

蛋白质分子的一级结构是其生物学活性及特异空间结构的基础。尽管每种蛋白质都有相同的多肽链骨架，而各种蛋白质之间的差别是由其氨基酸组成、氨基酸数目以及氨基酸在蛋白质多肽链中的排列顺序决定的。氨基酸排列顺序的差别意味着从多肽链骨架伸出的侧链R基团的性质和顺序对于每一种蛋白质是特异的——因为R基团有不同的大小，带不同的电荷，对水的亲和力也不相同。即蛋白质分子中氨基酸的排列顺序决定其空间构象。

3.3.2 蛋白质分子的二级结构

二级结构是指多肽链借助于氢键沿一维方向排列成具有周期性结构的构象，是多肽链局部的空间结构（构象），主要有α螺旋、β折叠、β转角等几种形式，它们是构成蛋白质高级结构的基本要素。

（1）α螺旋是蛋白质中最常见、最典型、含量最丰富的二级结构元件。在α螺旋中，每个螺旋周期包含3.6个氨基酸残基，残基侧链伸向外侧，同一肽链上的每个残基的酰胺氢原子和位于它后面的第4个残基上的羰基氧原子之间形成氢键。这种氢键大致与螺旋轴平行。多肽链呈α螺旋构象的推动力就是所有肽键上的酰胺氢和羰基氧之间形成的链内氢键。在水环境中，肽键上的酰胺氢和羰基氧既能形成内部（α螺旋内）的氢键，也能与水分子形成氢键。如果后者发生，多肽链呈现类似变性蛋白质那样的伸展构象。

（2）β折叠也是一种重复性的结构，可分为平行式和反平行式两种类型，它们是通过肽链间或肽段间的氢键维系的。可以把它们想象为由折叠的条状纸片侧向并排而成，每条纸片可看成是一条肽链，称为β折叠股或β股，肽主链沿纸条形成锯齿状，处于最伸展的构象，氢键主要在股间而不是股内。α-碳原子位于折叠线上，由于其四面体性质，连续的酰胺平面排列成折叠形式。需要注意的是，在折叠片上的侧链都垂直于折叠片的平面，并交替地从平面上下两侧伸出。平行折叠片比反平行折叠片更规则，且一般是大结构，而反平行折叠片可以少到仅由两个β股组成。

（3）β转角是一种简单的非重复性结构。在β转角中第一个残基的C＝O与第四个残基的N—H氢键键合形成一个紧密的环，使β转角成为比较稳定的结构，多处在蛋白质分子的表面，在这里改变多肽链方向的阻力比较小。β转角的特定构象在一定程度上取决于它的组成氨基酸，某些氨基酸（如脯氨酸和甘氨酸）经常存在于其中，由于甘氨酸缺少侧链（只有一个 H），在β转角中能很好地调整其他残基的空间位阻，因此是立体化学上最合适的氨基酸；而脯氨酸具有环转结构和固定的角，因此在一定程度上迫使β转角形成，促使多肽自身回折，且这些回折有助于反平行β折叠片的形成。

蛋白质可分为纤维状蛋白和球状蛋白。纤维状蛋白通常是水不溶性的，在生物体内往往起着结构支撑的作用，这类蛋白质的多肽链只是沿一维方向折叠。β折叠以反式平行为主，且折叠片段氢键主要是在不同肽链之间形成。球状蛋白一般都是水溶性的，是生物活性蛋白，它们的结构比起纤维状蛋白来说要复杂得多。α螺旋和β折叠在不同的球状蛋白质中所占的比例是不同的，平行和反平行β折叠几乎同样广泛存在，既可在不同肽链或不同分子之间形成，也可在同一肽链的不同肽段（β股）之间形成。β转角、卷曲结构或环结构也是它们形成复杂结构不可缺少的。

（4）结构域是在二级结构或超二级结构的基础上形成三级结构的局部折叠区，一条多肽链在这个域范围内来回折叠，但相邻的域常被一个或两个多肽片段连接。通常由 $50 \sim 300$ 个氨基酸残基组成，其特点是在三维空间可以明显区分和相对独立，并且具有一定的生物功能，如结合小分子。模体或基序是结构域的亚单位，通常由 $2 \sim 3$ 个二级结构单位组成，一般为α螺旋、β折叠和环（100 p）。

对那些较小的球状蛋白质分子或亚基来说，结构域和三级结构是一个意思，也就是说这些蛋白质或亚基是单结构域的，如红氧还蛋白等；较大的蛋白质分子或亚基其三级结构一般含有两个以上的结构域，即多结构域的，其间以柔性的铰链相连，以便相对运动。结构域有时也指功能域。一般来说，功能域是蛋白质分子中能独立存在的功能单位，它可以是一个结构域，也可以是由两个或两个以上结构域组成。

结构域的基本类型有4种：全平行α螺旋结构域，平行或混合型β折叠片结构域，反平行β折叠片结构域，富含金属或二硫键结构域。

3.3.3　三级结构

三级结构是主要针对球状蛋白质而言的，是指整条多肽链由二级结构元件构建成的总三维结构，包括一级结构中相距远的肽段之间的几何相互关系、骨架和侧链在内的所有原子的空间排列。在球状蛋白质中，侧链基团的定位是根据它们的极性安排的。蛋白质特定的空间构象是由氢键、离子键、偶极与偶极间的相互作用（范德华力）、疏水作用等作用力维持的，疏水作用是主要的作用力。有些蛋白质还涉及二硫键。

如果蛋白质分子仅由一条多肽链组成，三级结构就是它的最高结构层次。

蛋白质的折叠是有序的、由疏水作用力推动的协同过程。伴侣分子在蛋白质的折叠中起着辅助性的作用。蛋白质多肽链在生理条件下折叠成特定的构象是热力学上一种有利的过程。折叠的天然蛋白质在变性因素影响下，变性失去活性。在某些条件下，变性的蛋白质可能会恢复活性。

3.3.4　四级结构

四级结构是指在亚基和亚基之间通过疏水作用等次级键结合成为有序排列的特定空间结构。四级结构的蛋白质中每个球状蛋白质称为亚基，亚基通常由一条多肽链组成，有时含两条以上的多肽链。单独存在时一般没有生物活性。亚基有时也称为单体，仅由一个亚基组成的并因此无四级结构的蛋白质（如核糖核酸酶）称为单体蛋白质，由两个或两个以上亚基组成的蛋白质统称为寡聚蛋白质、多聚蛋白质或多亚基蛋白质。多聚蛋白质可以是由单一类型的亚基组成，称为同多聚蛋白质，或由几种不同类型的亚基组成，称为杂多聚蛋白质。对称的寡聚蛋白质分子可视为由两个或多个不对称的相同结构成分组成，这种相同结构成分称为原聚体或原体。在同多聚体中原体就是亚基，但在杂聚体中原体是由两种或多种不同的亚基组成。

蛋白质的四级结构涉及亚基种类和数目，以及各亚基或原聚体在整个分子中的空间排布，包括亚基间的接触位点（结构互补）和作用力（主要是非共价相互作用）。大多数寡聚蛋白质分子中亚基数目为偶数，尤以2和4为多；个别为奇数，如荧光素酶分子含3个亚基。亚基的种类一般是一种或两种，少数多于两种。

稳定四级结构的作用力与稳定三级结构的作用力没有本质区别。亚基的二聚作用伴随着有利的相互作用力，包括范德华力、氢键、离子键和疏水作用，还有亚基间的二硫键。亚基缔合的驱动力主要是疏水作用，因亚基间紧密接触的界面存在极性相互作用和疏水作用，相互作用的表面具有极性基团和疏水基团的互补排列；而亚基缔合的专一性则由相互作用的表面上的极性基团之间的氢键和离子键提供。

血红蛋白分子就是以两个由141个氨基酸残基组成的α亚基和两个由146个氨基酸残基组成的β亚基按特定的接触和排列组成的一个球状蛋白质分子，每个亚基中各有一个含亚铁离子的血红素辅基。四个亚基间靠氢键和八个盐键维系着血红蛋白分子严密的空间构象。

3.3.5 稳定蛋白质三维结构的作用力

稳定蛋白质三维结构的作用力主要是一些所谓的弱相互作用，或称非共价键或次级键，包括氢键、范德华力、疏水作用和盐键（离子键）。此外，共价二硫键在稳定某些蛋白质的构象方面也起着重要作用。

（1）氢键。在稳定蛋白质的结构中起着极其重要的作用。多肽主链上的羰基氧和酰胺氢之间形成的氢键是稳定蛋白质二级结构的主要作用力。此外，还可在侧链与侧链、侧链与介质水、主链肽基与侧链或主链肽基与水之间形成。

由电负性原子与氢形成的基团如N—H和O—H具有很大的偶极矩，成键电子云分布偏向负电性大的原子，因此氢原子核周围的电子分布就少，正电荷的氢核（质子）在外侧裸露。这一正电荷氢核遇到另一个电负性强的原子时，就产生静电吸引，即所谓氢键。

（2）范德华力。广义上的范德华力包括3种较弱的作用力：定向效应，诱导效应，分散效应。分散效应是在多数情况下起主要作用的范德华力，它是非极性分子或基团间仅有的一种范德华力，即狭义的范德华力，也称London分散力。这是瞬时偶极间的相互作用，偶极方向是瞬时变化的。

范德华力包括吸引力和斥力。吸引力只有当两个非键合原子处于接触距离（或称范德华距离即两个原子的范德华半径之和）时才能达到最大。某些情况下范德华力是很弱的，但其相互作用数量大且有加和效应和位相效应，因此成为一种不可忽视的作用力。

（3）疏水作用。介质中球状蛋白质的折叠总是倾向于把疏水残基埋藏在分子的内部，这一现象称为疏水作用，它在稳定蛋白质的三维结构方面占有突出地位。疏水作用其实并不是疏水基团之间有什么吸引力的缘故，而是疏水基团或疏水侧链出于避开水的需要而被迫接近。

蛋白质溶液系统的熵增加是疏水作用的主要动力。当疏水化合物或基团进入水中时，它周围的水分子将排列成刚性的有序结构，即所谓笼形结构。与此相反的过程（疏水作用），排列有序的水分子（笼形结构）将被破坏，这部分水分子被排入自由水中，这样水的混乱度增加，即熵增加，因此疏水作用是熵驱动的自发过程。

（4）盐键。又称盐桥或离子键，它是正电荷与负电荷之间的一种静电相互作用。吸引力与电荷电量的乘积成正比，与电荷质点间的距离平方成反比，在溶液中此吸引力随周围介质的介电常数增大而降低。在近中性环境中，蛋白质分子中的酸性氨基酸残基侧链电离后带负电荷，而碱性氨基酸残基侧链电离后带正电荷，二者之间可形成离子键。

盐键的形成不仅是静电吸引，而且也是熵增加的过程。升高温度时盐桥（盐键）的稳定性增加，盐键因加入非极性溶剂而加强，加入盐类则减弱。

（5）二硫键。绝大多数情况下二硫键是在多肽链的β转角附近形成的。二硫键的形成并不规定多肽链的折叠，然而一旦蛋白质采取了它的三维结构则二硫键的形成将对此构象起稳定作用。假如蛋白质中所有的二硫键相继被还原将引起蛋白质的天然构象改变和生物活性丢失。在许多情况下二硫键可选择性地被还原。

3.4 蛋白质的理化性质

蛋白质是由氨基酸组成的大分子化合物，其理化性质一般与氨基酸相似，如两性电离、等电点、呈色反应、成盐反应等，也有不同于氨基酸的性质，如高分子量、胶体性、变性等。

3.4.1 蛋白质的胶体性质

蛋白质相对分子质量颇大，介于1万～100万，故其分子大小已达到胶粒1～100 nm。球状蛋白质的表面多亲水基团，具有强烈的吸引水分子的作用。使蛋白质分子表面常为多层水分子所包围，称为水化膜，从而阻止蛋白质颗粒的相互聚集。

与低分子量物质比较，蛋白质分子扩散速度慢，不易透过半透膜，黏度大。在分离提纯蛋白质过程中，我们可利用蛋白质的这一性质将混有小分子杂质的蛋白质溶液放于半透膜制成的囊内，置于流动水或适宜的缓冲液中，小分子杂质极易从囊中透出，保留了比较纯化的囊内蛋白质，这种方法称为透析。

蛋白质大分子溶液在一定溶剂中超速离心时可发生沉降。沉降速度与向心加速度之比值即为蛋白质的沉降系数S。

3.4.2 蛋白质的两性电离和等电点

蛋白质是由氨基酸组成的，其分子中除两端的游离氨基和羧基外，侧链中尚有一些可解离基团，如：谷氨酸、天冬氨酸残基中的γ-羧基和β-羧基，赖氨酸残基中的ε-氨基，精氨酸残基的胍基和组氨酸的咪唑基。作为带电颗粒，它们可以在电场中移动，移动方向取决于蛋白质分子所带的电荷。蛋白质颗粒在溶液中所带的电荷，既取决于其分子组成中碱性和酸性氨基酸的含量，又受溶液的pH影响。当蛋白质溶液处于某一pH时，蛋白质游离成正、负离子的趋势相等，即成为兼性离子（zwitterion，净电荷为0），此时溶液的pH称为蛋白质的等电点（pI）。处于等电点的蛋白质颗粒，在电场中并不移动。蛋白质溶液的pH大于等电点，该蛋白质颗粒带负电荷，反之则带正电荷。

各种蛋白质分子由于所含的碱性氨基酸和酸性氨基酸的数目不同，因而有各自的等电点。

凡碱性氨基酸含量较多的蛋白质，等电点就偏碱性，如组蛋白、精蛋白等；反之，凡酸性氨基酸含量较多的蛋白质，等电点就偏酸性。人体体液中许多蛋白质的等电点在pH值为5.0左右，所以在体液中以负离子形式存在。

3.4.3 蛋白质的变性

天然蛋白质的严密结构在某些物理或化学因素作用下，其特定的空间结构被破坏，从而导致理化性质改变和生物学活性的丧失，如酶失去催化活力、激素丧失活性，称之为蛋白质的变性作用。变性蛋白质只有空间构象被破坏，一般认为蛋白质变性本质是次级键、二硫键的破坏，并不涉及一级结构的变化。

变性蛋白质和天然蛋白质最明显的区别是溶解度降低，同时蛋白质的黏度增加，结晶性破坏，生物学活性丧失，易被蛋白酶分解。

引起蛋白质变性的原因可分为物理和化学因素两类。物理因素有加热、加压、脱水、搅拌、振荡、紫外线照射、超声波的作用等；化学因素有强酸、强碱、尿素、重金属盐、十二烷基磺酸钠（SDS）等。在食品科学领域，变性因素常被应用于消毒及灭菌。反之，注意防止蛋白质变性就能有效地保存蛋白质制剂。

变性并非是不可逆的变化，当变性程度较轻时，如去除变性因素，有的蛋白质仍能恢复或部分恢复其原来的构象及功能。变性的可逆变化称为复性。例如，核糖核酸酶中四对二硫键及其氢键，在β-巯基乙醇和8 mol/L尿素作用下，发生变性，失去生物学活性，变性后如经过透析去除尿素、β-巯基乙醇，并设法使巯基氧化成二硫键，酶蛋白又可恢复其原来的构象，生物学活性也几乎全部恢复，称为变性核糖核酸酶的复性。许多蛋白质变性时被破坏严重，不能恢复，称为不可逆性变性。

3.4.4 蛋白质的沉淀

蛋白质分子凝聚从溶液中析出的现象称为蛋白质沉淀，变性蛋白质一般易于沉淀，但也可不经变性而使蛋白质沉淀，在一定条件下，变性的蛋白质也可不发生沉淀。

蛋白质所形成的亲水胶体颗粒具有两种稳定因素，即颗粒表面的水化层和电荷。若无外加条件，不致互相凝集。然而除掉这两个稳定因素（如调节溶液pH至等电点和加入脱水剂），蛋白质便容易凝集析出。如将蛋白质溶液pH调节到等电点，蛋白质分子呈等电状态，虽然分子间同性电荷相互排斥作用消失了，但是还有水化膜起保护作用，一般不致发生凝聚作用。如果这时再加入某种脱水剂，除去蛋白质分子的水化膜，则蛋白质分子就会互相凝聚而析出沉淀；反之，若先使蛋白质脱水，然后再调节pH到等电点，也同样可使蛋白质沉淀析出。

引起蛋白质沉淀的主要方法有下述几种。

（1）盐析。在蛋白质溶液中加入大量的中性盐，以破坏蛋白质的胶体稳定性而使其析出，这种方法称为盐析。常用的中性盐有硫酸铵、硫酸钠、氯化钠等。各种蛋白质盐析时所需的盐浓度及pH不同，故可用于混合蛋白质组分的分离。例如用半饱和的硫酸铵来沉淀血清中的球蛋白，饱和硫酸铵可以使血清中的白蛋白、球蛋白都沉淀出来。盐析沉淀的蛋白质，经透析除盐后仍能保持蛋白质的活性。调节蛋白质溶液的pH至等电点后，再用盐析法则蛋白质沉淀的效果更好。

（2）重金属盐沉淀蛋白质。蛋白质可以与重金属离子（如汞、铅、铜、银等）结合成盐沉淀，沉淀的条件以pH稍大于等电点为宜。因为此时蛋白质分子有较多的负离子，易与重金属离子结合成盐。重金属沉淀的蛋白质常是变性的，但若在低温条件下，并控制重金属离子浓度，也可用于分离制备不变性的蛋白质。

临床医学上利用蛋白质能与重金属盐结合的这种性质，抢救因误服重金属盐而中毒的病人，给病人口服大量蛋白质，然后用催吐剂将结合的重金属盐呕吐出来解毒。

（3）生物碱试剂以及某些酸类沉淀蛋白质。蛋白质又可与生物碱试剂（如苦味酸、钨酸、鞣酸）以及某些酸（如三氯乙酸、过氯酸、硝酸）结合成不溶性的盐沉淀，沉淀的条件应当是pH小于等电点，这样蛋白质带正电荷易于与酸根负离子结合成盐。

临床血液化学分析时常利用此原理除去血液中的蛋白质，此类沉淀反应也可用于检验尿中蛋白质。

（4）有机溶剂沉淀蛋白质。可与水混合的有机溶剂，如酒精、甲醇、丙酮等，对水的亲和力很大，能破坏蛋白质颗粒的水化膜，在等电点时使蛋白质沉淀。在常温下，有机溶剂沉淀蛋白质往往引起变性。例如酒精消毒灭菌就是如此，但若在低温条件下，则变性进行得较缓慢，可用于分离制备各种血浆蛋白质。

（5）加热凝固。将接近于等电点的蛋白质溶液加热，可使蛋白质发生凝固而沉淀。首先是加热使蛋白质变性，有规则的肽链结构被打开呈松散状不规则的结构，分子的不对称性增加，疏水基团暴露，进而凝聚成凝胶状的蛋白块。如煮熟的鸡蛋，蛋黄和蛋清都凝固。蛋白质的变性、沉淀、凝固相互之间有很密切的关系。但蛋白质变性后并不一定沉淀，变性蛋白质只在等电点附近才沉淀，沉淀的变性蛋白质也不一定凝固。例如，蛋白质被强酸、强碱变性后由于蛋白质颗粒带有大量电荷，故仍溶于强酸或强碱溶液之中。但若将强碱和强酸溶液的pH调节到等电点，则变性蛋白质凝集成絮状沉淀物，若将此絮状物加热，则分子间相互盘缠而变成较为坚固的凝块。

3.4.5 蛋白质的呈色反应

（1）茚三酮反应。α-氨基酸与水合茚三酮（苯丙环三酮戊烃）作用时，产生蓝色反应。由于蛋白质是由许多α-氨基酸组成的，所以也呈此颜色反应。

（2）双缩脲反应。蛋白质在碱性溶液中与硫酸铜作用呈现紫红色，称为双缩脲反应。凡分子中含有两个以上—CO—NH—键的化合物都呈此反应，蛋白质分子中氨基酸是以肽键相连，因此，所有蛋白质都能与双缩脲试剂发生反应。

（3）米伦反应。蛋白质溶液中加入米伦试剂（亚硝酸汞、硝酸汞及硝酸的混合液），蛋白质首先沉淀，加热则变为红色沉淀，此为酪氨酸的酚核所特有的反应，因此含有酪氨酸的蛋白质均呈米伦反应。

此外，蛋白质溶液还可与酚试剂、乙醛酸试剂、浓硝酸等发生颜色反应。

3.5 蛋白质的分离纯化

每一种生物体内，甚至每一类细胞内都含有成千上万种不同的蛋白质，欲对任何一种蛋白质进行研究，首先必须进行分离和纯化。由于目的蛋白在细胞内是与许多其他蛋白质和非蛋白质共存的，加之蛋白质在某些条件下易变性，使得蛋白质的分离纯化工作十分复杂而艰巨。尽管如此，由于现今许多先进技术发展迅速，已有几百种蛋白质得到结晶，上千种蛋白质获得高纯度制剂。蛋白质纯化的总目标是增加制品纯度。虽然蛋白质种类繁多，结构各

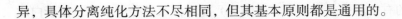

异，具体分离纯化方法不尽相同，但其基本原则都是通用的。

3.5.1 蛋白质分离纯化的一般原则

首先要选择一种含目的蛋白较丰富的材料。分离纯化其中目的蛋白的一般程序可分为前处理、粗分级、细分级和结晶四大步骤。

（1）前处理。选择适当的细胞破碎法和适宜的提取介质（一般用一定浓度和一定pH值的缓冲液），将蛋白质从细胞中以溶解状态释放出来，保持天然状态，过滤除"渣"后，即得到蛋白质提取液。

（2）粗分级。建立一系列分离纯化的方法，使目的蛋白与其他较大量的杂蛋白分开。

（3）细分级。粗分级后的样品纯度低，在细分级中，也要确立一套适宜的方法，进一步将目的蛋白与少量结构类似的杂蛋白分开，最终使纯度达到预定要求。

（4）结晶。结晶本身也是进一步提纯的过程。由于结晶中从未发现过变性蛋白质，因此蛋白质结晶不仅是纯度的一个指标，也是确定制品处于天然状态的可靠指标。

3.5.2 分离纯化蛋白质的基本原理

现有的各种蛋白质分离纯化技术，主要是根据蛋白质之间某些理化性质上的差异进行的。例如分子大小、溶解度、电离性、吸附性以及生物学功能专一性等。下面仅简要介绍分离蛋白质的基本原理，具体实验技术、操作可参考有关专业书籍。

1. 按蛋白质分子大小不同进行分离

（1）透析和超滤。这是利用蛋白质分子颗粒大，不能透过半透膜的胶体性质而设计的。用一张半透膜就能阻留蛋白质分子，使之与其他可通过膜的小分子物质分离开。超滤是在上述基础上增加压力或离心力，迫使蛋白质混合物中的小分子透过滤膜，而使蛋白质分子被阻留在膜上。

（2）离心沉降法。蛋白质颗粒在超速离心场内的沉降趋势，不仅与蛋白质的颗粒大小有关，而且和它的密度有关。对于分子大小近似、密度差异较大的蛋白质分子，多采取沉降平衡离心法进行分离、分析；而对于密度近似、大小差异较大的蛋白质分子，则多采取沉降速率离心法进行分离、分析。

（3）凝胶过滤。也称凝胶色谱。凝胶（gel）是具孔网状结构的颗粒，当分子大小不同的蛋白质混合液流经凝胶装成的色谱柱时，比凝胶网孔小的蛋白质进入网孔内，比凝胶网孔大的蛋白质分子则被排阻在外。当用溶剂洗脱时，大分子先被洗脱下来，小分子后被洗脱下来，故可用分部收集法将不同的蛋白质分离开。

2. 据蛋白质溶解度的差异进行分离

蛋白质在溶液中的溶解度常随环境pH值、离子强度、溶剂的介电常数以及温度等因素改变而改变。这是由于蛋白质各具有其本身特定的氨基酸组成，从而决定了每种蛋白质的电解质行为。所以改变环境条件，控制其溶解度，可以分离不同的蛋白质。

（1）等电沉淀。利用蛋白质在等电点时溶解度最低的原理，调节混合蛋白质溶液的pH值，达到目的蛋白的等电点使其沉淀，其他蛋白质仍溶于溶液中。

（2）盐析。向溶液中加入中性盐达一定饱和度，使目的蛋白沉淀析出。最常用的中性盐是硫酸铵，它的溶解度大，在高浓度时也不易引起蛋白质变性，而且使用方便、价廉。

（3）有机溶剂分级分离。蛋白质的溶解度与介质的介电常数有关。在蛋白质溶液中加入介电常数较低而与水能相溶的有机溶剂（如乙醇、丙酮等）能降低水的介电常数，使蛋白质分子中相反电荷间的吸引力增强，加之有机溶剂也有脱去蛋白质分子水化膜的作用，故使蛋白质易于凝聚而沉淀。

3. 据蛋白质的电离性质不同进行分离

蛋白质具有多种电离基团，根据在不同pH条件下解离情况不同的特性，可分离各种蛋白质。

（1）电泳是当前应用广泛的分离和纯化蛋白质的一种基本手段。当蛋白质在非等电点状态时必定带电荷，在电场中向其所带电荷相反电极方向泳动。不同蛋白质分子所带的电荷性质、数量以及分子大小、形状等不相同，所以其迁移速度各不相同而彼此分离。

带电颗粒在电场中的泳动速度主要决定于它所带的净电荷量以及颗粒的大小和形状。颗粒在电场中发生泳动时，将受到两个方向相反的作用力：

$$F(电场力)=qE$$
$$F_{f}(摩擦力)=fV$$

式中：q——颗粒所带电量；

　　　E——电场强度或电势梯度；

　　　V——电极间的电势差。

当颗粒以恒速移动时，$F=F_{f}$，则$F_{f}=fV$，即$V/E=q/f$。

在一定的介质中，对某一蛋白质来说，q/f 是一个定值，因而可知 V/E 也是定值，称作迁移率或泳动度，以 M 表示：

$$M=V/E$$

M 值可由实验测得，蛋白质的 M 值通常为（$0.1 \sim 1.0$）$\times 10^{-4}$ cm^2 V$^{-1}t^{-1}$。M 值以及pH和离子强度对 M 值的影响都反映某一特定蛋白质的特性。因此，电泳是分离蛋白质混合物和鉴定其纯度的重要手段。也是研究蛋白质性质很有用的一种物理化学方法。

电泳技术不仅用于蛋白质，而且也用于氨基酸、肽、酶、核苷酸、核酸等生物分子的分离分析和制备。

（2）离子交换色谱。也是利用蛋白质两性解离的特点进行分析的技术。由于蛋白质有等电点，当蛋白质处于不同的pH条件下，其带电状况也不同。阴离子交换基质结合带有负电荷的蛋白质，所以这类蛋白质被留在柱子上，然后通过提高洗脱液中的盐浓度等措施，将吸附在柱子上的蛋白质洗脱下来。结合较弱的蛋白质首先被洗脱下来。反之，阳离子交换基质结合带有正电荷的蛋白质，结合的蛋白质可以通过逐步增加洗脱液中的盐浓度或是提高洗脱液的pH值洗脱下来。

4. 亲和色谱

在生物分子中有些分子的特定结构部位能够同其他分子相互识别并结合，如酶与底物、受体与配体、抗体与抗原，这种结合既是特异的，又是可逆的，改变条件可以使这种结合解除。生物分子间的这种结合能力称为亲和力。亲和色谱就是根据这样的原理而设计的蛋白质分离纯化方法。将具有特殊结构的亲和分子制成固相吸附剂放置在色谱柱中，当待分离的蛋白混合液通过色谱柱时，与吸附剂具有亲和能力的蛋白质就会被吸附而滞留在色谱柱中。那些没有亲和力的蛋白质由于不被吸附，直接流出，从而与被分离的蛋白质分开。然后选用适当的洗脱液，改变结合条件，将被结合的蛋白质洗脱下来，这种分离纯化蛋白质的方法称为亲和色谱。对分离纯化蛋白质（特别是酶），此法是一个相当理想的方法。

3.6　蛋白质的分离纯化

3.6.1　蛋白质分离纯化的一般原则

蛋白质在组织或细胞中一般是以复杂的混合物形式存在，每种类型的细胞都含有上千种不同类型的蛋白质。蛋白质分离的目的就是要从复杂的混合物中将所需的某种蛋白质提取出来。蛋白质纯化的总目标是增加制品的纯度或比活，以增加蛋白质制品中所需蛋白质的含量或生物活性，设法除去变性的和非目的蛋白质，并且希望所得蛋白质的产量达到最高值。分离纯化特定蛋白的一般程序可以分为前处理、粗分级分离和细分级分离。

1. 前处理

分离纯化蛋白质，首先要求把蛋白质从原来的组织或细胞中以溶解状态释放出来，并保持原来的天然状态，不丧失生物活性。然后根据不同的情况，选择适当的方法，将组织或细胞破碎。动物组织或细胞可用电动捣碎机或匀浆机破碎或用超声波破碎。植物组织和细胞由于具有由纤维素、半纤维素、果胶等物质组成的细胞壁，一般需要用与石英砂或玻璃粉和适当的提取液一起研磨的方法破碎，或用纤维素酶处理也可达到目的。组织或细胞破碎后，选择适当的缓冲液把所要的蛋白质（目的蛋白质）提取出来，然后可用离心法或过滤法等除去细胞碎片。

2. 粗分级分离

获得蛋白质提取液后，由于提取液中有时还含有核酸、多糖之类的物质，需选用一套适当的方法将所要的蛋白质和其他杂蛋白质分离开来。一般采用盐析、等电点沉淀、有机溶剂等分级分离方法。这些方法的特点是简便、处理量大，既能除去大量杂质又能浓缩蛋白质溶液。有些蛋白质提取液体积较大，不适于用沉淀或盐析法浓缩，可采用超过滤、凝胶过滤、冷冻真空干燥或其他方法（如聚乙二醇浓缩法）进行浓缩。

3. 细分级分离

蛋白质样品经粗分级分离后，一般体积较小，杂蛋白大部分已被除去，进一步纯化通常使用层析法（包括凝胶过滤、离子交换层析、吸附层析、疏水层析、金属螯合层析、亲和层析等）。有时还可以选择梯度离心、电泳法（包括区带电泳、等电聚焦等）作为最后的纯化步骤。用于细分级分离的方法一般规模较小，但分辨率极高。

3.6.2　蛋白质分离纯化的方法

蛋白质分离纯化的方法较多，按其分离原理可简单分类如下。

a. 根据分子大小不同而进行纯化的方法有透析和超过滤、密度梯度（区带）离心、凝胶过滤。

b. 利用溶解度差别进行纯化的方法有等电点沉淀、盐溶和盐析、有机溶剂分级分离法。

c. 根据蛋白质的电荷不同，即酸碱性质不同，分离蛋白质混合物的方法有电泳和离子交换层析两大类。其中包括聚丙烯酰胺凝胶电泳（PAGE）、毛细管电泳、等电聚焦、层析聚焦等。

d. 利用选择性吸附的纯化方法有羟磷灰石层析、疏水作用层析等。

e. 利用对配体的特异性生物学亲和力的亲和层析法。

f. 高效液相层析和蛋白质液相层析。

3.7 蛋白质在食品加工中的变化

从食品原料加工、贮运到消费者食用的整个过程中，食品中的蛋白质会经受各种处理，如加热、冷冻、干燥及酸碱处理等，蛋白质会发生不同程度的变化，这些变化有些对食品的营养和质量是有益的，有些则是不利的。了解这些变化，有助于我们选择更好的手段和条件来加工和贮藏蛋白质食品。

3.7.1 热处理的影响

热处理是对蛋白质影响较大的处理方法，影响的程度取决于热处理的时间、温度、湿度以及有无氧化还原性物质存在等因素。热处理涉及的化学反应有变性、分解、氨基酸氧化、氨基酸残基之间的交联等。热处理对蛋白质的影响有两方面：一方面，温和的热处理有利于提高蛋白质的营养价值；另一方面，高温、长时间的剧烈加热会使蛋白质发生各种化学变化，产生一些不良因素。蛋白质的变化程度取决于加热的程度、水分和有无其他物质参与。

1. 温和的加热

大多数食品蛋白质经受温和的热处理（60℃~90℃、1 h或更短时间）会产生适度变性，蛋白质变性后易被消化酶作用，提高了消化吸收率，因此，绝大多数蛋白质的营养价值得到了提高。从所含的各种氨基酸来看，温和的热处理后几乎没有多大变化。

适度热处理也能使一些食品原料中的酶失活，例如蛋白酶、脂酶、脂肪氧合酶、淀粉酶、多酚氧化酶和其他的氧化酶和水解酶。如果不使这些酶失活，将导致食品在保藏期间产生不良风味、酸败、质构变化和变色。例如油料种子和豆类富含脂肪氧合酶，在提取油或制备分离蛋白前的破碎过程中，此酶在分子氧存在的条件下催化多不饱和脂肪酸氧化而产生氢过氧化物，随后氢过氧化物分解并释放出醛和酮，后者使大豆粉、大豆分离蛋白和浓缩蛋白产生不良风味。为了避免不良风味的形成，有必要在破碎原料前使脂肪氧合酶热失活。

此外，一些植物蛋白质通常含有蛋白质类的抗营养因子，适度的热处理可以破坏它们，从而提高食品的营养价值。豆类和油料种子蛋白质含有胰蛋白酶和胰凝乳蛋白酶抑制因子，这些抑制因子会降低蛋白质的消化率，从而降低了它们的生物有效性。而且，由于这些抑制剂的作用会引起胰腺过量分泌胰蛋白酶和胰凝乳蛋白酶，会引起胰腺肿大，甚至引起腺瘤。豆类和油料种子蛋白质中还含有外源凝集素，它们是糖蛋白，会导致血红细胞的凝集，又称为植物凝血素，它们对碳水化合物具有高亲和力，会与肠黏膜细胞的膜糖蛋白结合，从而影响肠功能。当人体摄入含有植物凝血素的蛋白质时，会损害蛋白质的消化作用和造成其他营养成分肠吸收的障碍。由于存在于植物蛋白质中的蛋白酶抑制因子和外源凝集素是热不稳定的，故适当的热处理即可解决这些问题。

牛乳和鸡蛋蛋白质也含有几种蛋白酶抑制剂。卵类黏蛋白具有抗胰蛋白酶活力，它约占鸡蛋清蛋白的11%。卵蛋白酶抑制剂当以0.1%浓度存在于鸡蛋清蛋白中就能抑制胰蛋白酶、胰凝乳蛋白酶和几种霉菌蛋白酶，牛乳也含有几种蛋白酶抑制剂，如纤维蛋白溶酶原激活剂抑制剂和纤维蛋白溶酶抑制剂，当有水存在时经适度的热处理，这些抑制剂都会失活。

蛋白质具有很多物理化学特性，适度的热处理会使它们的这些性质发生变化，如纤维性蛋白质失去弹性和柔软性，而球状蛋白质的黏性、渗透压、电泳、溶解性等发生变化，各种活性基团会暴露于分子表面，从而易遭受化学攻击。

2. 加热和过度加热

食品在高温下加工时，蛋白质会发生外消旋化、水解、去硫、去酰胺和交联等反应。这些反应大部分是不可逆的，有些反应会形成有毒的产物。

在无还原性物质存在下，蛋白质被较剧烈加热时，几乎所有氨基酸都会不同程度地外消旋化，使L-氨基酸转化为D-氨基酸。由于含有D-氨基酸残基的肽键较难被胃和胰蛋白酶水解，因此，氨基酸残基的外消旋使蛋白质的消化率下降。必需氨基酸的外消旋导致它们的损失并损害蛋白质的营养价值。Asp、Ser、Cys、Glu、Phe、Asn和Thr残基比其他氨基酸残基更易产生外消旋化。在碱性条件下，蛋白质发生外消旋作用的速度取决于碱浓度，但是与蛋白质的浓度无关。蛋白质外消旋速度比游离氨基酸外消旋速度高约10倍，据推测，这是由于蛋白质的分子内力降低了外消旋作用的活化能。半胱氨酸和磷酸丝氨酸残基在碱性条件下更倾向于通过β-消去反应产生去氢丙氨酸。

蛋白质食品加热过度时，含硫氨基酸脱硫而被破坏，如胱氨酸在115℃下加热27 h将有50%~60%被破坏，生成硫化氢、甲基硫化物、磺基丙氨酸等；碱性氨基酸，如赖氨酸、精氨酸等则易于脱去一个氨基而改变蛋白质的功能特性；色氨酸在过度加热时，还会导致氨基酸分解产生致癌物质。如在烧烤食品时，当食品表面温度被加热至200℃以上时，表面蛋白质氨基酸残基分解和热解。从烧烤的肉中已经分离和鉴定了几种热解产物，Ames试验证实，从Trp和Glu残基形成的热解产物是最致癌和致诱变的产物。Trp残基的热解形成了咔啉和它的衍生物。肉在220℃以上也能产生诱变化合物，它们是一类喹啉类化合物。在烧烤鱼中发现了3个最强的诱变剂，它们的结构式和名字如下：

2-氨基-3-甲基咪唑基-[4,5-稠环]喹啉(IQ)　　2-氨基-3,4-二甲基咪唑基-[4,5-稠环]喹啉 (MeIQ)　　2-氨基-3,8-二甲基咪唑基-[4,5-稠环]喹啉 (MeIQX)

按照一般的工艺加工食品时，产生的有毒物质的浓度是很低的。

在高温下蛋白质侧链上游离的氨基与游离的羧基会相互作用，脱水形成异肽键。纯蛋白质溶液或碳水化合物含量低的蛋白质食品经过分的热处理会造成ε-N-（γ-谷氨酰基）赖氨酰基和ε-N-（γ-天冬酰基）赖氨酰基交联的形成，所产生的交联被称为异肽键，这类肽键不存于天然的蛋白质中。异肽键能抵抗内脏中的酶水解，这些交联损害了蛋白质的消化率和赖氨酸的生物有效性，使蛋白质分子间产生交联，降低了蛋白质的利用率。

2.7.2　碱处理的影响

对食品进行碱处理，主要目的是植物蛋白的助溶、油料种子去黄曲霉毒素、煮玉米加强人对维生素B_5的利用率。蛋白质的浓缩、分离、起泡、乳化或使溶液中的蛋白质连成纤维状，常要靠碱处理。对食品进行碱处理，尤其是与热处理同时进行时，蛋白质会发生多种反应，其中交联反应是导致蛋白质劣化的主要反应。蛋白质多肽链之间形成的非天然的共价交联降低了参与或接近交联的必需氨基酸的消化率和生物有效性，对蛋白质的营养价值影响很大。

在碱性 pH 加热蛋白质或在中性 pH 将蛋白质加热到 200℃以上会导致在 α-碳原子上失去质子而形成一个碳负离子，蛋白质分子中的半胱氨酸与磷酸丝氨酸残基更倾向于脱去侧链基团，形成脱氢丙氨酸残基（DHA）。DHA 也可通过一步机制（无须形成碳负离子）而形成。DHA 是反应活性很高的物质，可与蛋白质分子中赖氨酸的 ε-氨基、鸟氨酸的沪氨基和半胱氨酸的巯基反应，分别形成蛋白质中的赖氨酸基丙氨酸、鸟氨酸基丙氨酸和羊毛硫氨酸的交联。由于在蛋白质分子中富含易接近的赖氨酸残基，因此，在碱处理的蛋白质中赖氨酸基丙氨酸是主要的交联形式。赖氨酸基丙氨酸形成的程度取决于 pH 和温度。pH 越高，赖氨酸基丙氨酸形成的程度越大。

交联反应导致必需氨基酸的损失，蛋白质消化吸收率降低，有些交联产物还有一定的毒性，如在小白鼠的喂养中发现 300mg/kg 的赖丙氨酸残基可致肾病变、腹泻等。

由半胱氨酸和胱氨酸直接形成 DHA 的途径如下：

轻度碱变性不一定造成劣化，但长时间、较强碱性加热则会使蛋白质营养价值降低。所以在食品加工中应尽量控制反应的 pH 在 11 以下进行，或短时间低温处理。

3.7.3　冷冻对蛋白质的影响

采用冷冻贮存、加工食品时会造成蛋白质变性，从而改变食物原有的各种性状。如把豆腐冻结、冷藏时，则会得到具有多孔结构的具有一定黏弹性的冻豆腐，这时大豆球蛋白发生了部分变性。而把牛乳冻结、解冻时会发生乳质分离，不可能回复到原先的均一状态；肉和鱼肉蛋白质在冻结的条件下也有不同程度的变性，如肌蛋白质的球状蛋白（肌球蛋白、肌动球蛋白、肌动蛋白等）成为纤维状，显著地不溶于水和盐水，而白蛋白类的肌浆蛋白成为球状，也变得不溶，使肉组织变得粗、硬，肌肉的持水力降低。

冷冻加工造成蛋白质变性的原因是由于蛋白质质点分散密度的变化所引起的。冰的形成使蛋白质结合水逐渐减少，而冰晶体积的膨胀，会挤压蛋白质质点靠拢，致使蛋白质质点凝集，发生变性、沉淀。所以冰结晶的速度和蛋白质变性程度有很大关系，若慢慢降温，会形成较大的冰品，对食品原组织破坏较大，若快速冷冻则多形成细小结晶，对食品质量影响较小。

3.7.4 干燥对蛋白质的影响

食品脱水干燥后，有利于贮存和运输，如脱脂乳粉在含水量4.7%下贮藏128d，其蛋白质的生物价和消化率均未变化，在水分7.3%下保存60d则生物价从0.84降为0.69。为了防止乳粉由于风味和溶解度的变化导致品质劣化，常常在水分5%以下贮藏乳粉。但这类食品在干燥过程中，特别是过度脱水时蛋白质的结合水膜被破坏，蛋白质受到热、光和空气中氧的影响，会发生变性和氧化作用。因此，冷冻真空干燥，并且真空或无氧包装贮存可使蛋白质的变化最小。

3.7.5 蛋白质的氧化

H_2O_2、过氧乙酸和过氧化苯甲酸常作为"冷杀菌剂"和漂白剂用于无菌包装系统的包装容器杀菌，以及面粉、乳清粉、鱼浓缩蛋白的漂白等。在此过程中可引起蛋白质发生氧化变化。

蛋白质在食品中经常与脂类接触，脂类的自动氧化产生的氢过氧化物、过氧自由基和氧化产物如丙二醛等与蛋白质侧链基团发生氧化和交联。在有氧和光照条件下，特别是在食品含有如核黄素之类的天然光敏物条件下，含硫氨基酸的光氧化很容易发生；很多植物中存在多酚类物质，在中性或碱性pH条件下容易被氧化成酮类化合物，后者与蛋白质接触，就可发生蛋白质残基被氧化的反应；热空气干燥和在食品发酵过程中的鼓风也能导致氨基酸的氧化。

蛋白质残基和氨基酸被氧化的反应机理一般都很复杂，对氧化最敏感的氨基酸残基是含硫氨基酸和芳香族氨基酸，易氧化的程度的排序为：蛋氨酸>半胱氨酸>胱氨酸和色氨酸。在较高温度下或脂质自动氧化较严重时，几乎所有的氨基酸均遭受损失。蛋氨酸氧化的主要产物为亚砜、砜，亚砜在人体内还可以还原被利用，但砜就不能利用。

半胱氨酸的氧化产物按氧化程度从小到大依次为：半胱氨酸亚磺酸与半胱氨酸磺酸。胱氨酸的氧化产物亦为砜类化合物。

色氨酸的氧化产物由于氧化剂的不同而不同，其中已发现的氧化产物之一是甲酰犬尿氨酸，它是一种致痛物。为防止这类反应的发生，可采取加抗氧化剂、除 O_2 等措施防止蛋白质被氧化。

3.7.6 美拉德反应

一些食品在加热或长期贮存过程中产生褐变现象，食品在加热或贮存过程中产生的褐变一般是由于还原糖（主要是 D-葡萄糖）同游离氨基酸或蛋白质链上氨基酸残基的游离氨基发生化学反应引起的，这种反应称为美拉德反应，也称为非酶褐变。食品的褐变有时是我们所期望的和需要的，它赋予食品特定的感官品质，如面包皮和酱油的色泽和香气的形成主要是美拉德反应的结果。在某些情况下，食品加工中发生的美拉德反应是人们不希望的。在蛋白质食品的加工中，美拉德反应会影响产品的感官质量和营养价值。如蛋白粉的生产中如不除糖，其中的蛋白质和微量的还原糖在喷雾干燥过程中发生美拉德反应，产品色泽不佳（蛋白粉带褐色），营养价值也有所下降。

美拉德反应是一组复杂的反应，它由胺和羰基化合物之间的反应所引发，随着温度的升高，分解和最终缩合成不溶解的褐色产物类黑精。

类黑精类的产物对营养的影响至今还不完全了解，有人认为这类产物能抑制某些必需氨基酸在肠道内的吸收。类黑精形成中伴随着少量蛋白质发生共价交联，这种交联能明显地损害这些蛋白质部分的消化性。某些蛋白质-碳水化合物模拟体系和加热产生的类黑精还表现出诱变性质。这种性质的能力决定于美拉德反应的强度。类黑精是不溶于水的物质，肠壁对其仅微弱地吸收。因此，它们在生理方面的危险性很小。但是低相对分子质量类黑精前体较容易吸收。

3.7.7 蛋白质功能性质的变化

蛋白质在食品中不仅具有营养功能还赋予食品特殊的功能性质，如起泡性、乳化性以及胶凝性等。在食品加工过程中，一些物理的或化学的因素有可能对蛋白质结构和功能性质产生影响。

将蛋白质溶液的 pH 调节至等电点或用盐析法使蛋白质沉淀，这是简单而又有效的分离提纯蛋白质的方法，这些方法可以使蛋白质可逆沉淀，但不至于发生高级结构广泛或不可逆的变化，特别是在低温下进行处理更是如此。但酪蛋白例外，等电点沉淀和超滤法可导致它的四级胶束结构破坏，由于羧基质子化使得羧基-Ca^{2+}-羧基桥削弱或者断裂，释放出磷酸和增加酪蛋白分子之间的静电吸引力而凝集，这种酪蛋白可阻止凝乳酶的作用，也不会像天然胶束酪蛋白那样受钙离子的影响。

蛋白质溶液中除去部分的水，可引起所有非水组分浓度增加，结果增加了蛋白质-蛋白质、蛋白质-碳水化合物和蛋白质-盐类之间的相互作用，这些相互作用能明显地改变蛋白质的功能性质，特别是在较高温度下除去水分时效果更为明显。但是用超滤法除去牛奶中的水分能得到极易溶解的蛋白质浓缩物。

用阳离子交换树脂处理乳清，结果交换出蛋白质中的 Ca^{2+}、K^+ 和 Na^+ 等阳离子而生成低盐乳清，用低盐乳清制成的蛋白质浓缩物显示出非常好的胶凝性和起泡性。用电渗析法也可以制得同样良好的胶凝性和起泡性的产品。

在制备蛋白质时采用适当碱性，离子化羧基的静电排斥会使低聚蛋白质解离，所以经喷雾干燥的酪蛋白酸钠和大豆蛋白盐具有高度溶解性、良好吸水性和表面性质。

腌肉时添加聚磷酸盐会提高其持水能力，可能是由于钙离子被络合而蛋白质被解离之故。氯化钠可能通过对肌纤维蛋白部分增溶作用提高其持水能力，这种部分增溶作用还增强了聚磷酸盐的效果。

3.8 食物体系中的蛋白质

3.8.1 肉类中的蛋白质

在食物中，肉类能提供大量的营养所必需的蛋白质。一般所谓肉类是指动物的骨骼肌，以牛、羊、猪、鸡、鸭肉等最为重要，其蛋白质占湿重的 18% ~ 20%。骨骼肌的组成：水约占 75%，蛋白质约占 20%，脂肪、碳水化合物、非蛋白质可溶性成分和无机盐约占 6%。肉类中的蛋白质根据其溶解性不同可分为肌浆蛋白质、肌原纤维蛋白质和基质蛋白质。采用水或低离子强度的缓冲液（0.15 mol/L 或更低浓度）能将肌浆蛋白质提取出来，提取肌原纤维蛋白质则需要采用更高浓度的盐溶液，而基质蛋白质则是不溶解的。

肌浆蛋白质主要有肌溶蛋白和球蛋白 X 两大类，占肌肉蛋白质总量的 20% ~ 30%。肌溶蛋白溶于水，在55℃~65℃变性凝固；球蛋白X溶于盐溶液，在50℃时变性凝固。此外，肌浆蛋白质中还包含少量的使肌肉呈现红色的肌红蛋白。

肌原纤维蛋白质（亦称为肌肉的结构蛋白质）包括肌球蛋白（即肌凝蛋白）、肌动蛋白（即肌纤蛋白）、肌动球蛋白（即肌纤凝蛋白）和肌原球蛋白等，这些蛋白质占肌肉蛋白质总量的51%~53%。其中，肌球蛋白溶于盐溶液，其变性开始温度是30℃；肌球蛋白占肌原纤维蛋白质的55%，是肉中含量最多的一种蛋白质。在屠宰以后的成熟过程中，肌球蛋白与肌动蛋白结合成肌动球蛋白，肌动球蛋白溶于盐溶液中，其变性凝固的温度是45℃~50℃。由于肌原纤维蛋白质溶于一定浓度的盐溶液，所以也称盐溶性肌肉蛋白质。

基质蛋白质主要有胶原蛋白和弹性蛋白，都属于硬蛋白类，不溶于水和盐溶液。胶原蛋白在肌肉中约占2%，其余部分存在于动物的筋、腰、皮、血管和软骨之中，它们在肉蛋白的功能性质中起着重要作用。

3.8.2　胶原和明胶

胶原是皮、骨和结缔组织中的主要蛋白质。胶原蛋白中含有丰富的羟脯氨酸（10%）和脯氨酸，甘氨酸含量更丰富（约33%），还含有羟赖氨酸，几乎不含色氨酸。这种特殊的氨基酸组成是胶原蛋白特殊结构的重要基础。现已发现，I型胶原（一种胶原蛋白亚基）中96%的肽段都是由Gly-x-y三联体重复顺序组成，其中x常为Pro，而y常为Hyp（羟脯氨酸）。胶原分子由三股螺旋组成，外形呈棒状。胶原蛋白可以链间和链内共价交联，从而改变了肉的坚韧性。陆生动物比鱼类的肌肉坚韧，老动物肉比幼动物肉坚韧就是其交联度提高造成的。

明胶是胶原分子热分解的产物。在80℃热水中，胶原蛋白发生部分水解，从而产生明胶。工业上将胶原含量高的组织如皮、骨长时间地浸泡于热碱或热酸溶液中提取而得明胶。胶原的相对分子质量为3×10^5，而明胶的相对分子质量正好为其1/3，即1×10^5。明胶溶于热水中，冷却时凝固成富有弹性的凝胶。明胶凝胶具有热可逆性，加热时熔化，冷却时凝固，这一特性使它能大量应用于食品工业特别是糖果制造中。在明胶凝胶的空间网状结构中，分子链之间的键合本质还不清楚，可能发生在多肽链的主链之间而不是侧链之间。

明胶不论在干燥状态还是溶液状态都有变质的趋势。在较高的温度（35℃~40℃）和较高的湿度下保存的明胶倾向于失去溶解性，其原因或许是明胶分子的聚合，其中包括交联和氢键的作用。在水溶液中，明胶缓慢地水解成较小相对分子质量的片断，黏度下降，失去胶凝能力。明胶对酶的作用敏感，几乎所有的蛋白酶都能作用于明胶。将含有丰富天然蛋白酶的水果如菠萝、木瓜或无花果的果汁加到明胶溶液中，很快就使明胶失去胶凝能力。

3.8.3　乳蛋白质

乳蛋白质的成分随品种而变化，下面以牛乳为例讨论乳中蛋白质的成分和性质。

牛乳中蛋白质含量为30~36 g/L，它具有很高的营养价值。牛乳中的蛋白质可分为酪蛋白和乳清蛋白两大类。无论何种乳汁，乳通常由三个不同的相组成，即连续的水溶液（乳清）、分散的脂肪球和酪蛋白胶粒。蛋白质同时存在于上述三相中。

1. 酪蛋白

酪蛋白主要有α_s-酪蛋白、β-酪蛋白、κ-酪蛋白及γ-酪蛋白四种成分组分，其中对α_{s1}-酪蛋白的研究最彻底。α_{s1}-酪蛋白的相对分子质量为23 600，是由199个氨基酸残基组成的一条多肽链，9个磷酸基以丝氨酸单磷酸酯的形式与蛋白质相结合。在一般条件下，α_{s1}-酪蛋白是不溶解的。α_{s1}-酪蛋白与α_{s2}-酪蛋白的相对分子质量相近，等电点pH也都是5.1，α_{s2}-酪蛋白仅略为更亲水一些。从一级结构看，它们极性的和非极性的氨基酸残基的分布非常均衡。很少含半胱氨酸和脯氨酸，成簇的磷酸丝氨酸残基分布在第40~80氨基酸残基的肽之间。C末端部分相当疏水。这种结构特点使其形成较多α-螺旋和β-折叠片二级结构，并且易和二价金属钙离子结合，钙离子浓度高时不溶解。

β-酪蛋白相对分子质量约为24 500，等电点pH为5.3，β-酪蛋白高度疏水，但它的N末端含有较多亲水基，因此它的两亲性使其可作为一个乳化剂。在中性pH下加热，β-酪蛋白会形成线团状的聚集体。

κ-酪蛋白是酪蛋白中唯一含有胱氨酸和碳水化合物的主要组分，相对分子质量为19 000，等电点pH为3.7~4.2。它含有半胱氨酸并可通过二硫键形成多聚体，虽然它只含有一个磷酸化残基，但由于含有碳水化合物，这大大提高了其亲水性。

γ-酪蛋白相对分子质量为21 000，在酪蛋白中含磷量最低而含硫量最高。

酪蛋白主要以胶粒的形式存在于乳中，因此，乳的外观呈现乳白色，是不透明的液体。酪蛋白胶粒中的蛋白质占脱脂牛乳总蛋白质的74%。酪蛋白胶粒呈球形，直径100~280 nm，平均120 nm，1 mL乳中胶粒数目达10^{13}数量级。酪蛋白胶粒结构模型一般认为是：酪蛋白胶粒具有一个主要由α_{s1}-酪蛋白和β-酪蛋白酸钙构成的中心，中心外面覆盖着一层由α_{s1}-酪蛋白构成的保护胶体。没有α_{s1}-酪蛋白时其他酪蛋白和钙离子的复合物便将沉淀出来。

酪蛋白胶团在牛乳中比较稳定，在一般杀菌条件下加热不会变性，但130℃加热数分钟，酪蛋白会变性而凝固沉淀。冻结也会使酪蛋白发生凝胶现象。添加酸或凝乳酶，酪蛋白胶粒的稳定性被破坏而凝固，奶酪就是利用凝乳酶对酪蛋白的凝聚作用而制成的。

在制造乳酪时常采用从犊牛胃中分离得到的凝乳酶，这种酶只催化α_{s1}-酪蛋白的部分水解，因而破坏了胶粒的保护胶体，使酪蛋白和钙离子的复合物凝结成块。将牛乳酸化，使pH达到酪蛋白的等电点（pH为4.6）而析出酪蛋白沉淀，也是提取乳中酪蛋白的一种方法。向牛乳中接种乳酸菌使之利用乳糖产生乳酸，便可达到酸化的目的。

2. 乳清蛋白

牛乳中酪蛋白沉淀下来以后，保留在上清液（乳清）中的蛋白质称为乳清蛋白。乳清蛋白中有许多组分，其中最重要的是β-乳球蛋白和α-乳清蛋白。

（1）β-乳球蛋白。

β-乳球蛋白的单体相对分子质量为1.8×10^4，仅存在于pH在3.5以下和pH在7.5以上的乳清中，pH值为3.5~7.5时，β-乳球蛋白以二聚体（dimer）形式存在，相对分子质量为3.6×10^4。β-乳球蛋白一级结构已基本弄清楚，是一种简单蛋白质，含有游离的巯基，牛奶的加热气味可能与之有关。加热、增加钙离子浓度、pH超过8.6等条件都能使它变性。

（2）α-乳清蛋白。

α-乳清蛋白是乳中较稳定的物质，它的一级结构也已确定，分子中含有4个二硫键，但不含游离巯基，单体相对分子质量为1.4×10^4。乳清中还有血清白蛋白、免疫球蛋白、酶等其他许多蛋白质。

3. 脂肪球膜蛋白质

在乳脂肪球周围的薄膜中吸附着少量的蛋白质（每100 g脂肪少于1 g），这层膜控制着牛乳中脂肪-水分散体系的稳定性，膜上含有许多酶。脂肪球膜蛋白质是磷脂蛋白质，并含

有一些碳水化合物。

3.8.4　卵蛋白质

禽蛋的生产量和消费量很大，特别是鸡蛋的加工与利用更多，鸡蛋中蛋白质在食品加工中除了营养上的功能外，还具有很好的起泡和乳化等性质。鸡蛋蛋白质可分为蛋清蛋白和蛋黄蛋白。

鸡蛋清蛋白中含有一些具有独特功能性质的蛋白质，如鸡蛋清中由于存在溶菌酶、抗生物素蛋白、免疫球蛋白和蛋白酶抑制剂等，能抑制微生物生长，这对鸡蛋的贮藏十分有利，因为它们将易受微生物侵染的蛋黄保护起来。我国中医外科常用蛋清调制用于贴疮的膏药，正是这种功能的应用实例之一。

卵蛋白具有如下独特的加工性能。

（1）凝固和凝胶化。

加热时，卵白在60℃左右凝固，卵黄在65℃左右凝固，但它们凝固的状态不同，卵黄快速凝固而卵白开始呈凝胶状，要失去流动性，需加热至80℃以上。所以卵黄较硬。在卵液中加酸或加碱改变其pH加热时，其凝固状态也改变，如在pH3.4时为紫菜状，在pH为10.8时为琼胶状。温度、稀释度、盐、糖及pH均影响卵清的热凝固。在pH值为12以上和pH2.2以下卵蛋白即使不加热也会变性凝固。卵黄在冻结（−6℃以下）时，物性发生很大变化，解冻后显示为塑性流动，也称凝胶化。

（2）起泡性。

在生产蛋糕、面包时，蛋的起泡性是重要的性质。蛋白质由于表面张力的作用，不溶化的变性蛋白分子成为固体状的膜，包着气体，形成了泡沫。卵蛋白质的主要成分卵清蛋白在等电点（pH值为4.5～4.8）附近时起泡力最高，在强酸性和强碱性下也高，加盐影响不大，稍有减少，卵清中球蛋白和伴清蛋白的起泡力非常大。溶菌酶和卵黏蛋白的起泡力小，但二者的复合体对起泡力显示出大的贡献。添加增黏剂（甘油、葡萄糖、山梨醇、羧甲基纤维素），卵白的起泡力将降低，而且泡的稳定性也降低。卵清中混入卵黄，起泡力将明显下降。单独使用卵黄也有起泡性，但比卵清差。

（3）卵黄的乳化性。

卵黄中的蛋白质多具有两亲性，可降低表面张力。卵黄比卵磷脂的乳化容量大。卵黄中加入食盐时，由于对磷脂蛋白的盐溶效应，乳化容量稍稍变大，加糖也有增大乳化容量的趋向，但是食盐和砂糖浓度高时，卵黄会凝胶化，无法制成蛋黄酱。在pH降低时（酸性），乳化性降低，在pH为5.6时，乳化体系稳定性最差。经冻结，卵黄的乳化性也降低。

3.8.5　鱼蛋白

鱼肉中蛋白质的含量因鱼的种类及年龄不同而异，通常为10%～21%。鱼肉的蛋白质与畜禽肉类中的蛋白质一样，可分为3类：肌浆蛋白、肌原纤维蛋白和基质蛋白。

鱼的骨筋肌是一种短纤维，它们排列在结缔组织（基质蛋白）的片层之中。鱼肉中结缔组织的含量要比畜禽肉类中的少，而且纤维也较短，因此鱼肉较为嫩软。鱼肉的肌原纤维与畜禽肉类中的相似，为细条纹状，并且所含的蛋白质如肌球蛋白、肌动蛋白、肌动球蛋白等也很相似，但鱼肉中的肌动球蛋白十分不稳定，在加工和贮存过程中很容易发生变化，即使在冷冻保存中，肌动球蛋白也会逐渐变成不溶性的而增加了鱼肉的硬度。如肌动球蛋白当贮存在稀的中性溶液中时很快发生变性并可逐步凝聚而形成不同浓度的二聚体、三聚体或更高的聚合体，但大部分是部分凝聚，而只有少部分是全部凝聚，这可能是引起鱼肉不稳定的主要因素之一。

3.8.6　小麦蛋白质

小麦含有约13%的蛋白质，一般磨粉后加工制成各种食品。由于制粉方法的不同，小麦粉的成分也就有所不同。我国小麦粉中蛋白质含量为9.9%～12.2%（标准粉）或7.2%～10.5%（特制粉）。面粉中的蛋白质有麦清蛋白、麦球蛋白、麦胶蛋白和麦谷蛋白（glutenin）等，前两种可溶于水，麦清蛋白含色氨酸较多，对焙烤面制品色泽的形成有一定贡献，它们在面粉蛋白质中所占比例很小（10%以下）。

小麦粉形成面筋的特性主要是麦胶蛋白和麦谷蛋白的作用。麦胶蛋白溶于70%乙醇，相对分子质量在（2×10^4）～（5×10^4）。含有分子内二硫键。麦谷蛋白不溶于水、盐溶液和70%乙醇，但可溶于稀酸或稀碱中。相对分子质量在（5×10^4）～（1×10^6），它是多个亚基的聚合体，由氢键、疏水键缔合而成。与其他谷物相比，小麦的麦胶蛋白和麦谷蛋白含有较多的谷氨酸、脯氨酸及非极性氨基酸。分子间易形成氢键和疏水键，是面筋形成的主要因素。

3.8.7　油料种子蛋白质

大豆、花生、棉籽、向日葵、油菜和许多其他油料作物的种子中除了油脂以外还含有丰富的蛋白质。因此，提取油脂后的饼粕或粉粕是重要的蛋白质资源。目前，油料种子残粕大多用作饲料，但是近年来为了将这些蛋白质资源开发为人类食用蛋白质开展了许多工作，并已有相当规模的工业生产。

油料种子蛋白质中最主要的成分是球蛋白类，其中又包含好多组分。大豆粉粕中含有44%～50%的蛋白质，是目前最重要的植物蛋白质来源。大豆蛋白可分为两类：清蛋白和球蛋白。清蛋白一般占大豆蛋白的5%（以粗蛋白计）左右，球蛋白约占90%。大豆球蛋白可溶于水、碱或食盐溶液，加酸调pH至等电点4.5或加硫酸铵至饱和，则沉淀析出，故又称为酸沉蛋白，而清蛋白无此特性，则称为非酸沉蛋白。按照在离心机中沉降速度来分，大豆蛋白质可分为4个组分，即2S、7S、11S和15S（$1S = 1 \times 10^{-13}$ s=1 Svedberg单位）。其中7S和11S最为重要，7S占总蛋白的37%，11S占总蛋白的31%。

7S球蛋白是一种糖蛋白，含糖量约为5.0%，其中甘露糖3.8%，氨基葡萄糖为1.2%；11S球蛋白也是一种糖蛋白，糖含量只占0.8%。11S球蛋白含有较多的谷氨酸、天冬酰胺。与11S球蛋白相比，7S球蛋白中色氨酸、蛋氨酸、胱氨酸含量较低，而赖氨酸含量则较高，因此，7S球蛋白更能代表大豆蛋白质的氨基酸组成。7S组分与大豆蛋白的加工性能密切相关，7S组分含量高的大豆制得的豆腐就比较细嫩；11S组分具有冷沉特性，脱脂大豆的水浸出蛋白液在0℃～2℃水中放置后，约有86%的11S组分沉淀出来，利用这一特征可以分离浓缩11S组分。11S组分和7S组分在食品加工中性质不同，由11S组分形成的钙胶冻比由7S组分形成的坚实得多，这可能是由于11S和7S组分同钙反应的不同所致。

不同的大豆蛋白质组分，乳化特性也不一样，7S与11S的乳化稳定性稍好，在实际应用中，不同的大豆蛋白制品具有不同的乳化效果，如大豆浓缩蛋白的溶解度低，作为加工香肠用乳化剂不理想，而用分离大豆蛋白其效果则好得多。

大豆蛋白制品的吸油性与蛋白质含量有密切关系，大豆粉、浓缩蛋白和分离蛋白的吸油率分别为84%、133%和150%。组织化大豆蛋白的吸油率为60%~130%，最大吸油量发生在15~20 min内，蛋白粉越细，吸油率越高。

大豆蛋白质分散于水中可形成胶体，这种胶体在一定条件（包括蛋白质的浓度、加热温度、时间、pH以及盐类和巯基化合物等）下可转变为凝胶，其中大豆蛋白质的浓度及其组成是凝胶能否形成的决定性因素，大豆蛋白质浓度越高，凝胶强度越大；在浓度相同的情况下，大豆蛋白质的组成不同，其凝胶性也不同，在大豆蛋白质中，只有7S和11S组分才有凝胶性，而且11S形成凝胶的硬度和组织性高于7S组分凝胶。

大豆蛋白沿着它的肽链骨架，含有许多极性基团，在与水分子接触时，很容易发生水化作用。当向肉制品、面包、糕点等食品添加大豆蛋白时，一方面可以增加产品的持水性，可以增加面包产量，减少糕点的收缩，延长面包和糕点的货架期；另一方面，大豆蛋白质可能会从其他成分中夺取水分，进而影响产品质量。因此，实际应用中要根据具体情况适当改变工艺条件，达到改善食品质量的目的。

第4章 核 酸

4.1 概述

4.1.1 核酸的发现与发展

1863年，瑞士青年科学家F.Miescher从脓细胞中分离提取出一种含磷量很高的酸性化合物，并称之为核素。核素中含有今天所指的脱氧核糖核酸。以后陆续证明，动物、植物、微生物以及病毒中都含有核酸，核酸占细胞干重的5%～15%。

1894年，Q.Hammars证明了酵母核酸中的糖是戊糖，1909年，由P.A.L.evene和W.A.Jacobs鉴定是*D*-核糖，直至1929年才由Levene和Jacobs确定为2-脱氧-*D*-核糖。19世纪末20世纪初，DNA和RNA的碱基也得到鉴定。

核酸的生物学作用被证明要比发现核酸晚许多，这是因为1912年I～evene提出"四核苷酸假说"。该假说认为核酸中含有等量的4种核苷酸，这4种核苷酸组成结构单位。按照这一假说，核酸只是一种简单的高聚物，不可能承担复杂功能，从而使生物学家失去对它的关注。直到1944年，由Avery等完成著名的肺炎球菌转化试验，才证明使肺炎球菌的遗传性发生改变的转化因子是DNA而不是蛋白质，这一发现极大地推动了对核酸结构与功能的研究。

1950年以后，Chargaff、Markham等应用纸层析及分光光度计大量测定了各种生物的DNA碱基组成后，发现不同生物的DNA碱基组成不同，有严格的种特异性，这给四核苷酸学说以致命的打击。同时，他们还发现，尽管不同生物的碱基组成不同，但总是A=T，G=C，提示了A-T、G-C之间互补的概念。这一极其重要的发现，为以后Watson-Crick建立DNA双螺旋结构模型提供了重要依据。

1952年，A.Hershey和M.Chase用^{32}P标记噬菌体的DNA，^{35}S标记蛋白质，然后感染大肠杆菌，结果只有^{32}P标记的DNA进入细菌细胞内，^{35}S蛋白质仍留在细胞外，DNA是遗传物质才得到公认。

1953年，Watson和Crick依据DNA碱基组成规律和DNA的X射线衍射图，以及蛋白质的α-螺旋结构的启发，提出DNA双螺旋结构模型。DNA双螺旋结构模型的建立说明了基因的结构、信息和功能三者之间的关系，推动了分子生物学的迅猛发展。1958年，Crick总结了当时分子生物学的成果，提出了"中心法则"，即遗传信息从DNA传到RNA，再传到蛋白质。

20世纪60年代，RNA研究也取得了大发展。1961年，F.Jacob和J.Monod提出操纵子学说并假设了mRNA功能；1966年，由M.W.Nirenberg等的多个实验室共同破译了遗传密码。1970年，H.M.Temin等和D.Baltimore等从致瘤RNA病毒中发现了逆转录酶。

1975年，F.Sanger等建立了DNA的酶法测序技术，以及限制性内切酶和连接酶的发现，为20世纪70年代前期诞生DNA重组技术奠定了坚实基础。

DNA重组技术的出现极大地推动了DNA和RNA的研究。如1981年，T.Cech发现四膜虫 rRNA 前体能够通过自我拼接切除内含子，表明 RNA 也具有催化功能，称之为核酶，这是对"酶一定是蛋白质"的传统观点的一次大冲击。1983 年，R.Simon 等发现反义 RNA，表明 RNA 还具有调节功能。

1986 年，著名生物学家、诺贝尔奖获得者 H.Dulbecco 率先提出"人类基因组计划"（HGP）。由美国、英国、日本、法国、德国和中国科学家用 15 年时间（1991—2005 年）完成了"人类基因组计划"，我国承担了 1% 的测序任务。以后我国独自完成了水稻的全基因组的测序任务。现在生命科学已经进入后基因组时代，在后基因组时代，科学家们的研究重心已从揭示基因组 DNA 的序列转移到在整体水平上对基因组功能的研究上。这种转向的第一个标志就是产生了一门称为功能基因组学的新学科，并在功能基因组学的基础上产生了研究细胞内蛋白质组分及其活动规律的蛋白质组学。

4.1.2 核酸的分类、分布和功能

核酸分为脱氧核糖核酸（DNA）和核糖核酸（RNA）两大类。生物机体的遗传信息以密码形式编码在核酸分子上，表现为特定的核苷酸序列。DNA 是主要的遗传物质，通过复制而将遗传信息由亲代传给子代，RNA 与遗传信息在子代的表达有关。

1. 脱氧核糖核酸（DNA）

真核细胞叶 DNA 分布在核内，组成染色体（染色质）。线粒体和叶绿体等细胞器也含有 DNA；原核细胞中 DNA 集中在核区；病毒或只含 DNA，或只含 RNA，从未发现两者兼有的病毒。

原核生物染色体 DNA、质粒 DNA、真核生物细胞器 DNA 都是环状双链 DNA。真核生物染色体是线形双链 DNA，末端具有高度重复序列形成的端粒结构。

病毒 DNA 种类很多，结构各异。动物病毒 DNA 通常是环状双链或线形双链。前者如乳头瘤病毒、多瘤病毒、杆状病毒和嗜肝 DNA 病毒等，后者如痘病毒和腺病毒的 DNA。植物病毒基因组大多是 RNA，DNA 较少见。噬菌体 DNA 多数是线形双链，如 λ-噬菌体等。

2. 核糖核酸（RNA）

无论是原核生物还是真核生物都有三类 RNA，即转移 RNA（简称 tRNA）、核糖体 RNA（简称 rRNA）和信使 RNA（简称 mRNA）。原核生物核糖体小亚基含 16S rRNA，大亚基含 5S rRNA 和 23S rRNA，高等真核生物核糖体小亚基含 18S rRNA，大亚基含 5S、5.8S 和 28S rRNA。

原核生物的 mRNA 结构简单，由于功能相近的基因组成操纵子作为一个转录单位，产生多顺反子 mRNA；真核生物 mRNA 结构复杂，有 5'-端帽子，3'-端的 poly（A）尾巴，以及非翻译区调控序列，但功能相关的基因不形成操纵子，不产生多顺反子 mRNA。顺反子是指 mRNA 上对应于 DNA 上一个完整基因的一段核苷酸序列。

20 世纪 80 年代以来，陆续发现许多新的具有特殊功能的 RNA。这些 RNA 大小大致在 300 个核苷酸左右或更小，统称为小 RNA（sRNA）。已知功能的小 RNA 如反义 RNA、核酶等。

病毒和亚病毒 RNA 种类很多，结构也是多种多样。含有正链 RNA 的病毒，例如灰质炎病毒。含有负链 RNA 的病毒，如狂犬病病毒和马水泡性口炎病毒。含有双链 DNA 的病毒，如呼肠孤病毒。

3. 核酸的功能

（1）DNA是主要的遗传物质。

1944年，O.Avery等人首次证明DNA是细菌遗传性状的转化因子。他们将有荚膜、菌落光滑的肺炎球菌的DNA纯化，加到无荚膜、菌落粗糙的细菌培养物中。结果发现有荚膜、菌落光滑的DNA能使一部分无荚膜、菌落粗糙型细胞转化为有荚膜、菌落光滑的肺炎球菌。若将DNA事先用脱氧核糖核酸酶降解，就失去转化能力。肺炎球菌的转化实验证明DNA是转化物质。

然而，当时大多数生物学家认为DNA只是简单聚合物，蛋白质才是遗传物质，并没有认识到Avery发现的重要意义，及至1953年Watson和Crick提出DNA双螺旋结构模型，才从分子结构上阐明了其遗传功能。

基因是DNA结构和功能的最小单位。基因有三个基本属性：一是可通过复制，将遗传信息由亲代传递给子代；二是经转录对表型有一定的效应；三是可突变形成各种等位基因。但有些病毒的基因组是RNA，这类病毒的基因是RNA的一个片段。

（2）RNA参与蛋白质的生物合成。

实验表明，由3类RNA共同控制着蛋白质的生物合成。核糖体是蛋白质合成的场所，过去以为蛋白质肽键的合成是由核糖体的蛋白质所催化，称为转肽酶。1992年，H.F.Noller等证明23S rRNA具有核酶活性，能够催化肽键形成。rRNA约占细胞总RNA的80%，它是核糖体的组成成分，并起催化作用。tRNA占细胞总RNA的15%，它携带氨基酸并起解译作用。mRNA占细胞总RNA的3%~5%，它作为信使携带DNA的遗传信息，并起蛋白质合成的模板作用。

到目前为止，认为RNA有5类功能：①控制蛋白质合成；②参与RNA转录后的加工与修饰（核酶）：③基因表达与细胞功能的调节；④生物催化功能；⑤遗传信息的加工，其核心作用是基因表达的信息加工和调节。

4.2 核酸的结构

4.2.1 核酸的化学组成

核苷酸是核酸的基本结构组成单位。核苷酸可分解成核苷和磷酸，核苷再进一步分解生成碱基和戊糖。故核苷酸是由碱基、戊糖与磷酸三个组分组成。

1. 戊糖

核酸中的戊糖有两类：D-核糖和D-2-脱氧核糖。核酸的分类就是根据所含戊糖种类不同而分为核糖核酸（RNA）和脱氧核糖核酸（DNA），核糖和脱氧核糖的结构如下所示。

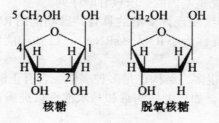

核糖　　脱氧核糖

2. 碱基

核酸中碱基分为两大类：嘌呤碱与嘧啶碱。常见的嘧啶有三类：胞嘧啶（C）、尿嘧啶（U）和胸腺嘧啶（T）。其中胞嘧啶为 DNA 和 RNA 两类核酸所共有，胸腺嘧啶只存在于DNA 中，尿嘧啶只存在于 RNA 中，嘧啶结构如下。

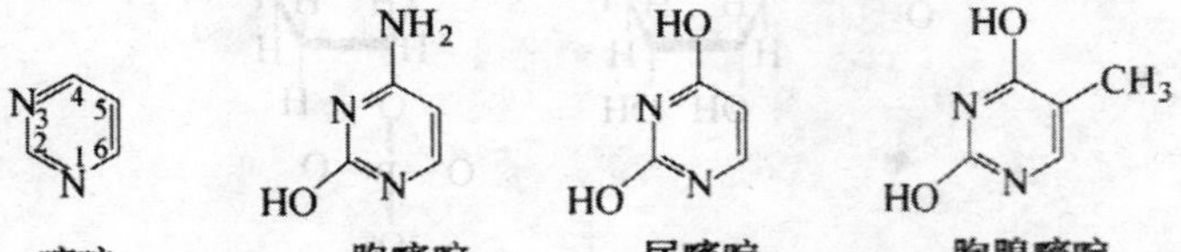

嘧啶　　　　胞嘧啶　　　　尿嘧啶　　　　胸腺嘧啶

核酸中常见的嘌呤有两类：腺嘌呤（A）及鸟嘌呤（G），嘌呤碱是由母体化合物嘌呤衍生而来的。应用 X 光衍射分析法已证明了各种嘌呤和嘧啶很接近平面。嘌呤的结构如下。

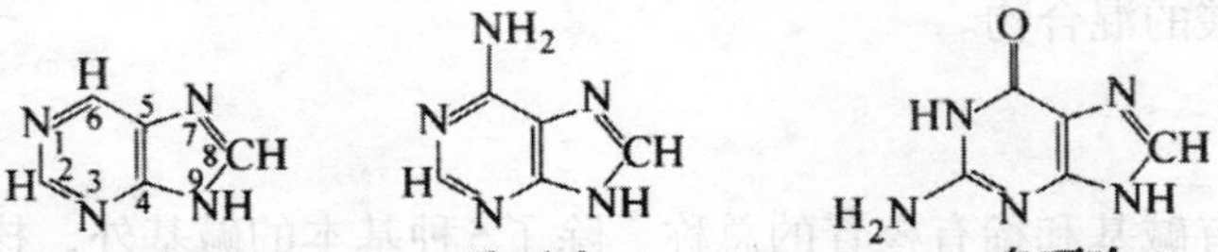

嘌呤　　　　　腺嘌呤　　　　　鸟嘌呤

3. 核苷

根据所含戊糖的不同，将核苷分成两大类：核糖核苷和脱氧核糖核苷。核苷是一种糖苷，由戊糖和碱基缩合而成。糖与碱基之间以糖苷键相连接。糖的第一位碳原子（C_1）与嘧啶碱的第一位氮原子（N_1）或与嘌呤碱的第九位氮原子（N_9）相连接。所以，糖与碱基间的连键是 N—C 键，一般称之为 N-糖苷键。核酸分子中的糖苷键均为 β-糖苷键。为了与碱基中的编号区分开来，糖环中的碳原子标号右上角加撇"'"。腺嘌呤核苷和胞嘧啶脱氧核苷的结构式如下。

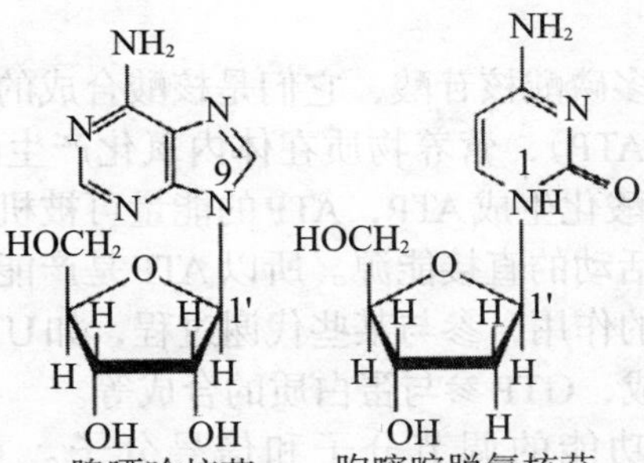

腺嘌呤核苷　　　　　胞嘧啶脱氧核苷

4. 核苷酸

核苷中的戊糖羟基被磷酸酯化，就形成核苷酸。因此核苷酸是核苷的磷酸酯。核苷酸分成核糖核苷酸与脱氧核糖核苷酸两大类，结构式如下。

5'-腺嘌呤核苷酸　　　　3'-胞嘧啶脱氧核苷酸

核糖核苷酸的磷酸酯有三种形式（2'、3'和5'位），脱氧核糖核苷酸的磷酸酯有两种形式（3'和5'位）。生物体内存在的游离核苷酸多是5'-核苷酸。用碱水解RNA时，可得到2'核糖核苷酸与3'-核糖核苷酸的混合物。

5. 稀有组分

（1）稀有碱基。

稀有组分是稀有碱基和稀有核苷的总称。除了5种基本的碱基外，核酸中还有一些含量甚少的碱基，称为稀有碱基。目前已知的稀有碱基和核苷近百种，大多数都是甲基化碱基，如植物DNA中有相当量的5-甲基胞嘧啶（m^5C），一些大肠杆菌噬菌体核酸中，5-羟甲基胞嘧啶（hm^5C）代替了胞嘧啶。此外还有次黄嘌呤（I）、黄嘌呤（X）、二氢尿嘧啶（DHU）等。tRNA中含有的稀有碱基高达10%。

自然界存在许多重要的嘌呤衍生物。一些生物碱，如茶叶碱（1,3-二甲基黄嘌呤）、可可碱（3,7-二甲基黄嘌呤）、咖啡因（1,3,7-三甲基黄嘌呤）等都是黄嘌呤（2,6-羟嘌呤）的衍生物。有些植物激素，如玉米素（N6-异戊烯腺嘌呤）、激动素（N6-呋喃甲基腺嘌呤）等也是嘌呤类物质。

（2）其他核苷酸。

细胞内有一些游离存在的多磷酸核苷酸，它们是核酸合成的前体、重要的辅酶和能量载体。最常见的是腺苷三磷酸（ATP），营养物质在体内氧化产生的能量通常不被生物体直接利用，但这些能量可使ADP磷酸化生成ATP，ATP的能量可被机体直接利用，是细胞合成大分子、物质运输、肌肉收缩等活动的直接能源。所以ATP是产能与耗能过程的中间媒介。其他核苷三磷酸也具有传递能量的作用，参与某些代谢过程，如UTP参与单糖的相互转换和多糖的合成，CTP参与磷脂的合成，GTP参与蛋白质的合成等。

环化核苷酸往往是细胞功能的调节分子和信号分子。重要的有3',5'-环磷酸腺苷（cAMP）及3',5'-环化鸟苷酸（3',5'-cGMP），如图4-1所示。它们是重要的代谢调节物质，许多激素通过它们起作用，所以称为第二信使，激素本身则为第一信使。它们能影响多种酶的活性，并对核酸和蛋白质的合成有调节作用。有实验表明cAMP）和cGMP有相互制约的关系，在调节作用中，两者的比例比各自的浓度更为重要。

4.2.2　核酸的一级结构

1. DNA的一级结构

DNA的一级结构是指脱氧核糖核苷酸的组成及排列顺序，即碱基序列，如图4-2所示。

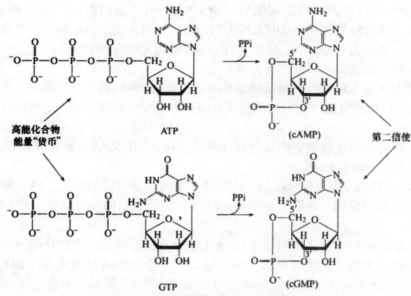

图 4-1　高能化合物和第二信使结构

核苷酸以 3',5'-磷酸二酯键连接成长链，磷酸与糖交替排列构成 DNA 骨架，链的一端有自由的 5'-磷酸基，称为 5'端，另一端有自由 3'-羟基，称为 3'端。习惯上 5'端写在左侧，3'端写在右侧，以字母代表核苷或核苷酸。P 在核苷之左表示与 C_5 相连，在右表示与 C_3 相连，如 5'……PAPCPTPG……3'，多核苷酸链中磷酸基 P 也可省略，仅以字母表示核苷酸的序列，如 5'……ACTG……3'，这两种写法 RNA 也适用。

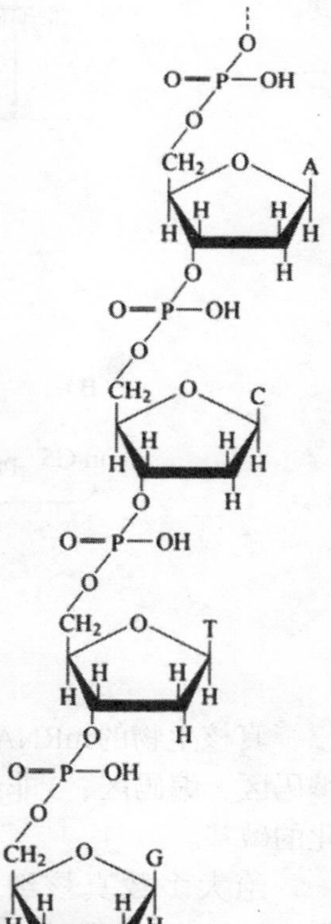

　　DNA 的相对分子质量非常大，通常一个染色体就是一个 DNA 分子，最大的染色体 DNA 可超过 108 个碱基对（bp）。为了阐明生物的遗传信息，首先要测定生物基因组的序列。迄今已经测定基因组序列的生物数以百计，其中包括病毒、大肠杆菌、酵母、线虫、果蝇、拟南芥菜、玉米、水稻和人类的基因组。病毒基因组较小，但十分紧凑，有些基因是重叠的。细菌的基因是连续的，功能相关的基因组成操纵子，有共同的调节和控制序列，调控序列所占比例较小，很少重复序列。真核生物的基因都是不连续的，即一个完整的基因被一个或更多个插入片段所间隔，这些插入片段可有几百甚至上千碱基对长，它们转录，但在转录加工时被切除，所以不编码任何蛋白质，这些插入基因而不编码的序列称为内含子，把被内含子间隔的编码蛋白质的基因部分称为外显子。真核生物功能相关的基因也不组成操纵子，调控序列所占比例大，有大量重复序列。越是高等的真核生物其调控序列和重复序列的比例越大。

　　人类基因组的大小为 3.2×10^9 bp，基因组中超过一半是各种类

图 4-2　DNA 的一级结构

型的重复序列，只有28%的序列能转录成RNA，用于编码蛋白质的序列仅占基因组的1.1%～1.4%，即编码蛋白质的基因大约为31 000个。与人类基因组相比，酵母细胞的编码基因为6000个，果蝇为13 000个，蠕虫为18 000，植物大约为26 000个。

2. RNA的一级结构（以mRNA为例）

RNA也是无分支的线性多聚核糖核苷酸，主要由4种核糖核苷酸组成，即腺嘌呤核糖核苷酸、鸟嘌呤核糖核苷酸、胞嘧啶核糖核苷酸和尿嘧啶核糖核苷酸。这些核苷酸中的戊糖不是脱氧的核糖。

动物、植物和微生物细胞内都含有rRNA、tRNA和mRNA三种主要RNA。此外，真核细胞中还有少量核内小RNA。

mRNA是以DNA为模板合成的，mRNA又是蛋白质合成的模板。每一种多肽都由一种特定的mRNA负责编码，所以，细胞内mRNA种类是很多的，但就每一种mRNA的含量来说又十分低。

顺反子是指mRNA分子中对应于DNA上一个完整基因的一段核苷酸序列。原核生物以操纵子作为转录单位，产生多顺反子mRNA，即一条mRNA链上有多个编码区，5'端和3'端各有一段非编码区（UTR），其一级结构的通式如图4-3所示。原核生物mRNA都无修饰碱基。

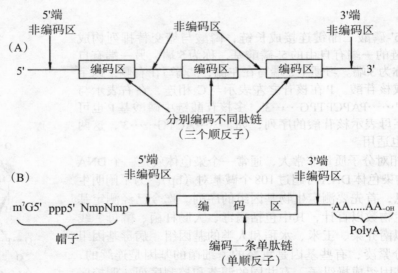

图4-3　原核和真核生物的mRNA的一级结构通式
（A）原核生物mRNA；（B）真核生物mRNA

真核生物的mRNA都是单顺反子。真核生物mRNA的5'端有帽子结构，然后依次是5'非编码区、编码区、3'非编码区，3'端为聚腺苷酸（polyA）尾巴。其分子内有时还有极少甲基化的碱基。

绝大多数真核细胞mRNA的3'端有一段长20～250个的腺苷酸[称多聚腺苷酸poly（A）]。poly（A）是在转录后经poly（A）聚合酶作用添加上去的，它专一作用于mRNA，对rRNA和tRNA无作用（即rRNA和tRNA没有多聚腺苷酸尾巴）。poly（A）尾巴可能与mRNA从细胞核到细胞质的运输有关，它还可能与mRNA的寿命有关，因为新生mRNA的

poly（A）较长，而衰老的mRNA poly（A）较短。

5'端帽子是一个特殊的结构。它由甲基化鸟苷酸经焦磷酸与mRNA的5'末端核苷酸相连，形成5',5'-磷酸二酯键。这种结构有抗5'-核酸外切酶的降解作用，在蛋白质合成过程中，它有助于核糖体对mRNA的识别和结合，使翻译得以正确起始。

4.2.3 DNA的空间结构

1. DNA碱基组成Chargaff

Chargaff等人在20世纪40年代应用纸层析及紫外分光光度技术测定各种生物DNA的碱基组成，结果发现，DNA的碱基组成具有生物种的特异性，不同物种的DNA有其独特的碱基组成。而且同一物种不同组织和器官的DNA碱基组成是一样的，不受生长发育、营养状况以及环境条件的影响。1950年，Chargaff总结出DNA碱基组成的规律，也称为Chargaff规则：

（1）腺嘌呤和胸腺嘧啶的摩尔数相等，即A=T；

（2）鸟嘌呤和胞嘧啶的摩尔数也相等，即G=C；

（3）含氨基的碱基（腺嘌呤和胞嘧啶）总数等于含酮基的碱基（鸟嘌呤和胸腺嘧啶）总数，即A+C=G+T；

（4）嘌呤的总数等于嘧啶的总数，即A+G=C+T。

Chargaff规则暗示A与T，G与C相互配对的可能性，为Watson和Crick建立DNA双螺旋结构提供了重要根据。

2. DNA的二级结构

1953年，Watson与Crick提出DNA双螺旋结构模型。主要有三个依据：一是已知核酸化学结构和核苷酸键长与键角的数据；二是上面所述的Chargaff规则；三是对DNA纤维进行X射线衍射分析获得的精确结果。DNA双螺旋模型的建立不仅揭示了DNA的二级结构，也揭示了DNA作为遗传物质的分子基础。

（1）两条反向平行的多核苷酸链围绕同一中心轴相互缠绕；两条链均为右手螺旋。

（2）嘌呤与嘧啶碱位于双螺旋的内侧，碱基平面与纵轴垂直。磷酸与核糖在外侧，彼此通过3',5'-磷酸二酯键相连接，形成DNA分子的骨架，糖环的平面则与纵轴平行。多核苷酸链的方向取决于核苷酸间磷酸二酯键的走向，习惯上以$C_3\rightarrow C_5$为正向。两条链配对偏向一侧，形成一条大沟和一条小沟。

（3）双螺旋的平均直径为2 nm，两个相邻的碱基对之间堆积距离为0.34 nm，两个核苷酸之间的夹角为36°。因此，沿中心轴每旋转一周有10个核苷酸。每一转的高度（即螺距）为3.4 nm。

（4）两条核苷酸链依靠彼此碱基之间形成的氢键相联系而结合在一起。根据分子模型的计算，一条链上的嘌呤碱必须与另一条链上的嘧啶碱相匹配，其距离才正好与双螺旋的直径相吻合。碱基之间所形成的氢键，根据对碱基构象研究的结果，A只能与T相配对，形成两个氢键；G与C相配对，形成3个氢键，所以GC之间的连接较为稳定。

（5）根据碱基配对原则，当一条多核苷酸链的序列被确定后，即可决定另一条互补链的序列。这就表明，遗传信息由碱基的序列所携带。

稳定DNA双螺旋结构的作用力在水平方向是配对碱基之间的氢键，A与T之间有两个氢键，G与C之间有三个氢键，它们克服两条链间磷酸基团的斥力。在垂直方向，是碱基对平面间的堆积力。

后来，对DNA晶体所做的X射线衍射分析得到更为精确的信息，发现由于碱基序列的不同，以致在局部结构上有如下较大的差异。

（1）两个核苷酸之间的夹角并非是36°，而是随着序列的不同在28°～42°之间变动，实际平均每一螺旋含10.4个碱基对。

（2）组成碱基对的两个碱基也并非在同一平面上，而是呈螺旋桨叶片的样子。这种结构可提高碱基堆积力，使DNA结构更稳定。

DNA的结构可受环境条件的影响而改变。上述的DNA模型是DNA钠盐在较高湿度下（92%）制得的纤维的结构，可能比较接近大部分DNA在细胞中的构象，该结构称为B型。

除B型外，通常还有A型、C型、D型、E型和Z型。其中A型和B型是DNA的两种基本的构象，Z型则属于左手双螺旋结构。

A型DNA是在相对湿度为75%以下所获得的DNA纤维的X射线衍射结构，A-DNA也是右手螺旋，但是螺体较宽而短，碱基对与中心轴的夹角为19°。RNA分子的双螺旋区以及RNA-DNA杂交双链具有与A-DNA相似的结构。

Z-DNA是磷酸基在多核苷酸骨架上的分布呈Z字形，为此称它为Z-DNA。Z-DNA只有一条大沟，而无小沟。

早在双螺旋结构发现不久就观察到DNA的一些局部存在三股螺旋结构，三股螺旋通常是在嘧啶或嘌呤核苷酸聚集的双螺旋的大沟区域。三股螺旋DNA存在于基因调控区和其他重要区域，从而显示出它具有重要生物学意义。

3. DNA的三级结构

DNA的三级结构是指DNA双螺旋分子通过扭曲和折叠所形成的特定构象，包括不同二级结构单元间的相互作用、单链与二级结构单元间的相互作用以及DNA的超螺旋。

在溶液中，DNA双螺旋分子处于能量最低的状态，此为松弛态。如果使这种正常的DNA分子额外地多转几圈或少转几圈，就会使双螺旋中存在张力，DNA分子本身就会发生扭曲，用以抵消张力，这种扭曲称为超螺旋，是双螺旋的螺旋。负超螺旋DNA是由于两条链的缠绕不足引起的，对于天然右手螺旋双链DNA来说，负超螺旋为左手螺旋。负超螺旋DNA易解链，使DNA的复制、重组和转录等更容易。

4.2.4 RNA的空间结构

天然RNA并不像DNA那样都是双螺旋结构，而是单链线形分子。只有局部区域为双螺旋结构，这些双链结构是由于RNA单链分子通过自身回折使得互补的碱基对相遇，形成氢键结合而成的，同时形成双螺旋结构，不能配对的区域形成突环，被排斥在双螺旋结构之外，如图4-4所示。RNA中的双螺旋结构至少需要有4～6对碱基才能保持稳定。一般来说，双螺旋数约占RNA分子的50%。下面主要以tRNA为例来介绍RNA的空间结构。

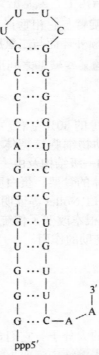

图4-4　RNA分子自身回折形成双螺旋区

1. tRNA的高级结构

（1）tRNA的二级结构。

细胞内tRNA的种类很多，每一种氨基酸都有其相应的一种或几种tRNA。tRNA的二级结构都呈三叶草形，双螺旋区构成了叶柄，突环区好像是三叶草的三片小叶。由于双螺旋结构所占比例甚高，tRNA的三级结构十分稳定。三叶草形结构由氨基酸臂、二氢尿嘧啶环、反密码环、额外环和TψC环等5个部分组成。

① 氨基酸臂。由7对碱基组成，富含鸟嘌呤，3'末端为CCA，接受活化的氨基酸。

② 氢尿嘧啶环由8～12个核苷酸组成，具有两个二尿嘧啶，故得名，通过由3～4对碱基组成的双螺旋区（也称二氢尿嘧啶臂）与tRNA分子的其余部分相连。

③ 反密码环由7个核苷酸组成。环中部为反密码子，由3个碱基组成。次黄嘌呤核苷酸（也称肌苷酸，缩写成I）常出现于反密码子中。反密码子可识别mRNA的密码子。反密码环由5对碱基组成的双螺旋区（反密码臂）与tRNA的其余部分相连。

④ 额外环由3～18个核苷酸组成。不同的tRNA具有不同大小的额外环，所以是tRNA分类的重要指标。

⑤ 假尿嘧啶核苷-胸腺嘧啶核糖核苷环（TψC环）由7个核苷酸组成，通过由5对碱基组成的双螺旋区（TψC臂）与tRNA的其余部分相连，除个别例外，几乎所有tRNA在此环中都含有TψC。

（2）tRNA的三级结构。

tRNA的二级结构再折叠形成三级结构。应用高分辨率的X射线衍射证明tRNA。具有倒

L形的三级结构，在此tRNA的三级结构中，氨基酸臂与TψC臂形成一个连续的双螺旋区，构成字母L下面的一横。而二氢尿嘧啶臂与它相垂直，二氢尿嘧啶臂与反密码臂及反密码环共同构成字母L的一竖。反密码臂经额外环而与二氢尿嘧啶臂相连接。此外，二氢尿嘧啶环中的某些碱基与TψC环及额外环中的某些碱基之间形成额外的碱基对，这些额外的碱基对是维持tRNA三级结构的重要因素。

2. rRNA的高级结构

rRNA含量大，占细胞RNA总量的80%左右。大肠杆菌核糖体中有三类rRNA：5S rRNA、16S rRNA和23S rRNA。而动物细胞核糖体rRNA有四类：5S rRNA、5.8S rRNA、18S rRNA和28S rRNA。许多rRNA的一级结构及由一级结构推寻出来的二级结构都已阐明。

按照传统的看法，rRNA是核糖体的骨架，蛋白质的肽键是由核糖体上的肽转移酶催化下合成的。直到20世纪90年代初，H.F.Noller等证明大肠杆菌23S rRNA能够催化肽键的形成，才证明核糖体是一种核酶，从而根本改变了传统的观点。rRNA催化肽键合成，核糖体中的蛋白质只是维持rRNA构象，起辅助的作用。

4.3 核酸的理化性质

4.3.1 核酸的溶解性质

DNA和RNA都是由核苷酸组成的大分子。它们含有许多极性基团，例如羟基、磷酸基团等。因此DNA和RNA都能溶解在水溶液中，而不溶于乙醇、氯仿等有机溶剂中。利用核酸的这种性质可以用乙醇把核酸从水溶液中沉淀出来，当乙醇浓度达到50%时，DNA便沉淀析出，增高至75%时，RNA也沉淀出来。常利用二者在有机溶剂中溶解度的差别，将DNA和RNA分离。

4.3.2 核酸的两性解离

组成核酸的核苷酸是两性电解质，因而核酸也是两性电解质。在多核苷酸链中，除了末端磷酸残基外，所有磷酸残基因形成磷酸二酯键而只能解离出一个H^+，其pK为1.5。核酸的等电点偏于酸性。在一定的pH条件下，核酸上的可解离的磷酸基和碱基依照各自的解离常数解离，从而使核酸带上电荷，具有电泳行为。常用的电泳有琼脂糖（agarose）凝胶电泳和聚丙烯酰胺（polyacrylamide）凝胶电泳。前者分辨率稍低，但分离范围广，易于操作，适用于较大的分子。后者分辨率高，适用于较小的分子。

由于碱基的解离受pH的影响，而碱基的解离又会影响到碱基对间的氢键的稳定性。所以pH直接影响核酸双螺旋结构中碱基对之间的氢键的稳定性。核酸在pH为4.0～11.0是稳定的，超过此范围便会变性。

4.3.3 核酸的酸水解和碱水解

用温和的或者稀的酸对核酸做短时间处理不会引起分解，但如用稀酸长时间或在增高温度下处理，或增加酸的强度，则嘌呤碱与脱氧核糖之间的糖苷键会发生水解，生成无嘌呤核酸，同时也使少数磷酸二酯键分解。若用中等强度的酸在100℃下处理数小时，或用较浓的酸（如1～6 mol/L HCl）处理，则可使嘧啶碱发生分解，此时也有较多的磷酸二酯键分解。

在温和的碱性条件下，核酸的N糖苷键是稳定的，但磷酸二酯键则发生分解。例如在37℃以下用0.3 mol/L KOH处理约1 h，RNA的磷酸二酯键即全部分解而生成2',3'-环核苷酸，在延长处理时间（12～18 h）后，后者再水解为2-磷酸核苷和3-磷酸核苷。因为在DNA的脱氧核糖中的2'碳位没有羟基，不能形成2',3'-环核苷酸，所以DNA的磷酸二酯键在温和的碱性条件下是稳定的。上述的DNA和RNA在碱作用下的不同稳定性，可以作为两种核酸定量分析的依据。

4.3.4　核酸的分子大小

DNA和RNA都是大分子化合物，分子质量很大，尤其是DNA，虽然双螺旋结构的直径只有2.0 nm，但天然DNA分子的长度可达几厘米，其相对分子量为$1.6 \times 10^6 \sim 2.2 \times 10^9$。RNA分子比DNA短得多，而且只有部分双螺旋区，分子质量也较小，其相对分子质量为几万到几百万或更大些。不同种类的RNA其分子量大小是不同的。

4.3.5　核酸的黏度

根据大分子溶液的黏度特征，即高分子溶液比普通溶液的黏度要大得多，无规线团比球状分子的黏度大，线性分子的黏度又比无规线团的黏度大，而DNA分子长度与直径之比可达10^7，因此即使是极稀的溶液，DNA也有极大的黏度，RNA的黏度要小得多。当核酸溶液因受热或在其他因素作用下发生由螺旋向无规线团转变时，黏度降低。所以可用黏度作为DNA变性的重要指标。

4.3.6　核酸的紫外吸收

嘌呤碱与嘧啶碱具有共轭双键，使碱基、核苷、核苷酸和核酸对240～290 nm的紫外波段有强烈的吸收，最大吸收值在260 nm附近。不同核酸有不同的吸收特性。所以可以用紫外分光光度计加以定量测定及定性测定。

核酸的紫外吸收光谱决定于其碱基组成，同时也受二级结构的影响。在双螺旋中，碱基层层堆积，并包在螺旋内部，它们之间的π电子相互作用，使紫外吸收值降低（比单核苷酸低20%～60%），这种现象称为减色效应。但当核酸变性时，双螺旋结构被破坏，碱基暴露出来，其紫外吸收随之增强，称为增色效应。

实验室中最常用的是定量测定少量的DNA或RNA。对待测样品的纯度可用紫外分光光度计读出260 nm与280 nm的OD值，从OD_{260}/OD_{280}的比值即可判断样品的纯度。纯DNA的OD_{260}/OD_{280}应为1.8，纯RNA应为2.0。样品中如含有杂蛋白及苯酚，OD_{260}/OD_{280}比值则明显降低。不纯的样品不能用紫外吸收法做定量测定。对于纯的样品，只要读出260 nm的OD值即可算出含量。通常以OD值为1相当于50 μg/mL双螺旋DNA，或40 μg/mL单链DNA（或RNA）。这个方法既快速，又相当准确，而且不会浪费样品。对于不纯的核酸可以用琼脂糖凝胶电泳分离出区带后，经溴化乙啶染色在紫外灯下粗略地估计其含量。

4.3.7　核酸的沉降特性

溶液中的核酸分子在引力场中可以下沉。不同构象的核酸（线形、开环、超螺旋结构）、蛋白质及其他杂质，在超离心机的强大引力场中，沉降的速率有很大差异，RNA>N；线形DNA>蛋白质，所以可以用超离心法沉降核酸，或将不同构象的核酸进行分离，也可以测定核酸的沉降常数与分子质量。

应用不同介质组成密度梯度进行超离心分离核酸，效果较好。RNA分离常用蔗糖梯度离心。分离DNA时用得最多的是氯化铯梯度离心。氯化铯在水中有很大的溶解度，可以制成浓度很高（80 mol/L）的溶液。

4.3.8　核酸的变性、复性与杂交

1. 核酸的变性

核酸的变性是指在一些物理因素或化学因素作用下，核酸中氢键断裂，双螺旋解开，变成无规线团的现象。核酸变性仅是氢键断裂，不涉及共价键的破坏，分子质量也不改变。引起变性的因素很多，如加热、强酸、强碱、有机溶剂（如乙醇、丙酮）、一般变性剂（如脲、盐酸胍、水杨酸）和各种射线等。核酸变性后，引起一系列物理性质和化学性质的改变，如生物活性丧失、黏度下降、浮力密度上升、260 nm区紫外吸收增强（增色效应）等。

高温引起的变性称为热变性，将DNA的稀盐溶液在80℃～100℃下加热数分钟，双螺旋结构即被破坏，两条链分开，形成无规线团，这一过程称为螺旋→线团转变。DNA的加热变性一般在较窄的温度范围内发生，很像固体结晶物质在其熔点时的相变情况。因此通常把熔解温度的中点（变性50%的温度）称为熔点或解链温度（L_m）。DNA的L_m一般为70℃～85℃，分子中G、C含量越高的DNA，其L_m值越高，反之亦然。这是因为G-C碱基对中3个氢键较A-T碱基对2个氢键牢固的缘故。

2. 核酸的复性

如果在加热后缓慢冷却，则分开的链又可恢复成为双螺旋结构，这一过程称为复性。DNA复性后，一系列理化性质也随之恢复。在缓慢冷却过程中，加热时伸展的单键在溶液中找到与自己互补的另一条单链，两条链的互补碱基重新配对结合，形成氢键。但是即使在最理想件下也不能达到完全复性的程度。复性程度与DNA的浓度、介质的离子强度及DNA信息含量的多少有关。DNA的浓度越高，则两条互补链在溶液中相遇的机会越多，越易复性。但浓度太大时容易发生凝集现象，影响复性的进行。复性也受溶液中离子强度的影响，在稀溶液中，两条带负电荷的DNA链互相排斥，如果存在一定浓度的阳离子，容易使两链接近。信息量少的病毒DNA比信息量多的真核细胞DNA容易复性，这是因为多核苷酸链越长，找到它的互补链并相互结合就越困难。

如果DNA热变性后不是缓慢冷却，而是快速冷却，两条单链不能结合，仍保持分离状态。

RNA变性时，也具有螺旋→线团的转变，但由于RNA只有部分双螺旋结构，因此热变性的特征不像DNA那样明显。变性温度低，范围宽，变性曲线没那么陡。RNA热变性中的转变是完全可逆的。

3. 核酸杂交

不同来源的两条DNA或RNA分子，只要它们有一定程度的互补碱基顺序，通过变性和复性处理，异源DNA之间（或DNA与RNA之间）便可形成部分氢键配对的双螺旋结构。这种相应碱基配对而不完全互补的两条链的结合，称为杂交。核酸杂交技术不仅用于遗传信息含量的测定，而且还用作DNA亲缘关系的测定，广泛用于分类学和基因工程的研究。

4.4 核酸的研究方法

4.4.1 核酸制备的一般程序

无论是研究核酸的结构还是研究核酸的功能，都需要制备有一定纯度的核酸样品，但是在细胞内，核酸常和蛋白质结合成核酸-蛋白质复合物。而且在细胞内还存在许多其他蛋白质、糖类等杂质。欲分离提纯核酸，就要想办法除去蛋白质及其他杂质。

制取核酸样品的根本要求是保持核酸的完整性，即保持天然状态。而核酸分子很大，特别是DNA的分子更大，而且很不稳定，在提取过程中，容易受到许多因素（例如温度、酸、碱、变性剂、机械力）以及各种核酸酶的破坏而变性、降解。因此在分离提纯核酸时，应尽可能在低温下操作，避免过酸过碱或其他变性因素的影响，并注意使用核酸酶的抑制剂。

4.4.2 核酸分离纯化的一般步骤

（1）细胞破碎。这一步要特别注意加核酸酶的抑制剂，防止核酸被降解。

（2）除去与核酸结合的蛋白质及多糖等杂质。除去蛋白质，可以加酚或氯仿（使蛋白质变性）；除去DNA中少量的RNA，可以加RNase；除去RNA中少量的DNA，可以加DNase。

（3）除去其他杂质核酸。这样，得均一的样品。

4.4.3 核酸的分离纯化

由于核酸的种类多，制备核酸的目的又不相同，所以分离纯化核酸的方法也不尽相同。可根据DNA和RNA各自的特性采用不同的方法进行分离和纯化，例如密度梯度超速离心法、羟基磷灰石层析法、电泳法等。

4.4.4 核酸的凝胶电泳

凝胶电泳是当前核酸研究中最常用的方法。它有许多优点，如简单、快速、成本低等。常用的凝胶电泳有琼脂糖凝胶电泳和聚丙烯酰胺凝胶电泳。可以在水平或垂直的电泳槽中进行。凝胶电泳兼有分子筛和电泳双重效果，所以分离效率很高。

1. 琼脂糖凝胶电泳

琼脂糖凝胶电泳是以琼脂糖为支持物的电泳。

（1）电泳迁移率的影响因素。电泳的迁移率决定于以下因素。

①核酸分子大小。迁移率与分子质量对数成反比。

②胶浓度。迁移率与胶浓度成反比，常用1%胶分离DNA。

③DNA的构象。一般条件下，超螺旋DNA的迁移率最快，线形DNA其次，开环形最慢。

④电压。一般不大于5 V/cm。在适当的电压差范围内，迁移率与电流大小成正比。

⑤碱基组成。碱基组成对电泳迁移率有一定影响，但影响不大。

⑥温度。4℃~30℃都可进行电泳，常在室温进行。

（2）琼脂糖凝胶电泳的应用和操作。琼脂糖凝胶电泳常用于分析DNA。由于琼脂糖制品中往往带有核糖核酸酶杂质，所以用于分析RNA时必须加入蛋白质变性剂，如甲醛等。电泳完毕后，将胶在荧光染料溴化乙啶的水溶液（0.5μg/mL）中染色。溴化乙啶为一扁平分子，很易插入DNA中的碱基对之间。DNA与溴化乙啶结合后，经紫外光照射，可发射红至橙色可见荧光。根据荧光强度可大体判断DNA样品的浓度。若在同一胶上加上已知浓度的DNA做参考，则所测得的样品浓度更为准确。

应用凝胶电泳可以测定DNA片段的分子大小。其方法是在同一胶上加一组已知相对分子量的样品。电泳完毕后，经溴化乙啶染色，照相，从照片上比较待测样品中的DNA片段与标准样品中的哪一条带最接近，即可推算出未知样品中各片段的大小。

凝胶上的样品，还可以设法回收，以供进一步研究之用。回收的方法很多，常用的方法是将胶上某一区带在紫外光照射下，切割下来，进行回收。

2. 聚丙烯酰胺凝胶电泳

聚丙烯酰胺凝胶电泳是以聚丙烯酰胺作为支持物的电泳。单体丙烯酰胺在加入交联剂后，就成聚丙烯酰胺。由于这种凝胶的孔径比琼脂糖胶的要小，可用于分析小于1000 bp的DNA片段和RNA的电泳。聚丙烯酰胺中一般不含有RNase，所以可用于RNA的分析。但仍要留心缓冲液及其他器皿中所带的RNase。常用垂直板电泳。

聚丙烯酰胺凝胶上的核酸样品，经溴化乙啶染色，在紫外线照射下，发出的荧光很弱，所以浓度很低的核酸样品不能用此法检测出来，需要用亚甲蓝或银染来显示。

4.4.5　DNA的序列测定

在信息存储中，DNA分子最重要的性质是它的核苷酸序列。在20世纪70年代前，想要知道含有5个或10个核苷酸的核酸序列都是非常困难的。1977年，两个新的技术使较长的DNA序列分析成为现实。一个是A.Maxam和W.Gilbert创立的化学法，另一个是F.Sanger创立的酶法。这两种技术都建立在对核苷酸化学和DNA代谢的了解以及电泳方法的进步上。聚丙烯酰胺凝胶常用作短的DNA片段分离的介质，琼脂糖一般用于分离较长的DNA片段的介质。

Sanger的双脱氧法和Maxam-Gilbert的化学断裂法的基本原理是被测的DNA样品的5'末端用 ^{32}P标记。然后用碱基特异性的试剂使碱基被修饰，使其在每个特定碱基位置断裂。四种碱基有四种处理方式，从而形成不同长度核苷酸片段。这种混合物经过聚丙烯酰胺凝胶电泳分离和放射自显影，根据电泳图谱就可以得知其样品的核苷酸序列。例如序列pAATC-GACT，它将生成以C结尾的长4个或7个碱基的片段，并只生成5个核苷酸长的以G结尾的片段，片段的大小相应于序列中C和G的位置。4组以各个碱基结尾的片段经过电泳分离，就可以按产生的每个泳道的条带直接读出其序列。现在使用改进的Sanger的测序方法的原理又称为双脱氧法，它的原理是利用2',3'-双脱氧核苷三磷酸（2',3'-ddNTP）作为核苷酸链合成的抑制剂用4个试管进行反应，每一管反应以被测的DNA作为模板，并加入已知引物，DNA聚合酶和4种不同碱基的核苷酸（dATP、dGTP、dCTP和dTTP）其中一种为已标记的核苷酸（放射性标记或荧光标记），再分别加入一种2',3'-双脱氧核苷酸（ddGTP、ddATP、ddCTP和ddTTP）掺入链合成，因在核糖中，这些核苷酸都既无2'-OH，也缺乏3'-OH，不能形成核糖-磷酸的结合体，而使链的合成反应终止。由于dNTP和ddNTP的掺入概率不同，就形成不同长度的DNA片段。然后利用电泳分离，放射自显影就可以拼读出样品DNA的核苷酸序列。也可以将DNA序列分析自动化。实验中将4个引物用不同的荧光物质进行标记，然后按双脱氧法进行聚合反应、电泳分离、荧光分析和计算机处理。自动分析可在几个小时内测定数千碱基的DNA序列。

4.5 核酸类物质制备

4.5.1 提取制备

制备核酸有两个不同的目的，一是作为生产核苷酸的原料，所制备的核酸并不考虑长链大分子是否已经断裂，所用方法也就简单得多。二是为了制得分子完整，并保持生物活性的天然核酸，制备过程中就要注意避免大分子的断裂和变性，因而方法也要复杂得多。

1. 核酸的工业化生产

目前，通常利用啤酒厂废弃的啤酒酵母为原料提取RNA，作为生产核苷酸的原料，提取的方法有稀碱法和浓盐法两种。稀碱法是用1%的NaOH使酵母的细胞壁裂解，核酸即可从细胞中释放出来溶于水中。然后用HCl中和，离心除去菌体。溶液调pH值至2.5，使RNA在等电点时沉淀出来，离心收集即可得到粗品。浓盐法是在含10%干酵母的溶液中，加入NaCl使其终浓度达到10%，然后加热到90℃并抽提3~4 h，得到RNA提取液。高浓度的NaCl可改变酵母细胞的渗透压，有利于RNA从菌体中释放，后面的操作同稀碱法。

得到的粗品RNA可以用桔青霉5'-磷酸二酯酶降解，生成4种5'-核苷酸的混合液，再通过离子交换层析技术，将4种核苷酸分离开来，便可得到4种纯度很高的单核苷酸。其中AMP可作为生产ATP的原料，GMP可作为味精的助鲜剂，CMP作为生产胞磷胆碱的原料，UMP可作为生产一些药物的原料。

2. 活性核酸的制备

在科研领域中制备保持生物活性的核酸需要防止降解和变性失活。所以在制备过程中要注意低温（0℃~4℃）、不过酸（pH>4）、不过碱（pH<10）、高的离子强度、温和的操作及必须添加核酸降解酶的抑制剂等。

目前，活性DNA和RNA的提取方法常用的是苯酚法，其原理和步骤如下。

（1）DNA的提取。

提取的第一步是破碎细胞，在破碎之前，需加入去污剂十二烷基磺酸钠（SDS），用以抑制核酸酶的活力。在细胞破碎匀浆以后，再加入含1 mol/L NaCl的pH为8.0缓冲液、1% SDS（终浓度）和90%苯酚，一起振荡抽提。SDS和苯酚可使蛋白质变性，并可使DNA从脱氧核糖核蛋白复合物中释放出来。抽提液经过离心分层后，变性蛋白质位于中间层，下层酚相中含有变性蛋白和细胞碎片，上层水相中含有DNA，取出水相，加两倍体积9 5%乙醇，白色絮状DNA纤维即可从溶液中析出。

（2）RNA的提取。

提取RNA的苯酚法使用的是0.1%SDS和90%苯酚，在pH 6.0的缓冲液中反复抽提，离心去蛋白，取水相再加乙醇，便出现白色颗粒状沉淀，即为RNA粗品。

4.5.2 分离纯化

提取制备的核酸其中含有少量的蛋白质或多糖或其他种类的核酸，需要进一步纯化。纯化的方法主要有超速离心、凝胶电泳和柱层析三种。

1. 超速离心

有两种超速离心。一种是根据不同密度的分子分布在不同密度层溶液中的原理而建立起来的密度梯度超速离心，另一种是根据不同相对分子质量的分子在离心时有不同的沉降速度建立起来的超速离心。通常，不同DNA分子因GC含量不同而具有不同的密度，利用密度超速离心可把不同种DNA分子分离开。此外，由于DNA、RNA和蛋白质相对分子质量和密度不同，所以也可以用超速离心将它们彼此分开，或者把不同的RNA分子分开，达到纯化专一核酸的目的。

2. 凝胶电泳

用于纯化核酸的凝胶电泳技术，主要是琼脂糖凝胶电泳和聚丙烯酰胺电泳（PAGE）。凝胶电泳兼有分子筛和一般电泳的双重作用。一般电泳速度取决于相对分子质量、带电荷数和分子形状三个因素，但在凝胶中电泳还取决于凝胶的浓度。浓度越大，凝胶孔径越小，适宜较小分子的通过。反之，欲分离较大分子核酸，则选用稀胶电泳。琼脂糖凝胶电泳是核酸检测和纯化最为常用的方法。虽然分辨率较差（可分辨相差50个碱基的核酸片段），但操作简单方便。用琼脂糖分离纯化RNA时，由于琼脂糖制品中往往带有核糖核酸酶杂质，所以必须加入蛋白质变性剂（称甲醛变性电泳）。聚丙烯酰胺常采用垂直电泳方法，分辨率高，可把碱基顺序相同而长度只差一个核苷酸的核酸彼此分开，但操作比琼脂糖凝胶电泳复杂，常用于DNA测序和蛋白分离等。凝胶上的样品在紫外光条件下可以用刀把目的片段切割下来，经过一定的处理使胶与DNA分离，从而达到纯化核酸的作用。

3. 柱层析

用于纯化DNA的柱层析常采用羟基磷灰石（HA）作层析剂。HA对不同的DNA分子吸附能力不同，吸附双链DNA能力大于单链DNA，而且不吸附RNA和蛋白质。所以，利用HA柱层析可以把天然DNA从混合物中纯化出来。

近年来，DEAE（二乙胺乙基）-纤维素离子交换层析、Sepharose（琼脂糖）-4B分子筛层析、oligo-dT（寡聚脱氧胸苷酸）-纤维素亲和层析、polyU（寡聚尿嘧啶核苷酸）-琼脂糖分子杂交和层析等技术，均可以用来分离纯化某些特定的DNA片段或专一性RNA分子，用于科学研究。

4.5.3 核酸类物质在食品和医药中的应用

核苷酸、核苷及碱基及其衍生物是重要的医药中间体。如腺苷酸是体内能量传递物质，具有显著的扩张血管和降压作用；5'-腺苷酸是生产ATP、CoA、NADH和3',5'-环腺苷酸和阿糖腺苷等的重要原料。尿苷酸用于治疗肝炎，有改善冠心病、风湿性关节炎症状的作用。5'-氟尿嘧啶为尿嘧啶抗代谢物，抑制胸腺嘧啶脱氧核苷酸合成酶，阻断脱氧尿嘧啶核苷酸转变成为胸腺嘧啶脱氧核苷酸，从而影响DNA的生物合成，抑制肿瘤细胞的生长增殖。无环鸟苷（阿昔洛韦）是治疗乙肝的抗病毒药物；三氮唑核苷（利巴韦林）是治疗流感、甲肝、病毒性肺炎等的广谱抗病毒药物；鸟嘌呤核苷三磷酸可以治疗肌肉萎缩和脑震荡等。胞磷胆碱能促进卵磷脂的生物合成，可改善脑代谢和脑循环，用于脑外伤、抑郁症等精神疾病；聚肌胞苷酸为双链多聚肌苷酸、多聚胞苷酸的简称，是一种有效的人工干扰素诱导剂，注入人体后产生干扰素，使正常细胞产生抗病毒蛋白，干扰病毒繁殖，临床试用于肿瘤、病毒性肝炎疾病。

一些核苷酸在食品中具有呈味作用。如5'-GMP和5'-IMP（5'-肌苷酸），碱基6位碳原子上有羟基的嘌呤碱而呈鲜味，其鲜味分别相当于味精的160倍和40倍，并且与味精调和使用风味更佳，还可与经过特殊工艺加工的动物蛋白和植物蛋白及多种氨基酸混合生产出具有特色的鸡精、牛肉精等复合鲜味剂。

在食品中添加呈味核苷酸能消除或抑制异味。应用于某些风味食品，如牛肉干、肉松、鱼干片中，能减少苦涩味；应用于酱类中，能改善生酱味；应用于肉类罐头中，能抑制淀粉味和铁锈味。

核苷酸是核酸的基本结构单位，在食品中含量丰富，一般能满足正常健康成年人的营养需求。但婴幼儿、手术后病人和老年人由于体内合成核苷酸的能力较低，摄食量少，从而有可能造成体内核苷酸不足的现象。有研究报告表明，添加核苷酸对促进儿童的生长发育、增强智力，提高老年人的抗病、抗衰老能力及手术病人的身体康复均有显著作用。

普通奶粉不含或较少含有核酸，常饮用奶粉的婴儿摄入的核苷酸不足，需将核苷酸添加到以牛奶为基础的代乳品中，对婴幼儿的胃肠道发育、减少腹泻和增强对细菌的抗感染能力有重要作用。

第5章 酶

5.1 酶的概述

5.1.1 酶的发展简史

酶（enzyme）是活细胞内产生的在细胞内外均具有催化功能和活性的生物分子，因此称其为生物催化剂。除少数具有催化功能的RNA外，绝大多数的酶都是蛋白质。生物体在新陈代谢过程中，几乎所有的生物化学反应都是在酶的催化下进行的，可以说没有酶就没有生命。

1859年，Liebig首次提出酶是一种蛋白质。1878年，德国学者Ktihne首先引用"enzyme"一词。1897年，Buchner兄弟俩成功地用不含细胞的酵母液实现发酵，说明具有发酵作用的物质存在于细胞内，并不依赖活细胞，阐述了酵母的酒精发酵及离体酶的作用，这一科学发现为酶制剂产业化奠定了理论依据。1913年，Michaelis和Menten首次推导酶反应动力学方程。1926年，美国人Sumner首次从刀豆中制得脲酶，并进行结晶，进一步证实酶的化学本质是蛋白质。1930—1936年，Northrop等制取胃蛋白酶、胰蛋白酶、胰凝乳蛋白酶等的结晶。从20世纪50年代中期开始，酶学理论方面的研究十分活跃，蛋白质（或酶）的生物合成理论方面获得了许多突破性进展。

1982年，Cech研究组和Altman研究组分别发现RNA分子具有自我剪接的催化功能，这种具有催化功能的RNA称为核酶（ribozyme），目前已知的核酶有催化分子内反应和催化分子间反应两类。因此现代科学认为酶是由活细胞所产生，在细胞内外甚至体外均发挥相同催化作用的一类具有活性中心和特殊结构的生物催化剂，包括蛋白质和核酸，但由于核酸参与的催化反应有限，而且这些反应均可由相应的酶所催化完成，因此蛋白质酶是生物催化剂的主体。

近年来，随着蛋白质分离技术、酶的分子结构、酶作用机理研究的发展，很多酶的结构和作用机理被阐明。

5.1.2 酶的分类

国际酶学委员会（I.E.C）规定，按酶促反应的性质，把酶分成六大类。

（1）氧化还原酶类，是指催化底物进行氧化还原反应的酶类，包括氧化酶和脱氢酶两类。如乳酸脱氢酶、琥珀酸脱氢酶、细胞色素氧化酶、过氧化氢酶等。

（2）转移酶类，指催化底物之间进行某些基团的转移或交换的酶类。如转甲基酶、转氨基酶、己糖激酶、磷酸化酶等。

（3）水解酶类，指催化底物发生水解反应的酶类。这类酶大多属于胞外酶，在生物体内分布最广，种类最多。如淀粉酶、蛋白酶、脂肪酶、磷酸酶等。

（4）裂解酶类，指催化从底物分子中移去一个基团或原子形成双键及其逆反应的酶类。如柠檬酸合成酶、醛缩酶等。

（5）异构酶类，指催化各种同分异构体之间相互转化的酶类。如磷酸丙糖异构酶、消旋酶等。

（6）合成酶类，也叫连接酶类，指催化两分子底物合成为一分子化合物的酶类。这类反应都是热力学上不能自发进行的必须偶联 ATP 的合成反应。如谷氨酰胺合成酶、丙酮酸羧化酶等。

在每一大类中，根据底物的类别和电子转移的受体还可分成若干亚类和亚亚类。

5.1.3　酶的命名

酶命名的方法主要有习惯命名法和系统命名法。习惯命名法比较简单直观，但缺乏系统性。目前学术界普遍采用的是国际生物化学学会酶学委员会推荐的系统命名法。

（1）习惯命名法。一般采用底物加反应类别来命名，如蛋白水解酶、乳酸脱氢酶、磷酸己糖异构酶等。有些则直接以底物来命名，如蔗糖酶、胆碱酯酶、蛋白酶等。另外，有时在底物名称前冠以酶的来源，如血清谷丙转氨酶、唾液淀粉酶等。

（2）系统命名法。鉴于新酶的不断发现和过去对酶命名的混乱，为避免一种酶有几种名称或不同的酶用同一种名称的现象，1961 年国际生物化学学会酶学委员会提出了一套系统的命名法。该方法规定每一种酶有一个系统名称。

根据酶的分类进行系统编号，它包括酶的系统名和 4 个阿拉伯数字表示分类编号。例如对催化下列反应的酶的命名为 ATP 葡萄糖磷酸转移酶，表示该酶催化从 ATP 中转移一个磷酸到葡萄糖分子上的反应：

$$ATP+D\text{-}葡萄糖 \rightarrow ADP+6\text{-}磷酸\text{-}D\text{-}葡萄糖$$

它的分类数字是：EC 2.7.1.1，其中 EC 代表按国际生物化学学会酶学委员会，第一个数字"2"代表酶的分类（转移酶类）；第二个数字"7"代表亚类（磷酸转移酶类）；第三个数字"1"代表亚亚类（以羟基作为受体的磷酸转移酶类）；第四个数字"1"代表该酶在亚亚类中的排号（以 D-葡萄糖作为磷酸基的受体）。

5.2　酶催化作用的特性

酶作为生物催化剂，既有与一般催化剂相同的催化性质，又具有生物催化剂本身的特性。

酶与一般催化剂一样，只能催化符合化学热力学要求的化学反应，缩短达到反应平衡的时间，而不改变平衡点；酶在化学反应的前后没有质和量的改变；微量的酶就能催化大量的化学反应；酶和一般催化剂的作用机理一样，都能降低反应的活化能。

然而，酶的化学本质是蛋白质（除核酸外），与一般催化剂相比，酶具有高度专一性、催化效率极高、催化活性可调控性和易失活等特点。

5.2.1　酶具有高度专一性

酶的催化专一性表现在对催化的反应和底物有严格的选择性。

根据酶催化专一性程度上的差别，分为结构专一性和立体异构专一性。结构专一性包括绝对专一性、相对专一性。

1. 结构专一性

有些酶只催化一种底物进行一定的反应，称为绝对专一性。如脲酶，只能催化尿素水解成 NH_3 和 CO_2，而不能催化甲基尿素水解。另外一些酶可催化一类化合物或化学键，称为相对专一性。如：酯酶既能催化甘油三酯水解，又能水解其他酯键；磷酸酶对一般的磷酸酯都有作用，无论是甘油的还是一元醇或酚的磷酸酯均可被其水解。

2. 立体异构专一性

酶对底物立体构型的特异识别，称为立体异构专一性。如 L-乳酸脱氢酶只催化 L-乳酸脱氢，对 D-乳酸无作用；α-淀粉酶只能水解淀粉中 α-1,4-糖苷键，不能水解纤维素中的 β-1,4-糖苷键。

5.2.2 酶具有极高的催化效率

酶是高效生物催化剂，比一般催化剂的效率高 $10^7 \sim 10^{13}$ 倍。酶是通过降低反应活化能来加速化学反应。如

$$2H_2O_2 \rightarrow 2H_2O + O_2$$

反应在无催化剂时，需活化能 18 000 cal/mol；胶体钯存在时，需活化能 11 700 cal/mol；在过氧化氢酶催化下，仅需活化能不到 2000 cal/mol。

5.2.3 酶活性的可调节性

酶作为生物催化剂参与生物体的新陈代谢反应，同时又是新陈代谢的产物，因此酶的催化活性可受许多因素的调节。例如别构酶受别构剂的调节，有的酶受共价修饰的调节，激素和神经体液通过第二信使对酶活力进行调节，以及诱导剂或阻抑剂对细胞内酶含量（改变酶合成与分解速度）的调节等。这些调控机制保证了酶在体内新陈代谢过程中发挥其有序的催化作用，使生命活动中的种种化学反应都能够有条不紊、协调一致地进行。

5.2.4 酶活性的不稳定性

由于绝大多数酶的化学本质是蛋白质，酶所催化的化学反应一般是在比较温和的条件下进行的，因此任何使蛋白质变性的因素都可能使酶变性而失去其催化活性。

5.3 酶的组成

蛋白类酶主要由蛋白质组成，核酶则主要由核糖核酸（RNA）组成。但是两大类别的酶作为生物催化剂，都具有完整的空间结构，具有在催化过程中起主要作用的活性中心，并且多数酶需要有辅助因子参与才能发挥其催化功能。

有些酶仅由单纯蛋白质组成，这种酶称为简单酶类，或称单纯酶。而有些酶除了蛋白质以外，还有非蛋白质成分，这种酶称为结合酶，又叫全酶。结合酶中蛋白质部分称为酶蛋白，其他非蛋白质部分称为酶的辅助因子，包括辅酶和辅基。

辅助因子一般是小分子有机化合物或无机金属离子，具有多方面功能，它们有的是酶活性中心的组成成分，有的在稳定酶分子的构象上起作用，有的作为桥梁使酶与底物相连接。一般把与酶蛋白以共价键相连的辅助因子称为辅基，主要是金属离子，用透析或超滤等方法不能使它们与酶蛋白分开；与酶蛋白结合较疏松的辅助因子称为辅酶，它们多为 B 族维生素，可用透析等方法将其与酶蛋白分开。

体内酶的种类很多，但辅助因子种类并不多。因此一种辅助因子往往与多种酶蛋白结合组成催化功能不同的全酶，但一种酶蛋白只能与一种辅助因子结合组成一种全酶。如 3-磷酸甘油醛脱氢酶和乳酸脱氢酶均以 NAD^+ 作为辅酶。酶催化反应的专一性决定于酶蛋白部分，而辅助因子的作用是参与反应过程中氢原子、电子传递或一些特殊化学基团的传递和转移。

5.4　单体酶、寡聚酶、多酶复合体

根据酶蛋白分子的特点，蛋白质酶又可分为三类。

5.4.1　单体酶

单体酶一般只由一条肽链组成，多为水解酶类，分子量较小。如牛胰核糖酶（EC2.7.7.16）是由124个氨基酸残基连接而成的一条肽链，含有4个二硫键；蛋清溶菌酶是由129个氨基酸残基连接而成的一条肽链，含有4个二硫键。

5.4.2　寡聚酶

寡聚酶是由几个或几十个亚基组成的酶，一般只催化一种反应。寡聚酶中亚基的种类可以相同，也可以不同。由多个相同的亚基组成的称为均一寡聚酶，如铜锌超氧化物歧化酶有两个相同的亚基；过氧化氢酶由4个相同的亚基组成等。由不同的亚基组成的称为非均一寡聚酶，如多黏芽孢杆菌天冬氨酸激酶由两个α亚基和两个β亚基组成等。

5.4.3　多酶复合体

多酶复合体是由多种酶靠非共价键相互嵌合而成。多酶复合体中每一个酶各自催化一个反应，所有的反应依次进行，构成一条代谢途径或代谢途径的一部分。高度有序的多酶复合体提高了酶的催化效率，同时利于对酶的调控。

多酶复合体的相对分子质量很高，例如脂肪酸合成酶复合体相对分子质量为2200×10^3；$E.coli$丙酮酸脱氢酶复合体的相对分子质量为4600×10^3。

5.5　酶催化反应的机理

5.5.1　酶的催化作用与活化能

酶的催化作用在于加快化学反应的速度。酶对反应过程速度的改善效果明显高于相应的非催化反应或一般催化剂的作用，如图5-1所示。

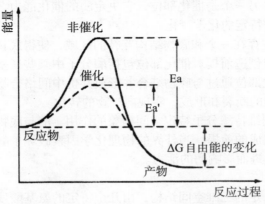

图5-1　非催化反应和酶催化反应活化能的比较
Ea':活化能；ΔG:自由能变化

假设一化学反应的过程如下式所示：

$$A-B \rightarrow A \cdots\cdots B \rightarrow A+B$$

在反应系统中包含一部分高能态的活化的 A-B 分子，称为过渡态（A……B）。当发生反应时，连接 A 和 B 的键会变得很弱而断裂以导致产物 A 和 B 的形成。化学反应是由具有一定能量的活化分子相互碰撞发生的。参与反应的分子从初态转变为激活态所需的能量称为活化能 Ea'。反应速度与其过渡态成正比，而过渡态的浓度取决于生成过渡态的反应分子所需要的临界热动能。

一个可以自发进行的反应，其反应终态和始态的自由能的变化（ΔG）为负值。这个自由能的变化值与反应中是否存在催化剂无关。酶促反应的一个重要特点是降低反应的活化能，使之较易达到过渡态，结果使更多的分子参加反应，加快反应速度。

5.5.2　中间产物学说

中间产物学说认为酶在参与催化反应过程时，首先通过与底物 S 结合，形成不稳定的过渡态中间复合物 ES，然后再使 ES 中的 S 转变为产物 P。这样就使原本需要活化能较高的一步反应 S→P 分为两步进行。

$$S+E \rightarrow ES \rightarrow P+E$$

这两步反应都只需较少的能量进行活化，从而使整个反应的活化能大大降低。

按照中间产物学说，酶形成过渡态中间复合物，ES 是酶催化过程的效率得到明显提高的根本原因。

5.5.3　酶的活性中心

1. 酶的活性中心

实验证明，酶的特殊催化能力只局限在它的大分子的一定区域，在酶分子中为完成催化作用所必需的主要结构中心。某些酶蛋白分子经微弱水解切去相当一部分肽段后，其残余的部分仍保留一定的活力，似乎除去的部分肽段是与活性关系不大的次要结构。

酶的活性中心由位于分子肽链上的不同部分在分子表面彼此处于特定位置而形成一个疏水的裂隙，通常包含两个功能部位：一个是结合部位，一定的底物通过此部位结合到酶分子上，它决定酶的专一性；另一个是催化部位，它决定酶的催化能力，底物的键在此处被打断或形成新的键，从而发生特定的化学变化。

活性中心的结合部位存在一个和底物结构互补的区域，使得底物与酶分子在空间结构上配合，为催化作用的完成创造前提。催化部位包括酶分子中某些氨基酸侧链基团，也可以包括相应的辅助因子。催化部位通过与底物结合并形成共价中间络合物，引发底物构象发生一系列改变，即某些敏感键的断裂和形成，实现向产物的转化。

分子中其他部位起到维持酶分子特定空间构象的作用。酶与底物之间的正确而紧密的结合是保证催化作用高效完成的前提。当外界的物理化学因素破坏了酶的结构时，就可能影响酶活性中心的特定结构，进而影响酶的活力。

2. 活性中心的特点

酶的活性中心具有一定的三维空间结构，由几个特定的氨基酸残基构成，处于酶分子表面的一个凹穴内，酶的活性中心结构取决于酶蛋白的空间结构，因此，酶分子中的其他部位的结构对于酶的催化作用来说，可能是次要的，但绝不是毫无意义的，它们至少为酶活性中心的形成提供了结构基础。

　　某些酶的活性中心的某些性质是使酶催化速度提高的重要原因，这些性质包括：①活性中心部分只占酶分子中的一小部分；②活性中心具有呈现疏水性裂隙特点的三维结构；③活性中心与底物之间以次级键结合；④活性中心部位具有一定的柔韧性。

　　对于单体酶来说，活性中心就是酶分子在三维结构上比较靠近的少数几个氨基酸残基或是这些残基上的某些基团，它们在一级结构上可能相距甚远，甚至位于不同的肽链上，通过肽链的盘绕、折叠而在空间构象上相互靠近。

　　对于全酶来说，辅助因子或辅助因子上的某一部分结构往往是活性中心的组成部分。

3. 结合部位与催化部位的关系

　　结合部位与催化部位构成一个互相关联的整体。结合部位的作用除了固定底物外，还要使底物处于与催化部位适宜的相对位置，以保证催化作用的完成。因此，结合部位与催化部位在空间位置上的相互关系非常重要。

　　例如：胰凝乳蛋白酶活性部位中，催化部位与结合部位的相对位置只适合于 L-氨基酸构成的多肽，对于 D-氨基酸构成的多肽则不能催化其水解。

5.5.4 "诱导契合"理论

　　"诱导契合"理论由 Koshland 于1964年提出。这一理论认为，酶和底物都具有其特殊的空间构象，酶分子的活性中心或酶分子的结构有一定的可变性。当酶与底物分子接近时，底物能诱导酶分子的活性中心构象发生变化，发生有利于底物结构的变化，一些基团之间通过相互取向，使参与反应的催化基团与底物进行互补，形成紧密结合具有特定结构的中间复合物。中间复合物的形成改变了底物的分子构型，一些特定的化学键发生断裂，一些新的化学键形成，从而发生催化作用，如图5-2所示。

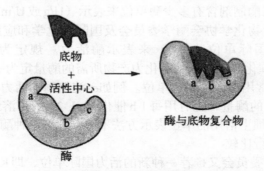

图5-2 "诱导契合"理论示意图

　　酶与底物结合时，酶的构象，尤其是活性中心处发生变化，互补的本质包括对应区域大小、形状及电荷的分布。

　　近年来，X 射线衍射分析的实验结果支持这一假说，证明了酶与底物结合时，确有显著的构象变化。因此人们认为这一假说比较满意地说明了酶的专一性。图5-2表示酶构象在专一性底物及非专一性底物存在时的变化。

　　诱导契合理论是关于酶催化机理研究中较为成熟并被广泛接受的一种学说。

5.5.5 酶原的激活

有些酶（绝大多数为蛋白酶）在细胞内合成及初分泌时没有活性，处于无活性状态，这样的酶称为酶原。例如，动物的消化酶的酶原（如胃蛋白酶原、胰蛋白酶原、胰凝乳蛋白酶原）。胃酸可以激活胃蛋白酶原，使之不可逆地转变成活性状态。

这些酶原必须在一定的条件下去掉一个或几个特殊的肽段，从而使酶的构象发生一定的变化，才有活性，这一过程称为酶原激活。

5.6 酶的活力测定和分离纯化

5.6.1 酶活力的测定

酶活力也称为酶活性，酶的活力测定实际上就是酶的定量测定，在研究酶的性质、酶的分离纯化及酶的应用工作中都需要测定酶的活力。检查酶的含量及存在，不能直接用重量或体积来衡量，通常是用它催化某一化学反应的能力来表示，即用酶活力大小来表示。

1. 酶活力

酶活力是指酶催化某一化学反应的能力，酶活力的大小可以用在一定条件下所催化的某一化学反应的反应速率（reaction velocity 或 reaction rate）来表示，两者呈线性关系。酶催化的反应速率越大，酶的活力越高；反应速率越小，酶的活力就越低。所以测定酶的活力就是测定酶促反应的速率。

2. 酶的活力单位（U）

酶活力的大小即酶含量的多少，用酶活力单位表示，即酶单位（U）。单位的定义是：在一定条件下，一定时间内将一定量的底物转化为产物所需的酶量。这样酶的含量就可以用每1g酶制剂或与每1mL酶制剂含有多少酶单位来表示（U/g 或 U/mL）。为使各种酶活力单位标准化，1961年国际生物化学协会酶学委员会及国际纯化学和应用化学协会临床化学委员会提出采用统一的"国际单位"（IU）来表示酶活力。规定为：在最适反应条件（温度25℃）下，1 min内催化1 μmol底物转化为产物所需的酶量定为一个酶活力单位，即1 IU=1 μmol/min。但人们仍常用习惯沿用的单位。例如α-淀粉酶的活力单位规定为每1 h催化1 g可溶性淀粉液化所需要的酶量，也有用每1 h催化1 mL 2%的可溶性淀粉液所需要的酶量定为一个酶单位。不过习惯上沿用的单位表示方法不统一，同一种酶有几种不同的单位，不便于对同一种酶的活力进行比较。

1972年，国际酶学委员会又推荐一种新的活力国际单位，即Katal（简称Kat）单位。规定为：在最适条件下，每1 s能催化1 mol底物转化为产物所需的酶量，定为1 Katal单位（1 Kat=1 mol/s）。

Kat单位与IU单位之间的换算关系如下：

$$1Kat=60×10^6 IU, \quad 1IU=16.7nKat$$

酶的催化作用受测定环境的影响，因此测定酶活力要在最适条件下进行，即最适温度、最适pH、最适底物浓度和最适缓冲液离子强度等，只有在最适条件下测定才能真实反映酶活力的大小。测定酶活力时为了保证所测定的速率是初速率，通常以底物浓度的变化在起始浓度的5%以内的速率为初速率。底物浓度太低时，5%以下的底物浓度变化实验中不易测准，所以在测定酶的活力时，往往使底物浓度足够大，这样整个酶反应对底物来说是零级反

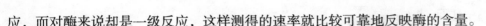

应，而对酶来说却是一级反应，这样测得的速率就比较可靠地反映酶的含量。

3. 酶的比活力

酶的比活力代表酶的纯度，根据国际酶学委员会的规定，比活力用每1 mg蛋白质所含的酶活力单位数表示，对同一种酶来说，比活力越大，表示酶的纯度越高。

比活力=活力单位/mg蛋白=总活力单位/总蛋白mg

有时用每1 g酶制剂或每1 mL酶制剂含有多少个活力单位来表示（U/g或U/mL）。比活力大小可用来比较每单位质量蛋白质的催化能力。比活力是酶学研究及生产中经常使用的数据。

4. 酶活力的测定方法

通过两种方式可进行酶活力测定，其一是测定完成一定量反应所需的时间，其二是测定单位时间内酶催化的化学反应量。测定酶活力就是测定产物增加量或底物减少量，主要根据产物或底物的物理或化学特性来决定具体酶促反应的测定方法。

（1）化学分析法。根据酶的最适温度和最适pH，从加进底物和酶液后即开始反应，每隔一定时间，分几次取出一定容积反应液，停止作用，然后分析底物的消耗量和产物的生成量。此方法是酶活力测定的经典方法，至今仍经常采用。几乎所有的酶都可以根据这一原理设计测定其活力的具体方法。停止酶反应常用强酸、强碱或蛋白沉淀剂。

（2）分光光度计量法。利用底物和产物光吸收性质不同，在整个反应过程中可不断测定其吸收光谱的变化。此法无须停止反应，便可直接测定反应混合物中底物的减少或产物的增加。这一类方法最大的优点是迅速、简便、特异性强，并可方便地测得反应进行的过程，特别是对于反应速度较快的酶作用，能够得到准确的结果。自动扫描分光光度计对于酶活力和酶反应研究工作中的测定更是快速、准确和自动化。

（3）量气法。当酶促反应中底物或产物之一为气体时，可以测量反应系统中气相的体积或压力的改变，从而计算气体释放或吸收的量，根据气体变化和时间的关系，即可。求得酶反应的速度。

（4）pH测量法。使酶反应在较稀的缓冲溶液中进行，然后用pH计连续测定在反应进行过程中溶液pH的改变。这种方法比较简单，但缺点是不能计算出单位时间内底物的摩尔浓度的变化，同时在反应过程中，酶活力也随pH的改变而改变。因此不能用于酶活力的准确测定。

（5）氧和过氧化氢的极谱测定。用阴极极化的铂电极进行氧的极谱测定，可以记录在氧化酶作用过程中溶解于溶液内的氧浓度的降低。另外，可用阳极极化的铂电极测定过氧化氢来测定过氧化氢酶的活力。除上述方法外，还有其他方法也可用于酶活力的测定，如测定旋光、荧光、黏度以及同位素技术等。

5.6.2 酶的分离和纯化

酶的分离纯化是酶学研究的基础。研究酶的性质、作用、反应动力学、结构与功能关系、阐明代谢途径、作为工具酶等都需要高度纯化的酶制剂以免除其他的酶或蛋白质的干扰。例如基因工程中所使用的各种工具酶都有高纯度的要求，内切酶中不能含有外切酶，反之一样，否则结果无法判断。再如，要区别一个酶催化两种不同的反应是酶本身的特点还是由于该酶制剂中掺入了其他的酶杂质，可以用许多方法来进行判断。但是必须是在该酶制剂纯化后才能做出结论。由于使用酶制剂的目的不同，对酶制剂的纯度要求不一样，要根据不同的需要采用不同的方法纯化酶制剂。

已知绝大多数酶是蛋白质，因此酶的分离提纯方法，也就是常用来分离提纯蛋白质的方法。酶的提纯常包括两方面的工作，一是把酶制剂从很大体积浓缩到比较小的体积，二是把酶制剂中大量的杂质蛋白和其他大分子物质分离出去。为了判断分离提纯方法的优劣，一般用两个指标来衡量，一是总活力的回收，二是比活力提高的倍数。总活力的回收是表示提纯过程中酶的损失情况，比活力提高的倍数是表示提纯方法的有效程度。一个理想的分离提纯方法希望比活力和总活力的回收率越高越好，但是实际上常常两者不可兼得，因此考虑分离提纯条件和方法时，不得不在比活力多提高一些和总活力多回收一些之间做适当的选择。生物细胞产生的酶有两类，由细胞内产生，然后分泌到细胞外进行作用的酶，称为胞外酶，这类酶大多数是水解酶类；另一类酶在细胞内合成后并不分泌到细胞外，而是在细胞内起催化作用，这类酶称为胞内酶，这类酶数量较多。一般来说，胞外酶比胞内酶更易于分离纯化。

酶分离提纯步骤简述如下。

（1）选材。酶的来源不外乎动物、植物和微生物，生物细胞内产生的总酶量是很高的，但每一种酶的含量却很低。一种酶含量丰富的器官或组织往往和含量较低的器官或组织相差上千倍或上万倍，如胰腺中起消化作用的水解酶种类众多，但各种酶的含量却差别很大，如1000g湿胰腺中含胰蛋白酶0.65 g，而含DNA酶仅有0.000 5 g。因此，在提取某一酶时，首先应当根据需要，选择含此酶最丰富的新鲜生物材料。

动植物组织或微生物材料均可作为分离酶的原料。但由于从动物或植物中提取酶制剂会受到原料限制，目前工业上大多采用微生物发酵的方法来获得大量的酶制剂。

酶的提取工作应在获得材料后立即开始，否则应在低温下保存，−20℃～−70℃为宜。或将生物组织做成丙酮粉保存。

（2）破碎细胞。动物细胞较易破碎，通过一般的研磨器、匀浆器、捣碎机等就可达到目的。细菌细胞具有较厚的细胞壁，较难破碎，需要用超声波、细菌磨、溶菌酶、某些化学溶剂（如甲苯、去氧胆酸钠）或冻融等处理加以破碎。植物细胞因为有较厚的细胞壁，也较难破碎。

（3）抽提。在低温下，用水或低盐缓冲液，从已破碎的细胞中将酶溶出，这样所得到的粗提液中往往含有很多杂蛋白及核酸、多糖等成分。抽提液的pH选择应该在酶的pH稳定范围内，并且最好能远离其等电点。关于盐的选择，由于大多数蛋白质在低浓度的盐溶液中较易溶解，故一般用等渗盐溶液，最常用的有0.02～0.05 mol/L磷酸缓冲液、0.15 mol/L的氯化钠和柠檬酸缓冲液等。

（4）分离及提纯。根据酶大多属于蛋白质这一特性，用一系列分离蛋白质的方法，如盐析、等电点沉淀、有机溶剂分级、选择性热变性等方法可从酶粗提液中初步分离酶，然后再采用吸附层析、离子交换层析、凝胶过滤、亲和层析、疏水层析及高效液相色谱法等层析技术或各种制备电泳技术进一步纯化酶，以得到纯的酶制品。为了得到比较理想的纯化结果，往往几种方法配合使用，这要根据不同酶的特点，通过实验选择合适的方法。

盐析法是根据酶和杂蛋白在不同盐浓度的溶液中溶解度的不同而达到分离目的，盐析法简便安全，大多数酶在高浓度盐溶液中相当稳定，重复性好。

有机溶剂分级法分离酶时，最重要的是严格控制温度，要在−15℃～−20℃下进行，冷冻离心得到的沉淀应立刻溶于适量的冷水或缓冲液中，以使有机溶剂稀释至无害的浓度，或将它在低温下透析。

选择性变性法在酶的纯化工作中是常用的简便而有效的方法。主要是根据酶和杂蛋白在某些条件下稳定性差别，使某些杂蛋白变性而达到除去大量杂蛋白的目的。常用的除选择性热变性外，还有酸碱变性等。有些酶相当耐热，如胰蛋白酶、RNA 酶加热到 90℃ 也不被破坏。因此，在一定条件下将酶液迅速升温到一定温度（50℃～70℃），经过一定时间后（5～15 min）迅速冷却，可使大多数杂蛋白变性沉淀。热变性除杂蛋白时只要控制好 pH 和保温时间，应用得当，就可较大地提高酶的纯度。

使用各种柱层析技术分级分离酶时，要根据所分离酶的性质选择合适的层析介质，柱大小要适当，特别要注意作为洗脱用缓冲液的 pH 和离子强度，要控制一定的流速。

制备电泳多采用凝胶电泳，要选择好电泳缓冲液，根据电泳设备条件选择一定的上样量，电泳后及时将样品透析，冷冻干燥保存。

酶是生物活性物质，在提纯时必须考虑尽量减少酶活力的损失，因此，全部操作需在低温下进行，一般在 0℃～5℃ 间进行。为防止重金属使酶失活，有时需在抽提溶剂中加入少量 EDTA 螯合剂，以防止重金属离子对酶的破坏作用。有些含巯基的酶在分离提纯过程中，往往需要加入某种巯基试剂，如巯基乙醇、二硫苏糖醇（DTT）等，可防止酶的巯基在制备过程中被氧化。

有时为了防止内源蛋白酶对酶的水解作用，在提取液中加入少量蛋白酶抑制剂，如对甲苯磺酸氟（PMSF）、亮抑酶肽、抑蛋白酶肽等。

在整个分离提纯过程中不能过度搅拌，以免产生大量泡沫，使酶变性。

在酶的制备过程中，必须经常测定酶的比活力，每一步骤都应测定留用以及准备弃去部分中所含酶的总活力和比活力，以了解经过某一步骤后酶的回收率、纯化倍数，从而决定这一步的取舍，使整个提纯工作正确进行。

$$总活力 = [活力单位数/酶液（mL）] × 总体积（mL）$$

$$比活力 = 活力单位数/蛋白（氮）量（mg）= 总活力单位数/总蛋白（氮）量（mg）$$

$$纯化倍数 = \frac{每次纯化后的比活力}{第一次测定的粗酶液的比活力}$$

$$回收率（产率）= \frac{每次纯化后的总活力}{第一次测定的粗酶液的总活力} × 100\%$$

一个酶的纯化过程往往需要经过多个纯化步骤，若每一步平均使酶纯度增加 1～2 倍，总纯度可高达数百倍。但产率约为百分之几到十几。

（5）结晶。通过各种提纯方法获得较纯的酶溶液后，就可能将酶进行结晶。酶的结晶过程进行得很慢，如果要得到好的晶体也许需要数天或数星期。通常的方法是把盐加入一个比较浓的酶溶液中至微呈混浊为止，有时需要改变溶液的 pH 及温度，轻轻摩擦玻璃壁等方法以便达到结晶的目的。

（6）保存。通常将纯化后的酶溶液经透析除盐后冷冻干燥得到酶粉，低温下可较长时期保存。或将酶溶液用饱和硫酸铵溶液反透析后在浓盐溶液中保存。也可将酶溶液制成 25% 甘油或 50% 甘油分别贮于 -25℃ 或 -50℃ 冰箱中保存。注意酶溶液浓度越低越易变性，因此切记不能保存酶的稀溶液。

5.7 酶工程简介

酶工程是围绕着酶所特有的生物催化性能使其在工农业、医学等其他方面发挥作用的一门应用技术，是酶学基本原理与化学工程技术及DNA重组技术有机结合的产物。广义地讲，酶工程还应包括酶的生产、分离和纯化。根据研究问题和解决问题的手段不同可将酶工程分为两大类：化学酶工程和生物酶工程。

5.7.1 化学酶工程

化学酶工程亦称为初级酶工程，主要是通过化学修饰、固定化处理，甚至通过化学合成等手段，改善酶的性质以提高催化效率及降低成本。它包括天然酶、化学修饰酶、固定化酶及化学人工酶的研究和应用。天然酶粗制剂常用于食品、制药、制革、酿造及纺织等工业生产。化学修饰酶常用于酶学研究和临床医学。由于上述领域要求酶纯度高、性能稳定，同时还需要低或无免疫原性，所以常常对纯酶进行化学修饰以改善性能。

固定化酶是指被结合到特定的支持物上并能发挥作用的一类酶，其通过吸附、偶联、交联和包埋等物理或化学方法把酶做成仍具有酶催化活性的水不溶酶，装入适当容器中形成反应器。其优点如下。

(1) 有一定的机械强度，可用搅拌或装柱的方法用于催化底物反应，反应过程可以管道化、连续化及自动化。

(2) 使用前可以充分洗涤，不带进杂质。在反应中，酶与产物可以自由地分开，所以产物容易提纯，得率也较高。

(3) 反应后，能很方便地从反应液中将它分离出来，反复使用，比较经济。

(4) 酶经固定化后，稳定性大为提高，可较长期地使用或贮藏。

(5) 固定化酶制备的方法很多，或吸附于活性炭、多孔玻璃、离子交换纤维素或离子交换分子筛等固体表面上，或与琼脂糖、葡萄糖凝胶、淀粉或聚丙烯酰胺等固态物共价结合，或使用双功能试剂使酶蛋白分子交联而凝集成固相的网状结构，或将酶包埋于微小的半透膜囊或凝胶格子中。

基于上述许多优点，固定化酶在食品、医药等工业、医学和分析分离工作中具有美好的前景。

固定化酶技术已延伸到固定化细胞技术，这种把酶或细胞直接应用于化学工业的反应系统又称为生物反应器。

化学人工酶是模拟酶的生物催化功能，用化学半合成法（小分子化合物、无活性蛋白）或全合成法（不是蛋白质，而是小分子有机物）合成的有催化活性的人工酶。

5.7.2 生物酶工程

生物酶工程是从基因水平改造或设计新酶。包括三个方面：①用DNA重组技术大量生产酶；②对酶基因进行修饰，生产遗传修饰酶；③设计新的酶基因，合成自然界不曾有过的，性能稳定、催化效率更高的新酶。

5.8 酶与食品生产

人类的食物来自各类生物体。存在于生物体中的酶从生物体生长过程一开始就发挥催化作用，并在发育和成熟期间这些酶的种类和数量都在不断发生着变化，这些存在于食品原料中的内源酶会对食品品质产生很大的影响。人类很早就开始利用酶来制备食品，如在酿造中利用发芽的大麦来转化淀粉，用破碎的木瓜树叶包裹肉类以使肉嫩化等。现今工业酶制剂也广泛应用于食品加工中。

5.8.1 酶对食品质量的影响

1. 酶对食品感官质量的影响

任何动植物和微生物来源的新鲜食物，均含有一定的酶。内源酶类对食品的风味、质构、色泽等感官质量具有重要的影响，其作用有的是期望的，有的是不期望的。如动物屠宰后需要一个成熟过程，在此期间内源水解酶类的作用使其嫩化，从而改善肉食原料的风味和质构；水果成熟时，内源酶类综合作用的结果使各种水果产生各自独特的色、香、味，但如果过度作用，水果会变得过熟和酥软，甚至失去食用价值。在食品加工和贮藏过程中。酚氧化酶、过氧化物酶、维生素C氧化酶等氧化酶类引起的酶促褐变反应对许多食品的感官质量具有极为重要的影响。

2. 酶对食品营养价值的影响

在食品加工中营养组分的损失大多是由非酶作用引起的，但是食品原料中的一些酶的作用也具有一定的影响。例如，脂肪氧合酶催化胡萝卜素降解而使面粉漂白，在蔬菜加工过程中则使胡萝卜素破坏而损失维生素A原；在一些发酵方法加工的鱼制品中，由于鱼和细菌中的硫胺素酶的作用，使这些制品缺乏维生素B_1；果蔬中的抗坏血酸氧化酶和其他氧化酶类直接或间接导致果蔬在加工和贮存过程中维生素C的损失。

3. 酶促致毒与解毒作用

在生物材料中，酶和相应的底物是区域化分布的，在正常情况下它们处于细胞的不同部位，不会发生作用。当生物材料破碎时，酶和底物的相互作用才有可能发生。有些底物本身是无毒的，在经酶催化降解后会变成有毒物质。例如，木薯中含有的生氰糖苷，虽然它本身并无毒性，但它在内源糖苷酶的作用下会产生剧毒的氢氰酸。

十字花科植物的种子、皮和根含有葡萄糖芥苷，在芥苷酶作用下会产生对人和动物有毒的化合物，例如菜籽中的原甲状腺肿素在芥苷酶作用下产生的甲状腺肿素能使人和动物体的甲状腺代谢性增大，因此，在利用油菜子饼作为新的植物蛋白质资源时，除去这类有毒物质非常重要。

在酶的作用下，也可将食物中的有毒成分降解为无毒的化合物，从而达到解毒的目的。如食用蚕豆而引起的血球溶解贫血病是人体缺乏解毒酶的重要例子。这种症状仅出现在血浆葡萄将6-磷酸脱氢酶水平很低的人群中，蚕豆中的毒素——蚕豆病因子能使体内葡萄糖-6-磷酸脱氢酶缺乏更严重。蚕豆病因子的化学成分是蚕豆嘧啶葡萄糖苷和蚕豆嘧啶核苷，在酸和 β 葡萄糖苷酶作用下降解。降解产生的酚类含氮化合物极不稳定，在加热时迅速氧化降解。

伴蚕豆嘧啶核苷　　　　　蚕豆嘧啶葡萄糖苷　　$\xrightarrow[-2C_6H_{12}O_6]{\beta-葡萄糖苷酶}$　　异乌拉米尔　　　香豌豆嘧啶

5.8.2　酶在食品加工中的应用

酶在食品工业中主要应用于淀粉加工，乳品加工，水果加工，酒类酿造，肉、蛋、鱼类加工，面包与焙烤食品的制造，食品保藏，以及甜味剂制造等工业。

1. 酶在淀粉加工中的应用

用于淀粉加工的酶有 α-淀粉酶、β-淀粉酶、葡萄糖淀粉酶（糖化酶）、葡萄糖异构酶、脱支酶以及环糊精葡萄糖基转移酶等。淀粉加工的第一步是用 α-淀粉酶将淀粉水解成糊精，即液化。第二步是通过上述各种酶的作用，制成各种淀粉糖浆，例如高麦芽糖浆、饴糖、葡萄糖、果糖、果葡糖浆、偶联糖以及环糊精等。各种淀粉糖浆，糖成分不同其性质也各不相同，风味各异。

2. 酶在乳品加工中的应用

用于乳品工业的酶有凝乳酶、乳糖酶、过氧化氢酶、溶菌酶及脂肪酶等。凝乳酶用于制造干酪；乳糖酶用于分解牛奶中的乳糖；过氧化氢酶用于消毒牛奶；溶菌酶添加到奶粉中，用以防止婴儿肠道感染；脂肪酶可增加干酪和黄油的香味。

3. 酶在水果加工中的应用

用于水果加工和保藏的酶有果胶酶、柚苷酶、纤维素酶、半纤维素酶、橙皮苷酶、葡萄糖氧化酶以及过氧化氢酶等。果胶是水果中的一部分，它在酸性和高浓度糖溶液中可以形成凝胶，这一特性是制造果冻、果酱等食品的物质基础，但是在果汁加工中果胶却会导致果汁过滤和澄清发生困难。果胶酶可以催化果胶分解，使其失去产生凝胶的能力。工业上用黑曲霉、文氏曲霉或根霉所生产的果胶酶处理破碎的果实，可以加速果汁过滤，促进果汁澄清，提高果汁产率。

在制造橘子罐头时，用黑曲霉所生产的纤维素酶、半纤维素酶和果胶酶的复合酶处理橘瓣，可以从橘瓣上去囊衣。用柚苷酶处理橘汁，可以除去橘汁中带苦味的柚苷。加黑曲霉橙皮苷酶于橙汁中，可以将不溶化的橙皮苷分解成水溶性橙皮素，从而使橙汁澄清，也脱去了苦味。用葡萄糖氧化酶和过氧化氢酶处理橙汁，可以除去橙汁中的 O_2，从而使橙汁在贮藏期间保持原有的色、香、味。

4. 酶在酒类酿造中的应用

啤酒是以大麦芽为原料，在大麦发芽过程中，由于呼吸使大麦中的淀粉损耗很大，很不经济。因此，啤酒厂常用大麦、大米、玉米等作为辅助原料来代替一部分大麦芽，但这将引起淀粉酶、蛋白酶和 β-葡聚糖酶的不足，使淀粉糖化不充分，使蛋白质和 β-葡聚糖的降解不足，从而影响了啤酒的风味和产率。工业生产中，使用微生物的淀粉酶、中性蛋白酶和 β-葡聚糖酶等酶制剂来处理上述原料，可以补偿原料中酶活力不足的缺陷，从而增加发酵度，缩短糖化时间。

在啤酒巴氏灭菌前,加入木瓜蛋白酶或菠萝蛋白酶或细菌酸性蛋白酶处理,可以防止啤酒混浊,延长保存期。

糖化酶代替麸曲,用于制造白酒、黄酒、酒精,可以提高出酒率,节约粮食,简化设备等。

果胶酶、酸性蛋白酶、淀粉酶用于制造果酒,可以改善果实的压榨过滤,使果酒澄清。

5. 酶在肉、蛋、鱼类加工中的应用

老龄动物的肌肉,由于其结缔组织中胶原蛋白高度交联,机械强度很大,烹煮时不易软化,难以咀嚼。用木瓜蛋白酶或菠萝蛋白酶、米曲霉蛋白酶等处理,可以水解胶原蛋白,从而使肌肉嫩化。工业上嫩化肌肉的方法有两种:一种是宰杀前,肌注酶溶液于动物体;另一种是将酶制剂涂抹于肌肉片的表面,或者用酶溶液浸肌肉。

利用蛋白酶水解废弃的动物血、杂鱼以及碎肉中的蛋白质,然后抽提其中的可溶性蛋白质,以供食用或做饲料。这是开发蛋白质资源的有效措施。其中以杂鱼的利用最为瞩目。用葡萄糖氧化酶和过氧化氢酶共同处理,可去除禽蛋中的葡萄糖,消除禽蛋产品"褐变"的现象。

6. 酶在面包与焙烤食品制造中的应用

由于陈面粉酶活力低、发酵能力低,因而用陈面粉制造的面包,体积小、色泽差。向陈面粉团添加霉菌的α-淀粉酶等酶制剂可以提高面包质量。此外,添加α-淀粉酶,可以防止糕点老化;加蔗糖酶,可以防止糕点中的蔗糖从糖浆中析出;添加蛋白酶,可以使通心面条风味佳、延伸性好。

第6章　维生素和辅酶(基)

6.1　概述

6.1.1　维生素的定义及特点

维生素是机体维持正常代谢所必需的一类重要的营养元素，其化学本质均为小分子有机化合物，同时也是保证生命活动健康所必需的营养物质之一。与传统的大分子有机物糖类、蛋白质、脂类相比较，维生素有其自身的特点。

（1）维生素种类很多，化学结构多样。但其在体内的需要量很少，通常以毫克或微克计。

（2）一般维生素可以由高等植物或某些微生物合成，但是维生素却不能在动物体内合成，或者所合成的量很少，难以满足机体的需要，所以必须由食物供给。

（3）维生素作为酶的辅酶或辅基的主要成分，在调节物质代谢、维持生理功能以及促进生长发育等方面发挥着重要作用。

（4）如果机体长期缺乏维生素，物质代谢就会发生障碍。各种维生素的结构和生理功能均不相同，缺乏不同的维生素会引发不同的疾病。所以这种由于缺乏维生素而引起的疾病称为维生素缺乏症。相反，若维生素应用不当或长期过量摄取，也会出现中毒症状。

6.1.2　维生素的命名和分类

1. 维生素的命名

维生素是由 vitamin（维他命）一词翻译来的，它的命名通常是按照发现的先后顺序，在维生素的第一个大写字母"V"后加 A、B、C、D、E 等不同的拉丁字母来命名。由于最初发现的种类少，后来在同种维生素上又发现不同类型，故又在拉丁字母右下方注以 1、2、3…等数字加以区别，例如 B_1、B_2、B_3、B_5、B_6、B_7、B_9、B_{12} 等。

2. 维生素的分类

通常按照溶解性的不同，维生素分为脂溶性维生素和水溶性维生素两大类。

脂溶性维生素包括维生素 A、维生素 D、维生素 E 和维生素 K 等，水溶性维生素包括 B 族维生素 ［维生素 B_1、维生素 B_2、烟酸（维生素 B_3）、泛酸（维生素 B_5）、吡哆醇（维生素 B_6）、生物素（维生素 B_7）、叶酸（维生素 B_9）和钴胺素（维生素 B_{12}）等］和维生素 C。

6.2　脂溶性维生素

脂溶性维生素包括维生素 A、D、E、K，它们是疏水性化合物，故不溶于水，而溶于脂类及有机溶剂，如苯、乙醚、氯仿。它们经常在食物中与脂类共同存在，并随脂类和胆汁酸一同吸收。如果脂类吸收不足，脂溶性维生素的吸收也相应减少，严重会引起缺乏症。吸收后的脂溶性维生素在血液中与脂蛋白及某些特殊的结合蛋白特异地结合而运输，通常在体内尤其是肝中有一定的储量。但摄入过多会出现中毒症状。脂溶性维生素除了参与影响代谢过程外，还可以与细胞内的核受体结合，影响特定基因的表达。

6.2.1 维生素A

1.构成及性质

又称抗干眼病维生素。天然的维生素A是不饱和一元醇类，有两种形式：维生素A_1（视黄醇）和维生素A_2（3-脱氢视黄醇）。其中，A_2的活性只有A_1的一半，以A_1为主。A_1和A_2结构相似，A_2仅在环中第三位比A_1多一个双键。

维生素A在体内的活性形式包括视黄醇、视黄醛（视黄醇的可逆性氧化产物）和视黄酸（视黄醇的不可逆性氧化产物）。它的化学性质活泼，接触空气即可被氧化分解。对紫外线敏感，多在棕色瓶内避光保存。但一般烹饪方法不会破坏食物中的维生素A。

2.食品中来源及存在形式

维生素A在动物的肝脏、肾脏、蛋黄、乳及肉制品中都广泛存在，鱼肝是其最丰富的来源。另外，在许多如胡萝卜、红辣椒等深绿色或红黄色的蔬菜中也富含具有维生素A效能的类胡萝卜素的物质，称为β-胡萝卜素。其在小肠黏膜或肝脏处由β-胡萝卜素加氧酶作用加氧断裂，生成视黄醇，所以通常将β-胡萝卜素称为维生素A原。此外，其他食物中的维生素A多以脂肪酸酯的形式存在，其在小肠被小肠酯酶水解后产生脂肪酸和视黄醇，被吸收后还可以重新合成视黄醇酯，以脂蛋白的形式在脂肪细胞中储存下来。

3.生理功能及缺乏症

（1）构成视觉细胞的感光物质，发挥视觉功能。维生素A是构成视觉细胞中感受弱光的物质视紫红质的组成成分，与人的正常视觉密切相关。人体视网膜上有两种感光细胞：视锥细胞主要感受强光，内有视红质、视青质、视蓝质；杆状细胞是感受暗光与弱光的视觉细胞，其感光物质是视紫红质。而维生素A是视紫红质的前体物质。当光线照射到视网膜上时，视紫红质即分解为视蛋白和全反视黄醛，全反视黄醛在异构酶的作用下变成11-顺视黄醛，11-顺视黄醛又与视蛋白形成视紫红质，称为一个视循环。当维生素A缺乏时，11-顺视黄醛必然得不到足够的补充，使感受弱光的视紫红质合成减弱，对弱光敏感性降低，暗适应能力减弱，严重可导致"夜盲症"。

（2）维持上皮结构的完整与健全。维生素A也是维持上皮组织的结构和功能所必需的物质，可影响上皮细胞的分化过程。对眼、呼吸道、消化道、泌尿及生殖系统等的上皮细胞影响最为显著。动物缺乏维生素A，皮肤及黏膜上皮细胞角化，如眼角膜干燥，皮肤角化粗糙，呼吸道易感染等疾病。在眼部由于泪腺上皮角化，泪液分泌受阻，以致角膜、结膜干燥产生干眼病。

（3）增加细胞表面的表皮生长因子受体数目而促进生长、发育。维生素A还可以调节细胞的生长与分化，其中视黄酸对基因表达和组织分化具有重要的调节作用。通过结合细胞内核受体，与DNA反应元件结合，调节某些基因的表达，从而促进生长、发育。儿童期缺乏维生素A时，会出现生长停顿、骨骼成长不良和发育受阻。

（4）具有一定的抗肿瘤作用。肿瘤的发生多数与上皮组织的健康有关，人体上皮细胞的正常分化与视黄酸直接相关。动物实验表明摄入维生素A有抑制细胞癌变、促进肿瘤细胞凋亡等作用。

（5）摄入过多易引起中毒。维生素A可以在体内肝脏中储存，长期摄入过多会引起慢性中毒。正常成人每日维生素A生理需要量为2600~3300 IU，长期过量（超过需要量的10~20倍）摄取可能引起不良反应，如头痛、恶心、腹泻、肝脾肿大等。孕妇摄取过多，容易发生胎儿畸形，应当适量摄取。

6.2.2　维生素D

1. 构成及性质

又称抗佝偻病维生素，固醇类衍生物，也被认为是一种类固醇激素。主要包括维生素 D_2（麦角钙化醇）和维生素 D_3（胆钙化醇）两种，维生素 D_2 及 D_3 均为无色针状结晶，易溶于脂肪和有机溶剂，除对光敏感外，化学性质一般较稳定，不易破坏。

2. 食品中来源及存在形式

维生素D在动物的肝、蛋黄中含量丰富，但人体内维生素 D_3 主要是由皮肤细胞的 7-脱氢胆固醇（维生素跳前体）经紫外线照射转变而来，D_2 由植物中的麦角固醇（维生素 D_2 前体）经紫外线照射后生成。不论是维生素 D_2 或 D_3，它们本身都没有生理活性，它们必须在体内进行一定的代谢转化，包括在肝线粒体中和在肾微粒体中的羟化酶的作用下才能生成具有活性的维生素 D_3，再经血液运输到小肠、骨骼及肾等靶器官才能发挥其生理作用。

3. 生理功能及缺乏症

维生素D能促进肠道、肾脏对食物中钙和磷的吸收，还可影响骨组织的钙吸收和沉积，从而维持血中钙和磷的正常浓度，促进骨和牙的钙化作用。当缺乏维生素D时，儿童骨、牙不能正常发育，易发生佝偻病、弓形腿、关节肿大等，成人会患软骨病。另外，摄入过量的维生素D也会引起急性中毒。

6.2.3　维生素E

1. 构成及性质

维生素E与动物生育有关，故又称生育酚，为苯并二氢吡喃的衍生物，属于酚类化合物。其主要成分为维生素E及维生素E三烯酚两大类。每类又可根据甲基的数目、位置不同而分成 α、β、γ 和 δ 共四种。均为淡黄色油状物质；不溶于水，不易被酸、碱破坏。自然界以 α-维生素E生理活性最高，分布最广。β 及 γ-维生素E次之，其余活性甚微。但就抗氧化作用而论，δ-维生素E作用最强，α-维生素E作用最弱。天然存在的维生素E在无氧条件下对热的稳定性较强，但对氧十分敏感，与空气接触时极易被氧化，因而能保护其他物质。

2. 食品中来源及存在形式

维生素E在自然界分布广泛，来源充足，蔬菜、谷类及动物性食品中都含有。主要存在于植物中，尤其是以麦胚油、大豆油、玉米油、葵花籽油和花生油中含量最为丰富，以豆油中含量最高，其次是玉米油。维生素E在体内的转运、分布都依赖于 α-维生素E结合蛋白。它是由肝脏合成的，与维生素E结合后，以溶解状态存在于各组织中。

3. 生理功能及缺乏症

维生素E一般不易缺乏，严重的脂类吸收障碍和肝严重损伤可引起缺乏症，表现为红细胞数量减少，脆性增加等溶血性贫血症。偶尔也可引起神经障碍。动物缺乏维生素E时其生殖器官发育受损，甚至不育，但在人类尚未发现因维生素E缺乏所致的不育症。维生素E可以对抗自由基对不饱和脂肪酸的氧化，对生物膜有保护作用，具有抗衰老作用，并在食品上可用作抗氧化剂。

6.2.4　维生素 K

1. 构成及性质

维生素 K 具有促进凝血的功能，故又称凝血维生素。它是具有异戊二烯类侧链的萘醌类化合物，有 K_1 和 K_2 之分。从化学结构上看，维生素 K_1 和维生素 K_2 均是 2-甲基-1，4-萘醌的衍生物，区别仅在于 R 基团不同。维生素 E 的吸收主要在小肠，经淋巴吸收入血，在血液中随 β-脂蛋白运转至肝储存。临床上应用的维生素 K 为人工合成的维生素 K_3、K_4，溶于水，可口服及注射。维生素 K 热稳定性较强，但对光和碱敏感。

2. 食品中来源及存在形式

维生素 K 广泛存在于自然界中。食物中的绿色蔬菜、动物肝脏和鱼类含有较多的维生素 K，其次是牛奶、麦麸、大豆等食物。维生素 K_1 又称植物甲萘醌或绿醌，最初是从苜蓿叶中提取出来的，是黄色油状物，现主要存在于深绿色蔬菜（如甘蓝、菠菜、莴苣等）和植物油中。维生素 K_2 是从腐烂鱼中提取出来的淡黄色晶体，是肠道细菌的产物，人体肠道细菌也可以合成维生素 K_2，故一般不会缺乏。

3. 生理功能及缺乏症

维生素 K 的主要功能是促进凝血因子的合成，维持凝血因子的正常功能。缺乏时凝血时间延长，严重时可发生皮下、肌肉及胃肠道出血。人体一般不缺乏维生素 K，若食物中缺乏绿色蔬菜或大剂量、长时间服用抗生素影响肠道微生物生长，或因消化系统疾病导致脂质吸收障碍，可造成维生素 K 缺乏。此外，大剂量的维生素 K 可以降低动脉硬化的危险。

6.3　维生素构成的辅因子

维生素（vitamin）是维持机体正常生命活动不可缺少的一类小分子有机化合物。维生素可分为脂溶性维生素和水溶性维生素两类。脂溶性维生素有维生素 A、维生素 D、维生素 E、维生素 K 等；水溶性维生素有维生素 B_1、维生素 B_2、维生素 B_6、维生素 B_{12}、维生素 PP、泛酸、生物素、叶酸、硫辛酸、维生素 C 等。维生素分子，特别是水溶性维生素，是构成酶的辅助因子的重要成分。下面举一些有关的例子。

6.3.1　维生素 PP 与 NAD^+、$NADp^+$

维生素 PP 包括尼克酸（又称为烟酸）和尼克酰胺（又称为烟酰胺）两种物质，在体内主要以尼克酰胺的形尼克酰胺式存在。它可组成两种重要的辅酶：核苷酸尼克酰胺腺嘌呤二核苷酸（NAD^+），又称为辅酶 I（CoI）；尼克酰胺腺嘌呤二核苷酸磷酸（$NADP^+$），又称为辅酶 II（Co II）。

NAD^+ 和 $NADP^+$ 都是脱氢酶的辅酶，如乳酸脱氢酶和乙醇脱氢酶以 NAD^+ 为辅酶，6-磷酸葡萄糖脱氢酶和 6-磷酸葡萄糖酸脱氢酶以 $NADP^+$ 为辅酶。这些脱氢酶催化脱氢反应时，NAD^+ 或 $NADP^+$ 中尼克酰胺的吡啶环是接受氢和电子的部位，在还原反应中也是脱氢和电子的部位。

从底物脱下的 2 个氢原子，其中一个 H^+ 和 2 个电子转给 $NAD(P)^+$ 的吡啶环上，使氮原子由五价变成三价，同时环上第 4 位碳原子上接受一个氢原子，成为还原型的 $NAD(P)H$，另一个 H^+ 则释放于环境中。

6.3.2　维生素 B_1 与焦磷酸硫胺素

维生素 B_1 又称为硫胺素，在生物体内经硫胺素激酶催化，可与 ATP 作用转变为焦磷酸硫胺素（TPP）。

食品生物化学

焦磷酸硫胺素才是辅酶形式，可作为丙酮酸或α-酮戊二酸脱羧反应酶的辅酶。催化反应时，硫胺素分子中噻唑环C_2上的氢原子易解出一个质子以形成负碳离子，负碳离子是一个有效的亲核剂，能与α酮酸的α碳原子结合形成中间复合物后进一步脱去CO_2而生成醛。

6.3.3　维生素 B_2 与 FMN、FAD

维生素 B_2 又称为核黄素，是核醇与 6,7-二甲基异咯嗪的缩合物。作为辅酶时，以黄素单核苷酸（FMN）和黄素腺嘌呤二核苷酸（FAD）的形式存在，它们是多种氧化还原酶的辅基。

FMN和FAD在酶催化反应中以分子中异咯嗪环上的N_1与N_{10}上加氢和脱氢参与氧化还原反应。

6.3.4　维生素 B_6 与磷酸吡哆醛

维生素 B 是一类吡啶的衍生物，包括 3 种物质：吡哆醇、吡哆醛和吡哆胺，在生物体内可相互转化。

作为辅酶起作用时，以磷酸酯的形式存在，在氨基酸代谢中发挥重要作用，是氨基酸转氨酶、脱羧酶和消旋酶的辅酶。

磷酸吡哆醛作为辅酶参与氨基酸的反应时，形成Schiff碱（—N＝CH—），然后通过不同酶蛋白的作用而进行转氨、脱羧和消旋等不同的反应。

6.3.5　泛酸与辅酶 A

泛酸是α，γ-二羟基-β，β-二甲基丁酸与β-丙氨酸通过肽键缩合而成的酸性物质，在自然界中分布十分广泛，故又名遍多酸（又称维生素 B_3）。

泛酸是辅酶A的组成成分。在辅酶A（CoA或CoA-SH）中，泛酸以肽键和巯基乙胺结合，同时又以酯键结合一分子ADP，在ADP中核糖第3位碳原子上以酯键联结一分子磷酸基团，其结构如图6-1所示。

图 6-1　辅酶 A(CoA-SH)

CoA是许多酰基转移酶的辅酶，作为酰基转移的载体，与酰基的联结键是由CoA分子中的巯基与酰基形成的硫酯键。

6.3.6 生物素

生物素属水溶性维生素，由带戊酸侧链的噻吩与尿素结合而成。

生物素是多种羧化酶的辅酶，通过其上的羧基与酶蛋白中赖氨酸的 ε 氨基形成酰胺键而相联结。催化反应时，CO_2（以 HCO_3^- 形式）首先结合于尿素环上的一个氮原子，形成酶-生物素—CO_2 复合物。然后再将生物素结合的 CO_2 转给羧化的底物分子，发生羧化反应。

6.3.7 叶酸及其辅酶形式

叶酸是绿叶中含量丰富的维生素，故而得名。它由蝶呤、对氨基苯甲酸与 L-谷氨酸连接而成。

叶酸作为辅酶的形式是其还原后的衍生物四氢叶酸（TH 或 FH4）。

6.3.8 维生素 B_{12} 与辅酶 B_{12}

维生素 B_{12} 分子结构较复杂，含有咕啉环系统、5,6-二甲基苯咪唑、氰基（—CN）和金属离子钴，故又称为氰钴胺素。其辅酶结构形式是氰基被 5'-脱氧腺苷取代后的产物，亦称辅酶 B_{12}，结构如图6-2所示。

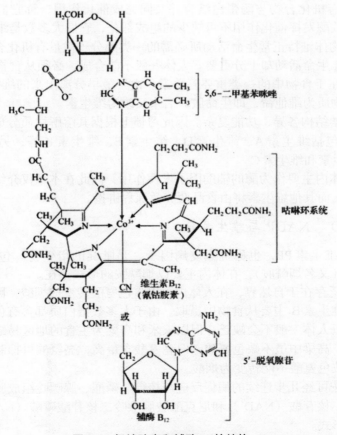

图6-2 氰钴胺素和辅酶 B_{12} 的结构

辅酶B$_{12}$是某些变位酶、甲基转移酶（通常为分子内转移）的辅酶。如动物体内的甲基丙二酸单酰CoA变位酶催化的反应需辅酶B$_{12}$参与。

6.3.9　硫辛酸

硫辛酸是种含硫脂肪酸，有氧化型和还原型两种形式，二者能可逆转变。

硫辛酸可直接作为丙酮酸和α-酮戊二酸脱氢酶复合体中的辅酶，在氧化脱羧过程中起转移酰基和氢原子的作用。

6.3.10　维生素C

维生素C能防治坏血病，故又称为抗坏血酸。维生素C可在分子内形成酯键，有氧化型和还原型两种形式，能可逆转变。

抗坏血酸是脯氨酸羟化酶的辅酶。胶原蛋白中含量较多的羟脯氨酸，由该酶催化形成，故维生素C可促进胶原蛋白的合成。维生素C是种强还原剂，可使巯基酶的巯基处于还原状态而显示活性。

6.4　辅酶与维生素

某些小分子有机化合物与酶蛋白结合并共同完成催化作用，称它们为辅酶（或辅基）。这类化合物是多数酶发挥催化作用不可缺少的组成部分，它们大多数是维生素类。

维生素是生物体维持正常生命活动所必需的一类小分子微量有机化合物。虽然需要量很少，但对维持机体生命活动却十分重要。人体一般不能合成，必须从食物中摄取。

维生素是存在于食物中的一类重要营养素。由于最早分离出来的维生素B$_1$是一种胺类，因此早期称这类物质为维他命，即生命胺，后来又改为维生素。

维生素的化学结构各异，功能复杂。因此习惯上根据其溶解性质分成两大类：一类是脂溶性的维生素，包括维生素A、维生素D、维生素E、维生素K等；另一类是水溶性维生素，包括B族维生素和维生素C。

维生素在机体内主要作为酶的辅助因子发挥作用，因此在本章仅介绍作为辅酶的维生素或类维生素因子，而其他维生素将由食品营养学课程讲授。

6.4.1　NAD$^+$、NADP$^+$与维生素B$_5$

维生素B$_5$名维生素PP，也称抗癞皮病因子，是吡啶的衍生物。包括尼克酸（又名烟酸）和尼克酰胺（又名烟酰胺），在体内主要以烟酰胺的形式存在。

维生素B$_5$广泛存在于自然界，在人体内可以将色氨酸转变成烟酸，因色氨酸为必需氨基酸，因此人体的维生素B$_5$主要从食物中摄取。由于大多数蛋白质都含有色氨酸，一般食物中也富含烟酸，所以人体一般不会缺乏。但以玉米和高粱为主食的地区易缺乏，原因是玉米中色氨酸含量很少，高粱中虽不缺色氨酸，但亮氨酸含量高，亮氨酸可抑制喹啉酸核糖转移酶的活性，因而导致色氨酸不能转变为烟酸。

在体内烟酰胺可经几步连续的酶促反应与核糖、磷酸、腺嘌呤组成脱氢酶的辅酶，包括尼克酰胺腺嘌呤二核苷酸（NAD$^+$）和尼克酰胺腺嘌呤二核苷酸磷酸（NADP$^+$），它们是烟酰胺在体内的活性形式。

NAD$^+$和NADP$^+$在体内参与氧化还原反应，是多种脱氢酶的辅酶，是重要的递氢体。

NAD$^+$也称为辅酶Ⅰ，NADP$^+$也称为辅酶Ⅱ。

6.4.2 FMN、FAD和维生素B$_2$

维生素B$_2$又称核黄素。核黄素的化学结构中含有二甲基异咯嗪和核醇两部分。核黄素为橙黄色针状结晶，它的异咯嗪环上的第1位及第10位氮原子处具有两个活泼的双键，此处可接受或释放氢，因而具有氧化还原性，在机体内起传递氢的作用。

核黄素有黄素单核苷酸（FMN）和黄素腺嘌呤二核苷酸（FAD）两种形式，FMN及FAD是体内一些氧化还原酶（主要是黄素蛋白类）的辅酶，如琥珀酸脱氢酶等。

维生素B$_2$在酸性和中性环境中对热稳定，在碱性环境中易被破坏。

6.4.3 辅酶A和维生素B$_3$

维生素B$_3$又叫泛酸、遍多酸，因在自然界广泛存在而得名。它是由β-丙氨酸依靠肽键与α，γ-二羟基-β，β-二甲基丁酸脱水缩合成的有机酸。

泛酸在肠内被吸收进入人体后，与巯乙胺和3'-磷酸-AMP缩合而生成辅酶A（CoA）结构见图6-3。

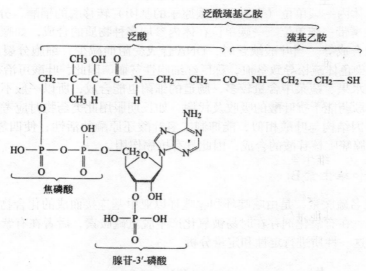

图6-3 辅酶A的结构

在体内，辅酶A是酰基转移酶的辅酶，在代谢途径中起转移酰基的作用。因泛酸广泛存在于生物界，所以一般不出现缺乏症，辅酶A的活性部位是在—SH上，故通常以HSCoA表示。辅酶A可用作白细胞减少症、肝炎、动脉硬化等疾病的辅助药物。

6.4.4 四氢叶酸和维生素B$_{11}$

维生素B$_{11}$又称叶酸，因植物的绿叶中含量十分丰富而得名，由蝶酸和谷氨酸组成（见图6-4）。人体不能合成对氨基苯甲酸，也不能将谷氨酸接到蝶酸上去，所以人体所需要的叶酸需从食物中供给。

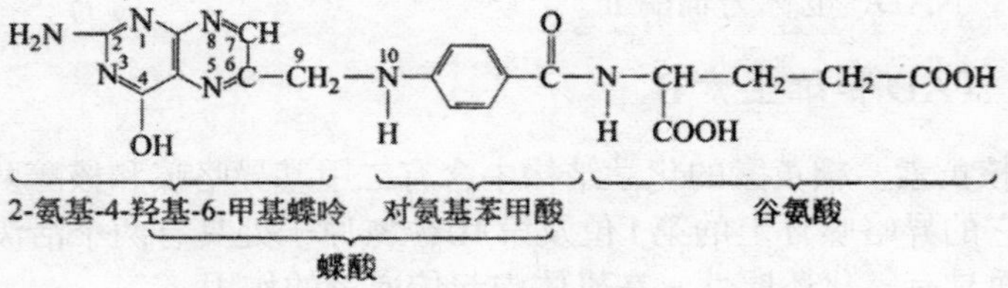

图6-4 叶酸的结构

叶酸溶于水，见光易失去生理活性，在中性、碱性溶液中对热稳定。叶酸在小肠上段被吸收，在十二指肠及空肠上皮黏膜细胞中含叶酸还原酶（辅酶为NADPH），在该酶的作用下，叶酸可转变成叶酸的活性形式四氢叶酸（FH₄或THFA），其结构见图6-5。

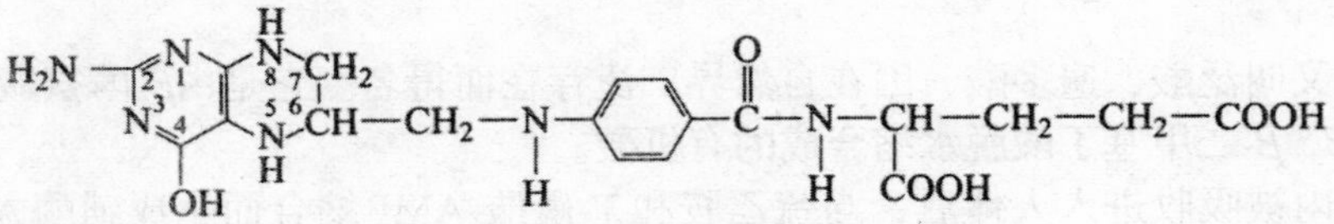

图6-5 四氢叶酸的结构

四氢叶酸是体内一碳单位（含有一个碳原子的基团）转移酶的辅酶，分子内部第5位和第10位N原子能携带一碳单位。一碳单位在体内参加多种物质的合成，如嘌呤、胸腺嘧啶核苷酸、蛋氨酸的合成等。当叶酸缺乏时，DNA合成受阻而减少，细胞分裂速度降低，细胞体积增大，核内染色体疏松导致贫血，称巨红细胞性贫血。因此，叶酸可治疗该类贫血症。

叶酸在肉及水果、蔬菜中含量较多，肠道的细菌也能合成，所以一般不发生缺乏症。口服避孕药或抗惊厥药能干扰叶酸的吸收及代谢，如长期服用此类药物时应考虑补充叶酸。抗癌药物甲氨蝶呤因结构与叶酸相似，能抑制二氢叶酸还原酶的活性，使四氢叶酸合成减少，进而抑制体内胸腺嘧啶核苷酸的合成，因此具有抗癌作用。

6.4.5　PP和维生素B₁

维生素B₁又名硫胺素，是由嘧啶环和噻唑环以亚甲基连接而成的化合物（见图6-6）。硫胺素为白色结晶，在有氧化剂存在时易被氧化产生脱氢硫胺素，后者在有紫外线照射时呈蓝色荧光，可利用这一性质进行定性和定量分析。

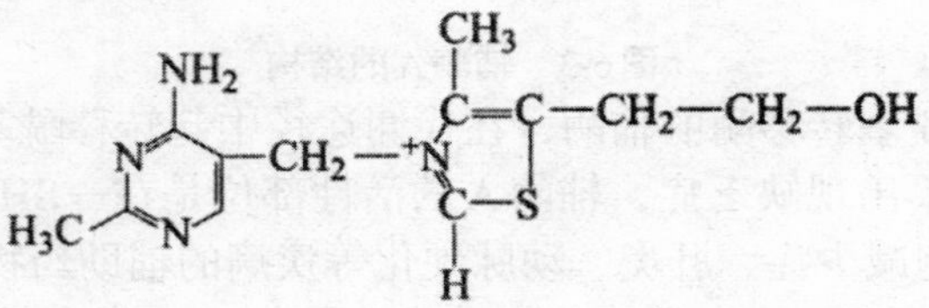

图6-6 硫胺素的结构

维生素B₁易被小肠吸收，入血后主要在肝及脑组织中经硫胺素焦磷酸激酶作用生成焦磷酸硫胺素（TPP）（见图6-7），为存在于体内的活性形式。

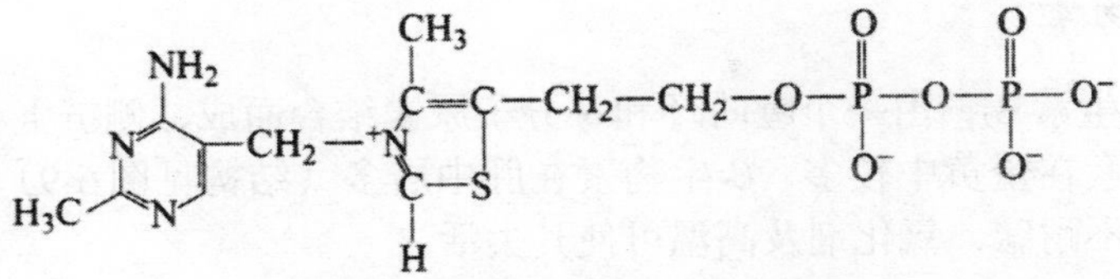

图6-7 焦磷酸硫胺素的结构

TPP是脱羧酶的辅酶，主要参与糖代谢中α-酮酸的氧化脱羧作用。所以维生素B_1缺乏时，代谢中间产物α-酮酸氧化脱羧反应发生障碍，血中的丙酮酸堆积，可导致末梢神经炎及其他神经病变，严重时主要表现为心跳加快，下肢沉重，手足麻木，并有类似蚂蚁在上面爬行的感觉。所以维生素B_1又称为抗神经炎维生素。

维生素B_1主要存在于种子外皮及胚芽中，对谷物加工过于精细可造成其大量丢失。脚气病主要发生在高糖饮食及食用高度精细加工的米、面的人群中。此外，因慢性酒精中毒而不能摄入其他食物时也可发生维生素B_1缺乏，初期表现为末梢神经炎、食欲减退等，进而可发生浮肿、神经肌肉变性等。

6.4.6 磷酸吡哆素与维生素B_6

维生素B_6又名吡哆素，包括吡哆醇、吡哆醛和吡哆胺三种物质（见图6-8）。维生素B_6为无色晶体，在酸性条件下稳定，对光和碱性条件敏感，遇高温易被破坏，易溶于水和乙醇，微溶于脂质溶剂。

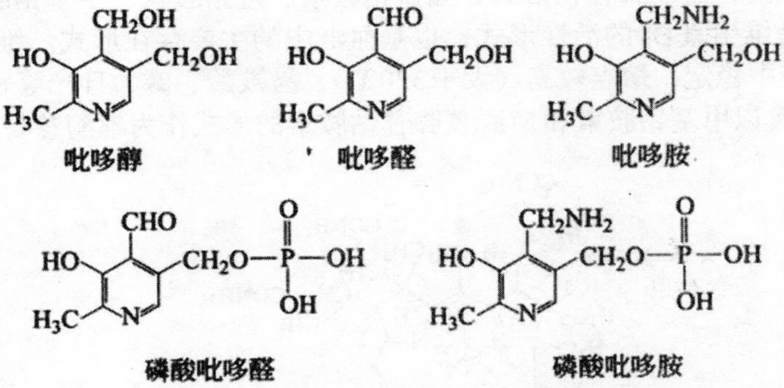

吡哆醇　　　　　　吡哆醛　　　　　　吡哆胺

磷酸吡哆醛　　　　　　　磷酸吡哆胺

图6-8 维生素B_6及其辅酶的结构

维生素B_6在体内常以磷酸酯的形式存在，构成磷酸吡哆醇、磷酸吡哆醛和磷酸吡哆胺（见图6-8）。磷酸吡哆醛和磷酸吡哆胺是多种酶的辅酶，主要参与氨基酸的代谢。

磷酸吡哆醛是氨基酸代谢中的转氨酶及脱羧酶的辅酶，可促进谷氨酸脱羧生成γ-氨基丁酸。γ-氨基丁酸是一种抑制性神经递质，能抑制脑组织的兴奋。磷酸吡哆醛还是血红素合成限速酶的辅酶，所以，维生素B_6缺乏时可造成低血色素小细胞性贫血。

因食物中富含维生素B_6，同时肠道微生物可合成维生素B_6，因此人类很少发生维生素B_6缺乏症。但异烟肼能与磷酸吡哆醛结合，使其失去辅酶的作用，结核病患者长期服用异烟肼时需要补充维生素B_6。

6.4.7　生物素

生物素即维生素B_7，由一个噻吩环和一分子尿素结合而成，侧链上有戊酸。生物素主要有两种，α-生物素在蛋黄中较多，β-生物素在肝中居多（结构见图6-9）。生物素为无色针状结晶体，耐酸而不耐碱，氧化剂及高温可使其失活。

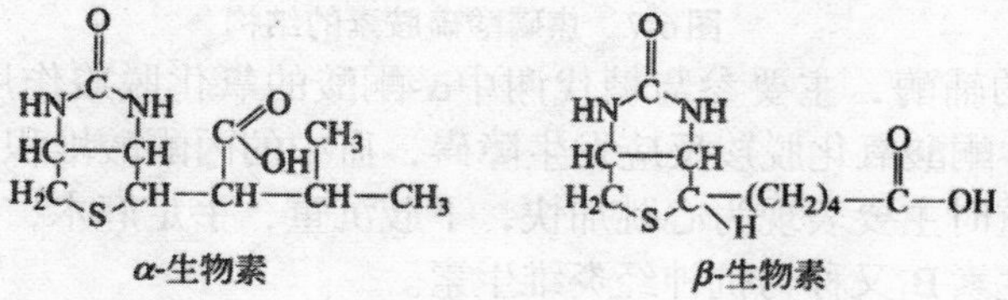

图 6-9　生物素的结构

生物素是体内多种羧化酶的辅酶，如丙酮酸羧化酶，为CO_2的传递体。

生物素来源极广泛，人体肠道细菌也能合成，很少出现缺乏症。新鲜鸡蛋中有一种抗生物素蛋白，它能与生物素结合使其失去活性并不被吸收，蛋清加热后这种蛋白被破坏，也就不再妨碍生物素的吸收。长期服用抗生素可抑制肠道细菌生长，也可能造成生物素的缺乏，主要症状是疲乏、恶心、呕吐、食欲不振、皮炎及脱屑性红皮病。

6.4.8　维生素B_{12}

维生素B_{12}又称氰钴胺素（结构见图6-10），是唯一含金属钴的维生素。维生素B_{12}在体内因结合的基团不同，有多种存在形式，如氰钴胺素、羟钴胺素、甲基钴胺素和5-脱氧腺苷钴胺素，后两者是维生素B_{12}的活性形式，也是血液中的主要存在形式。维生素B_{12}是深红色的晶体，在水溶液中稳定，熔点较高（大于320℃），易被酸、碱、日光等破坏。

维生素B_{12}通常以甲基钴胺素和5'-脱氧腺苷钴胺素的形式作为辅酶参与代谢。

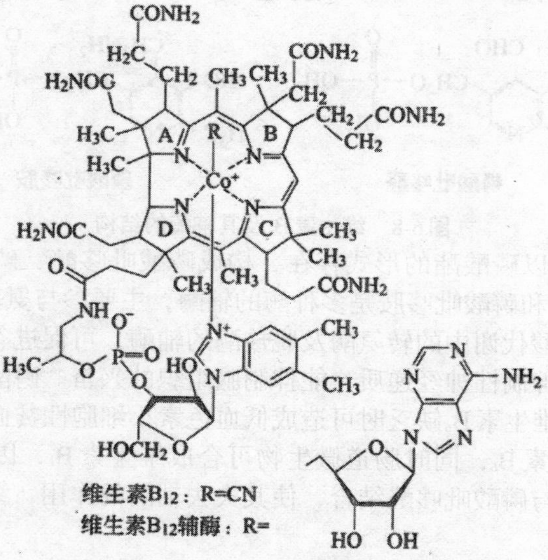

维生素B_{12}：R=CN
维生素B_{12}辅酶：R=

图 6-10　维生素B_{12}及辅酶的结构

体内的维生素 B_{12} 参与 DNA 的合成，因此维生素 B_{12} 缺乏会导致核酸的合成障碍，影响细胞分裂，结果发生巨幼红细胞贫血症，也称恶性贫血症。

维生素 B_{12} 多存在于动物的肝中，瘦肉、鱼及蛋类食物中含量丰富。且人和动物肠道细菌均能合成，很难发生维生素 B_{12} 缺乏症。个别维生素 B_{12} 缺乏症患者常见于有严重吸收障碍疾病的人及长期素食者。

6.4.9　硫辛酸

硫辛酸是少数不属于维生素的辅酶，是酵母及一些微生物的生长因子，硫辛酸有氧化型和还原型两种形式，它们之间可以相互转化，其反应式如下：

硫辛酸是丙酮酸脱氢酶系和 α-酮戊二酸脱氢酶系的辅酶之一，起递氢和转移酰基的作用。

硫辛酸在肝和酵母中含量丰富。在食物中硫辛酸与维生素 B_1 同时存在。

6.4.10　辅酶 Q

辅酶 Q 亦称泛醌，是不属于维生素类的辅酶，存在于线粒体中，是呼吸链的组成成分。辅酶 Q 在氧化还原反应过程中的结构状态如下：

常见的辅酶 Q 的侧链含有 10 个异戊烯结构单元（$n=10$），所以通常称为辅酶 Q_{10}。辅酶 Q 的主要功能是作为线粒体呼吸链氧化还原酶的辅酶而传递电子。

113

第7章 生物氧化

7.1 概述

7.1.1 生物氧化的概念

有机物质在生物体内进行的氧化作用称为生物氧化。是指有机分子在生物体内氧化分解成二氧化碳和水并释放出能量形成 ATP 的过程。生物氧化实际上是需氧细胞呼吸作用中的一系列氧化-还原反应，所以又称为细胞氧化或细胞呼吸，有时也称为组织呼吸。

7.1.2 生物氧化的方式

1. 有氧氧化和无氧氧化

生物氧化并不是一定要在有氧的条件下才能够进行，在无氧条件下也可以进行。生物氧化包括有氧氧化和无氧氧化两种方式，它们之间的主要区别是氧化过程中电子的受体不同。需氧生物和兼性好氧生物在有氧条件下，以氧作为最终电子受体所进行的氧化过程称为有氧氧化，即有氧氧化中氧作为最终电子受体。如一分子葡萄糖彻底氧化成二氧化碳和水，要失去 12 对电子，这 12 对电子的最终受体是 6 个氧分子，生成 6 个二氧化碳和 6 个水。

厌氧生物和兼性好氧生物在无氧条件下，最终的电子受体不是氧，而是分解代谢中产生的某种中间产物，或者是某些外源性电子受体，如硝酸盐、亚硝酸盐等。这种不需要氧参与的生物氧化过程称为无氧氧化。即无氧氧化中以一些氧化型物质作为最终的电子受体，实际上是发酵过程。如以葡萄糖为碳源进行的乙醇发酵，是以乙醛作为最终电子受体形成发酵产物乙醇。

需氧生物的某些细胞或组织在某种条件下也能进行无氧氧化，如在剧烈运动时，由于氧气的供给相对不足，造成动物的肌肉细胞处于相对的厌氧条件，葡萄糖不能彻底氧化成二氧化碳和水，而是进行了乳酸发酵，即葡萄糖氧化过程失去的电子是以其代谢的中间产物（两个丙酮酸）作为最终受体，形成两个乳酸，电子只在分子内的碳原子之间传递，能量的利用率很低，大部分能量还保存在发酵产物分子中。

2. 生物氧化过程和方式

生物氧化的过程实际上就是有机分子在生物体内进行氧化反应、分解成二氧化碳和水并释放出能量形成 ATP 的过程，生物氧化的一般过程包括脱氢、脱羧和水的生成，其中伴随着 ATP 的形成。主要方式如下。

（1）脱氢——生物氧化的主要方式。

氧化反应有以下几种形式：

失电子：如 $Fe^{2+} \rightarrow Fe^{3+} + e^-$，$Fe^{2+}$ 失去电子被氧化

加氧：如 $R—CHO + 1/2 O_2 \rightarrow RCOOH$，醛分子加氧，氧化形成酸

脱氢：如 $RCH_2OH \rightarrow RCHO + 2H$，醇分子脱氢，氧化形成醛

进行生物氧化的代谢物分子大多是有机物，它们在氧化时除了失去电子外，还要失去质

子，一个电子和一个质子相当于一个氢原子，所以生物氧化反应往往是以脱氢为主要氧化方式，并且总是同时包含两个电子的转移。

（2）脱羧——二氧化碳的生成。

生物氧化过程中有机物中的碳最终形成二氧化碳，依据代谢物和氧化分解途径不同，氧化碳的形成有以下几种方式：

① α-直接脱羧；

② β-直接脱羧；

③ α-氧化脱羧；

④ β-氧化脱羧。

（3）耗氧——水的生成。

生物氧化过程的最后阶段是分子氧作为电子的最终受体，接受生物氧化中有机物分子中失去的电子和质子形成水。这一过程往往需要一系列的电子传递过程，并伴随着ATP的生成。

7.1.3 生物氧化的特点

在化学本质上，生物氧化和物质在体外的氧化都是相同的，都是电子的得失，一种物质失去电子被氧化，另一种物质得到电子被还原，氧化和还原总是同时发生。

但与体外的氧化还原反应比较，虽然有机物的氧化终产物都是二氧化碳和水，二者所进行的方式却大不相同。生物氧化具有以下一些不同的特点。

1. 在细胞内进行，条件温和

生物氧化是在细胞内进行的，反应条件温和（在体温及近于中性pH条件下进行）。

2. 由酶催化分阶段逐步进行，能量逐步释放

生物氧化所包括的化学反应几乎都是在酶催化下完成的，通过酶的催化作用，有机分子发生一系列的化学变化，在此过程中逐步氧化并释放能量。这种逐步分次的放能方式，不会引起体温的突然升高，而且可使放出的能量得到最有效的利用。与此相反，有机分子在体外燃烧需要高温，而且一次性地产生大量的光和热。

3. 释放的化学能转换成ATP

在生物氧化过程中产生的能量一般都贮存在一些特殊的化合物中，主要是以高能磷酸酯键的形式贮存在ATP中。电子由还原型辅酶传递到氧的过程中，形成的大量ATP占全部生物氧化产生能量的绝大部分。例如，一个葡萄糖分子氧化时生成30个ATP分子，其中26个是还原型辅酶氧化时得到的。

4. 受调节控制

生物氧化过程受到生物体的精确调控，这种调控决定了生物体中生物氧化速率能正好满足生物体对ATP的需要。

7.2 线粒体氧化体系

在具有线粒体的生物中，代谢物所含的氢，通过相应的脱氢酶激活后脱落，经过一系列传递体的传递，与激活的氧结合生成水。

7.2.1 呼吸链及其组成成分

1. 呼吸链

氧化体系的主要功能是使代谢物脱下的氢经一系列酶或辅酶（基）的传递，最后与激活的氧结合生成水，同时逐步释放能量，使ADP磷酸化生成ATP，将能量贮存于ATP中；起传递氢或电子作用的酶或辅酶（基）称为电子传递体，它们按一定的顺序排列在线粒体内膜上，组成递氢或递电子体系，称为电子传递链。该体系进行的一系列连锁反应与细胞摄取氧的呼吸过程相关，故又称为呼吸链。体内主要的呼吸链有两条，即NADH氧化呼吸链和FADH₂氧化呼吸链。

2. 呼吸链的主要组分

现已发现组成呼吸链的成分主要分为5类，包括：①烟酰胺脱氢酶；②黄素脱氢酶；③铁硫蛋白；④泛醌；⑤细胞色素。它们都是疏水性分子，除泛醌外，其他组分都是蛋白质，通过其辅酶（基）的可逆氧化还原传递氢或电子。其结构简介如下。

（1）烟酰胺脱氢酶。催化代谢物的脱氢反应，以NAD^+或$NADP^+$为辅酶（基）的不需氧脱氢酶，目前已达200多种。

NAD^+（$NADP^+$）的主要功能是接受从代谢物上脱下的2H（$2H^+ + 2e^-$），然后传给另一个传递体黄素蛋白。在生理pH条件下，烟酰胺中的氮（吡啶氮）为五价的氮，它能可逆地接受电子而成为三价氮，与氮对位的碳也较活泼，能可逆地加氢还原，故可将NAD^+（$NADP^+$）视为递氢体。反应时，NAD^+（$NADP^+$）的烟酰胺部分可接受一个氢原子及一个电子，尚有一个质子（H^+）留在介质中。

NAD⁺或NADP⁺
（氧化型）
NADH或NADPH
（还原型）

烟酰胺腺嘌呤二核苷酸磷酸（$NADP^+$），它与NAD^+的不同之处是在腺苷酸部分中核糖的2'位碳上羟基的氢被磷酸基取代。当此类酶催化代谢物脱氢后，其辅酶（基）$NADP^+$接受氢而被还原生成$NADPH + H^+$，它必须经吡啶核苷酸转氢酶作用将还原当量转移给NAD^+，才能经呼吸链传递。$NADPH + H^+$一般是为合成代谢或羟化反应提供氢。

（2）黄素蛋白。黄素蛋白种类很多，其辅酶（基）有两种，一种为黄素单核苷酸（FMN），另一种为黄素腺嘌呤二核苷酸（FAD），在FAD、FMN分子中的异咯嗪部分可以进行可逆的脱氢加氢反应。

FAD(FMN)
FADH₂(FMNH₂)

FAD 或 FMN 与酶蛋白部分通过非共价键相连，但结合牢固，因此氧化与还原（即电子的失与得）都在同一个酶蛋白上进行，黄素核苷酸的氧化还原电位取决于和它们结合的蛋白质，所以有关的标准还原电位指的是特定的黄素蛋白，而不是游离的 FMN 或 FAD；在电子转移反应中它们只是在黄素蛋白的活性中心部分，而其本身不能作为代谢物或产物，这和 NAD^+ 不同，NAD^+ 与酶蛋白结合疏松，当与某酶蛋白结合时可以从代谢物接受氢，而被还原为 $NADH+H^+$，后者可以游离，再与另一种酶蛋白结合，释放氢后又被氧化为 NAD^+。

多数黄素蛋白参与呼吸链组成，与电子转移有关，如 NADH 脱氢酶以 FMN 为辅基，是呼吸链的组分之一，介于 NADH 与其他电子传递体之间；琥珀酸脱氢酶、线粒体内的甘油磷酸脱氢酶的辅基为 FAD，它们可直接从代谢物转移还原当量 $H^+ + e^1$ 到呼吸链。此外脂酰 CoA 脱氢酶与琥珀酸脱氢酶相似，亦属于以 FAD 为辅基的黄素蛋白类，也能将还原当量从代谢物传递进入呼吸链，但中间尚需另一电子传递体[称为电子转移黄素蛋白（ETFP，辅基为 FAD）]参与才能完成。

（3）铁硫蛋白（iron sulfur protein，Fe-S）。铁硫蛋白又称铁硫中心，其特点是含铁原子。铁与无机硫原子或蛋白质肽链上半胱氨酸残基的硫相结合。常见的铁硫蛋白有三种组合方式：①单个铁原子与 4 个半胱氨酸残基上的巯基硫相连；②2 个铁原子、2 个无机硫原子组成（2Fe-2S），其中每个铁原子还各与两个半胱氨酸残基的巯基硫相结合；③4 个铁原子与 4 个无机硫原子相连（4Fe-4S），铁与硫相间排列在一个正六面体的 8 个顶角端，此外 4 个铁原子还各与一个半胱氨酸残基上的巯基硫相连（见图 7-1）。

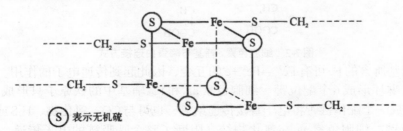

图 7-1　铁硫蛋白

铁硫蛋白中的铁可以呈二价（还原型），也可呈三价（氧化型），由于铁的氧化、还原而达到传递电子作用。在呼吸链中它多与黄素蛋白或细胞色素 b 结合存在。

（4）泛醌（UQ 或 Q）。泛醌亦称辅酶 Q，为一脂溶性苯醌，带有一条很长的侧链，是由多个异戊二烯（isoprene）单位构成的。不同来源的泛醌其异戊二烯单位的数目不同，在哺乳类动物组织中最多见的泛醌其侧链由 10 个异戊二烯单位组成。

泛醌接受一个电子和一个质子还原成半醌，再接受一个电子和一个质子则还原成二氢泛醌，后者又可脱去电子和质子而被氧化恢复为泛醌。

（5）细胞色素体系。1926 年，Keilin 首次使用分光镜观察昆虫飞翔肌振动时，发现有特殊的吸收光谱，因此把细胞内的吸光物质定名为细胞色素。细胞色素是一类含有铁卟啉辅基的色蛋白，属于递电子体。线粒体内膜中有细胞色素 b、c_1、c、aa_3，肝、肾等组织的微粒体中有细胞色素 P_{450}。细胞色素 b、c_1、c 为红色细胞素，细胞色素 aa_3 为绿色细胞素。不同的细胞色素具有不同的吸收光谱，不但其酶蛋白结构不同，辅基的结构也有一些差异。

细胞色素 c 为一外周蛋白，位于线粒体内膜的外侧。细胞色素 c 比较容易分离提纯，其结构已清楚，如哺乳动物的 Cytc 由 104 个氨基酸残基组成。

Cytc 的辅基血红素（亚铁原卟啉）通过共价键（硫醚键）与酶蛋白相连（如图 7-2），其余各种细胞色素中辅酶与酶蛋白均通过非共价键结合。细胞色素 aa_3 可将电子直接传递给氧，因此又称为细胞色素氧化酶。

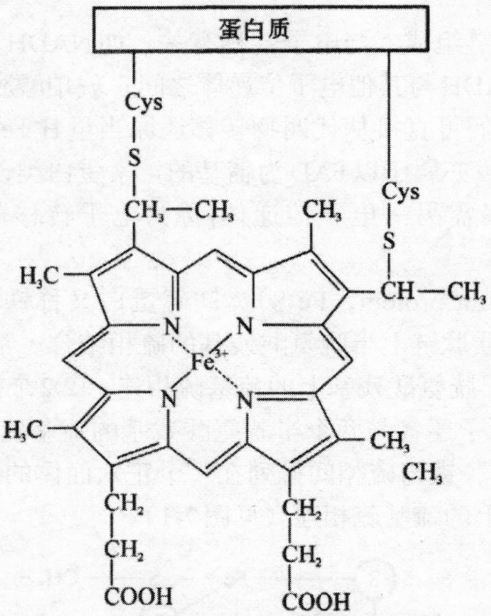

图 7-2　细胞色素 c 辅基与酶蛋白连接方式

铁卟啉辅基所含的 Fe 可有 $Fe^{2+} \rightarrow Fe^{3+} + e^-$ 的互变，因此起到传递电子的作用。铁原子可以和酶蛋白及卟啉环形成 6 个配位键。细胞色素 aa_3 和 P_{450} 辅基中的铁原子只形成 5 个配位键，还能与氧再形成一个配位键，将电子直接传递给氧，也可与 CO、氰化物、H_2S 或叠氮化合物形成一个配位键。细胞色素 aa_3 与氰化物结合阻断了整个呼吸链的电子传递，引起氰化物中毒。

7.2.2　呼吸链的排列顺序

在真核细胞的线粒体中，呼吸链由若干递氢体或递电子体按一定顺序排列组成。这些递氢体或递电子体往往以复合体的形式存在于线粒体内膜上。整个电子传递链主要由 4 个蛋白质复合体依次传递电子来合成 ATP。用脱氧胆酸等反复处理线粒体内膜，可将呼吸链分离并得到 4 种仍具有传递电子功能的酶复合体，其中复合体 I、III、IV 完全镶嵌在线粒体内膜中，复合体 II 镶嵌在内膜的内侧。

呼吸链中各种电子传递体按一定顺序排列，目前普遍接受的呼吸链排列顺序如图 7-3。

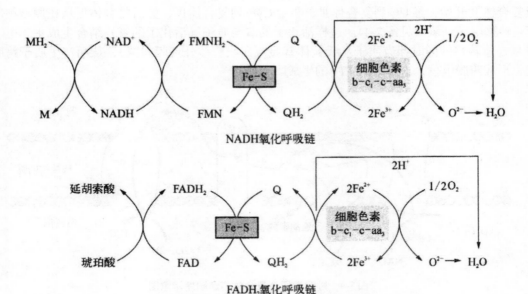

NADH氧化呼吸链

FADH₂氧化呼吸链

图7-3　线粒体内两条呼吸链的排列顺序

1. 复合体的组成

（1）复合体Ⅰ，NADH-泛醌还原酶。复合体Ⅰ，包括呼吸链中NAD⁺到泛醌间的组分又称NADH脱氢酶复合体，为一巨大的黄素蛋白复合物，包括至少34个多肽链，其中有黄素蛋白（以FMN为辅基）及铁硫蛋白。整个复合体嵌在线粒体内膜上，其NADH结合面朝向线粒体基质，这样就能与基质内经脱氢酶催化产生的NADH+H⁺相互作用。NADH+H⁺脱下的氢经复合体Ⅰ中FMN、铁硫蛋白等传递给UQ，与此同时伴有质子从线粒体基质转移至线粒体外（膜间隙）。

（2）复合体Ⅱ，琥珀酸-泛醌还原酶。复合体Ⅱ，介于代谢物琥珀酸到泛醌之间，即琥珀酸脱氢酶复合体，它是三羧酸循环中唯一的膜结合蛋白质，至少含有4种不同的蛋白质，其中一种蛋白质通过共价结合一个FAD和一个铁硫蛋白（以4Fe-4S为主），还原当量（2H）从琥珀酸到FAD，然后经铁硫蛋白传递至UQ。

UQ为脂溶性，分子较小且不与任何蛋白结合，在线粒体内膜呼吸链不同组分间可以穿梭游动传递电子。UQ接受复合体Ⅰ或Ⅱ的氢后将质子（H⁺）释放入线粒体基质中，将电子传递给复合体Ⅲ。

（3）复合体Ⅲ，泛醌-细胞色素c还原酶。复合体Ⅲ，主要包括UQ到细胞色素c间的呼吸链组分，亦称细胞色素b-细胞色素c_1复合体，或泛醌-细胞色素c氧化还原酶，含细胞色素b（$Cytb_{562}$、b_{566}）、细胞色素c_1、铁硫蛋白以及其他多种蛋白质。复合体Ⅲ在UQ和细胞色素c之间传递电子，与此同时伴有质子从线粒体基质转移至线粒体外（膜间隙）。

Cytc相对分子质量较小，与线粒体内膜结合疏松，是除UQ外另一个可在线粒体内膜外侧移动的递电子体，有利于将电子从复合体Ⅲ传递到复合体Ⅳ。

（4）复合体Ⅳ，细胞色素c氧化酶。复合体Ⅳ，亦称细胞色素氧化酶，包括细胞色素a及a_3，电子从细胞色素c通过复合体Ⅳ到氧，同时引起质子从线粒体基质向膜间隙移动。

代谢物氧化后脱下的质子及电子通过以上四个呼吸链复合体的传递顺序为：从复合体Ⅰ

或复合体Ⅱ开始，经UQ到复合体Ⅲ，再经Cytc到复合体Ⅳ，然后复合体Ⅳ从还原型细胞色素a_3转移电子到氧（见图7-4）。这样活化了的氧与质子（活化了的氢）结合生成水。电子通过复合体转移的同时伴有质子从线粒体基质流向线粒体外（膜间隙），从而产生质子跨膜梯度，形成跨膜电位，这样导致ATP的生成。

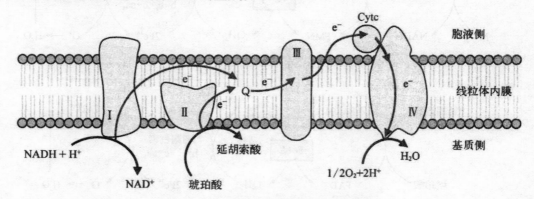

图7-4　呼吸链四个复合体传递顺序示意图

2. 两条呼吸链的排列顺序

（1）NADH氧化呼吸链。NADH氧化呼吸链是由NADH、黄素蛋白、铁硫蛋白、泛醌和细胞色素组成，体内多种代谢物如苹果酸、乳酸等脱下的氢均是通过这条呼吸链传递给氧生成水。NADH呼吸链是体内最常见的一条重要呼吸链，其组成及排列顺序为，$NADH+H^+$脱下的氢传递给复合体Ⅰ，经UQ到复合体Ⅲ，再经Cytc，最后到复合体Ⅳ，将电子传递给氧（见图7-3、图7-4）。

代谢物在相应脱氢酶催化下，脱下2H，交给NAD^+生成$NADH+H^+$，后者又在NADH脱氢酶复合体作用下，经FMN传递给UQ生成UQH_2。UQH_2在复合体Ⅲ（亦称泛醌-细胞色素c氧化还原酶）作用下脱下2H（$2H^++2e^-$），其中$2H^+$游离于介质中，而$2e^-$则首先由Cytb的Fe^{3+}接受还原成Fe^{2+}，并沿着$b \to c_1 \to c \to aa_3 \to O_2$的顺序逐步传递给氧生成$O^{2-}$，$O^{2-}$可与游离于介质中的$2H^+$结合生成水。

（2）琥珀酸氧化呼吸链（$FADH_2$氧化呼吸链）。$FADH_2$氧化呼吸链由黄素蛋白（以FAD为辅基）、泛醌和细胞色素组成。糖代谢中的代谢物琥珀酸脱下的氢，通过这条呼吸链传递给氧生成水。其与NADH氧化呼吸链的区别在于脱下的2H不经过NAD^+这一环节，除此之外，其氢与电子传递过程均与NADH氧化呼吸链数目相同（见图7-3、图7-4）。

7.2.3　呼吸链抑制剂

能够阻断呼吸链中某一特定部位电子传递的物质称为电子传递抑制剂或呼吸链抑制剂。利用专一性电子传递抑制剂选择性地阻断呼吸链中某个传递步骤，再测定链中各组分的氧化—还原状态，是研究电子传递链顺序的重要方法。常见的呼吸链抑制剂及其抑制位点见图7-5。

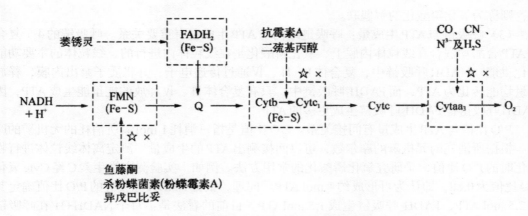

图7-5 电子传递链抑制剂及抑制剂的作用部位

抑制剂鱼藤酮和异戊巴比妥等可切断NADH到UQ之间的电子流，鱼藤酮是植物源的杀虫剂，有极强的毒性；来自淡灰链丝菌的抗霉素A可切断细胞色素b至c_1的电子流；氰化物（CN^-）、CO是阻断细胞色素aa_3至氧的电子传递抑制剂，萎锈灵可切断$FADH_2$呼吸链中$FADH_2$与UQ之间的电子流。

7.2.4 氧化磷酸化作用

1. ATP的生成

在机体能量代谢中，ATP的生成有两种方式，即底物水平磷酸化和氧化磷酸化。其中氧化磷酸化是细胞内ATP生成的主要方式。

（1）底物水平磷酸化。底物水平磷酸化指在被氧化的底物上发生的磷酸化作用，即在底物被氧化的过程中，形成了某些高能化合物，这些高能化合物放能的同时，伴有ADP磷酸化生成ATP。底物水平磷酸化与呼吸链的电子传递无关。以下反应就是通过底物水平磷酸化产生ATP。

$$1，3-二林磷酸甘油+ADP+Pi \xrightarrow{3-磷酸甘油酸激酶} 3-磷酸甘油酸+ATP$$
（高能磷酸化合物）

通过底物水平磷酸化形成ATP在体内所占比例很小，如1 mol葡萄糖彻底氧化产生的30（或32）mol ATP中只有4 mol由底物水平磷酸化产生，其余ATP均是通过氧化磷酸化产生。

（2）氧化磷酸化。代谢物氧化脱氢经呼吸链传递给氧生成水的同时，释放能量用以使ADP磷酸化成为ATP，由于是代谢物的氧化反应与ADP的磷酸化反应偶联发生，故称为氧化磷酸化。

氧化磷酸化是体内生成ATP的主要方式，在糖、脂等氧化分解代谢过程中除少数外，几乎全通过氧化磷酸化生成ATP。如果只有代谢物的氧化过程，而不伴随有ADP磷酸化的过程，则称为氧化磷酸化的解偶联。

（3）呼吸链与ATP生成量：呼吸链结构与ATP生成量有重要关系。呼吸链的4个复合物及ATP合酶均嵌合在线粒体内膜上，氧化磷酸化是在线粒体内进行的，线粒体的主要功能是氧化供能。NADH呼吸链中，复合体Ⅰ、Ⅲ、Ⅳ通过传递电子，并将质子泵出内膜，释放的能量均能转化为ATP，而FADH₂呼吸链中，只有复合体Ⅲ、Ⅳ释放的能量能生成ATP，因此NADH呼吸链比FADH₂呼吸链生成更多的ATP。

P/O比值与ATP生成量有间接关系。P/O比值是指每消耗1 mol氧所消耗的无机磷的摩尔数。根据所消耗的无机磷的摩尔数，可以间接测出ATP的生成量。测定离体线粒体进行物质氧化时的P/O比值，是研究氧化磷酸化的常用方法。例如，实验测定维生素C经Cytc氧化的P/O比值为0.88，即认为可形成约1 mol ATP。同理，根据NADH呼吸链的P/O比值确定其生成2.5 mol ATP，FADH₂呼吸链生成1.5 molATP。目前的看法是：每个NADH+H⁺在呼吸链传递过程中，能将10个H⁺泵出线粒体内膜，FADH₂泵出6个，而每驱动合成1分子ATP需要4个H⁺，由此推算：NADH呼吸链生成2.5 mol ATP，FADH₂呼吸链生成1.5 mol ATP。

通过自由能的变化值可以计算ATP的生成量。在呼吸链中各电子对的标准氧化还原电位E'^{θ}的不同，实质上就是能级的不同。自由能的变化可以从平衡常数计算，也可以由反应物及反应产物的氧化还原电位计算。氧化还原电位和自由能的关系可由下列公式计算：

$$G'^{\theta} = -n\mathrm{F}\Delta E'^{\theta}$$

式中，$\Delta G'^{\theta}$代表反应的自由能，单位为kJ/mol，n为电子转移数，F为法拉第常数，值为96.49kJ/V，$\Delta E'^{\theta}$为电位差值。

根据以上公式和呼吸链中各个复合体间的电位差值，可以计算从NADH到UQ，从UQ到Cytc，以及从Cytaa₃到O₂的G'^{θ}值，分别为−70.44 kJ/mol、−38.60 kJ/mol和−100.35 kJ/mol。每合成1 mol ATP需能30.52 kJ/mol，这三个部位所产生的能量均大于30.52 kJ/mol，说明这三个部位均可生成ATP。

（4）氧化磷酸化作用的机理：关于氧化与磷酸化作用的偶联，先后有三个学说，即化学偶联学说、构象变化学说和化学渗透学说。

化学偶联学说由E.Slater于1953年提出，认为在电子传递中，生成高能中间物，高能中间物裂解时释放能量驱动生成ATP，但是至今没有发现所说的高能中间物。

构象变化学说由P.Boyer于1964年提出，认为电子传递使线粒体内膜蛋白质分子发生了构象变化，驱动了ATP的生成。1994年，J.Walke等发表了0.28 nm分辨率的牛心线粒体F₁-ATP合酶的晶体结构，表明ATP合酶含有像球状把手的F1头部和横跨内膜的基底部分F₀，及将头部和底部连接起来的柄三个部分。

化学渗透学说，P.Mitchell于1961年创立，目前已被普遍接受。其基本要点是电子经呼吸链传递的同时，可将质子从线粒体内膜的基质侧泵到内膜外，线粒体内膜不允许质子自由回流，因此造成膜内、外的电化学梯度，这里既有H⁺浓度的梯度，又有跨膜电位差，这种电化学梯度的形成可看作能量的贮存，当质子顺梯度回流时则驱动ADP与Pi合成ATP。呼吸链各组分组成四个复合体排列在线粒体内膜上，其中UQ与Cytc不参与复合体组成，UQ分子小又为脂溶性物质可在内膜中移动，Cytc存在于内膜外表面，复合体Ⅰ、Ⅲ、Ⅳ在传递电子过程中都能同时将H⁺从线粒体基质侧泵出到内膜外，故均具有质子泵作用，每个复合体能确切泵出的质子数还不清楚，但目前估算为每对电子从NADH传递到氧，大约有10个质子从基质侧转移至内膜外（膜间隙）。线粒体内膜是不允许H$^+$自由通透的，如此造成膜内外H$^+$浓度跨膜梯度，内膜外H$^+$浓度增高，pH偏酸，而基质侧偏碱，使原有的内负外正的跨膜电位增高；储存在这种电化学梯度中的能量可以用来做功，当质子顺梯度回流到基质侧时将驱动ATP的合成（见图7-6）。

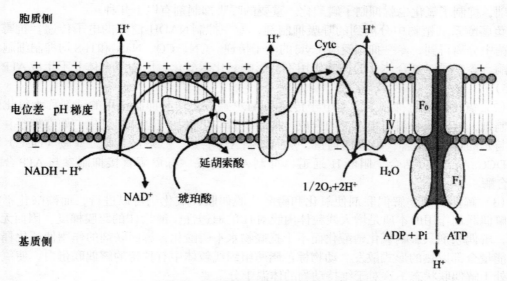

图7-6 氧化磷酸化的化学渗透学说

氧化磷酸化主要受细胞对能量需求的调节。总的情况是ATP多时，ATP的生成受抑制，ADP增加时，ATP的合成加快。ATP是由位于线粒体内膜上的ATP合酶催化ADP与Pi合成的。ATP合酶是一个大的膜蛋白质复合体，是由两个主要组分（或称因子）构成，一个是疏水的F$_0$，另一个是亲水的F$_1$，又称F$_0$F$_1$复合体。在电子显微镜下观察线粒体时，可见到线粒体内膜基质侧有许多球状颗粒突起，这就是ATP合酶，其中球状的头与茎是F$_1$部分，由α_3、β_3、γ、δ、ε等9个多肽亚基组成，β与α亚基上有ATP结合部位；γ亚基被认为具有控制质子通过的闸门作用；δ亚基是臂F$_1$与膜相连所必需的，其中心部分为质子通路；ε亚基是酶的调节部分。F$_0$是由3～4个大小不一的亚基组成，其中有一个亚基称为寡霉素敏感蛋白质（OSCP），此外尚有一个蛋白脂质部分及相对分子质量为28×10^{3}的因子；F$_0$主要构成质子通道。

在生理情况下，通道的开关是受调控的，H$^+$只能从线粒体内膜外侧流向基质侧。目前虽对ATP合酶等的组成有所了解，但H$^+$回流时能量是如何转移到ATP合酶及ATP合酶（是如何催化ADP与Pi转变为ATt）还未完全阐明。

2. 胞质中NADH的氧化磷酸化

线粒体内生成的NADH+H$^+$和FADH$_2$可直接参加氧化磷酸化过程，但在胞质中生成的NADH+H$^+$不能自由透过线粒体内膜，故线粒体外NADH+H$^+$所携带的氢必须通过某种转运机制才能进入线粒体，然后再经呼吸链进行氧化磷酸化。这种转运机制主要有苹果酸-天冬氨酸穿梭作用和α-磷酸甘油穿梭作用。进入线粒体后，氢再通过呼吸链传递给氧，偶联ATP的生成。

7.2.5　影响氧化磷酸化的因素

1. 抑制剂

氧化磷酸化抑制剂可分为三类，即呼吸抑制剂、磷酸化抑制剂和解偶联剂。

（1）呼吸抑制剂。这类抑制剂抑制呼吸链的电子传递，也就是抑制氧化，氧化是磷酸化的基础，抑制了氧化也就抑制了磷酸化。重要的呼吸抑制剂有以下几种。

鱼藤酮系从植物中分离到的呼吸抑制剂，专一抑制 NADH-泛醌的电子传递。抗霉素 A 由霉菌中分离得到，专一抑制泛醌-Cytc 的电子传递。CN、CO、NaN_3 和 H_2S 均抑制细胞色素氧化酶。萎锈灵对复合体 II 的抑制作用不会影响氧化磷酸化，因为复合体 II 不生成 ATP（见图7-5）。

（2）氧化磷酸化抑制剂。对电子传递和 ADP 磷酸化均有抑制作用的试剂称为氧化磷酸化抑制剂，这类抑制剂抑制 ATP 的合成，抑制了磷酸化也一定会抑制氧化，如寡霉素。寡霉素可与 F_0 的 OSCP 结合，阻塞 H^+ 通道，从而抑制 ATP 合成。二环己基碳二亚胺（DCC）可与 F_0 的 DCC 结合蛋白结合，阻断 H^+ 通道，抑制 ATP 合成。栎皮酮直接抑制参与.ATP 合成的 ATP 合酶。

（3）解偶联剂。解偶联剂使氧化和磷酸化脱偶联，氧化仍可以进行，而磷酸化不能进行，解偶联剂作用的本质是增大线粒体内膜对 H^+ 的通透性，消除 H^+ 的跨膜梯度，因而无 ATP 生成，解偶联剂只影响氧化磷酸化而不干扰底物水平磷酸化，解偶联剂的作用使氧化释放出来的能量全部以热的形式散发。动物棕色脂肪组织线粒体中有独特的解偶联蛋白，使氧化磷酸化处于解偶联状态，这对于维持动物的体温十分重要。

常用的解偶联剂有 2，4-二硝基酚（DNP）、羰基-氰-对-三氟甲氧基苯肼（FCCP）、双香豆素等。过量的阿司匹林也使氧化磷酸化部分解偶联，从而使体温升高。

2. ATP 调节作用

（1）[ATP]/[ADP]值对氧化磷酸化的直接影响。当线粒体中有充足的氧和底物供应时，氧化磷酸化就会不断进行，直至 ADP+Pi 全部合成 ATP，此时呼吸降到最低速率，若加入 ADP，耗氧量会突然增加，这说明 ADP 控制着氧化磷酸化的速率，人们将 ADP 的这种作用称为呼吸受体控制。

机体消耗能量增加时，ATP 分解生成 ADP，ATP 出线粒体增多，ADP 进线粒体增多，线粒体内[ATP]/[ADP]值降低，使氧化磷酸化速率加快，ADP+Pi 接收能量生成 ATP。机体消耗能量少时，线粒体内[ATP]/[.ADP]值升高，线粒体内 ADP 浓度降低就会使氧化磷酸化速率减慢。

（2）[ATP]/[ADP]值的间接影响。[ATP]/[ADP]值升高时，氧化磷酸化速率减慢，导致 $NADH+H^+$ 氧化速率减慢，$NADH+H^+$ 浓度增大，从而抑制了丙酮酸脱氢酶复合体、异柠檬酸脱氢酶、α-酮戊二酸脱氢酶复合体和柠檬酸合酶活性，使糖的氧化分解和 TCA 循环的速率减慢。

（3）[ATP]/[ADP]值对关键酶的直接影响。[ATP]/[ADP]值升高会抑制体内的许多关键酶，如别构抑制磷酸果糖激酶、丙酮酸激酶和异柠檬酸脱氢酶，还能抑制丙酮酸脱氢酶复合体、α-酮戊二酸脱氢酶复合体，通过直接反馈作用抑制糖的分解和 TCA 循环。

3. 甲状腺激素

甲状腺激素可活化许多组织细胞膜上的 Na^+-K^+-ATP 酶，使 ATP 加速分解为 ADP 和 Pi，

ADP进入线粒体数量增多，促进氧化磷酸化反应。由于ATP的合成和分解速度均增加，导致机体耗氧量和产热量增加，基础代谢率（BMR）增高，甲亢病人表现为多食、无力、喜冷怕热，因此也有人将甲状腺激素看作是调节氧化磷酸化的重要激素。

4. 线粒体DNA突变

线粒体DNA呈裸露的环状双螺旋结构，缺乏蛋白质保护和损伤修复系统，容易受到本身氧化磷酸化过程中产生的氧自由基的损伤而发生突变。因此线粒体DNA，突变可影响氧化磷酸化的功能，使ATP生成减少而致病。

7.2.6 线粒体的穿梭系统

1. α-磷酸甘油穿梭

线粒体外的NADH+H$^+$在胞质中的磷酸甘油脱氢酶催化下，使磷酸二羟丙酮还原成α-磷酸甘油，后者进入线粒体，再经位于线粒体内膜近外侧部的磷酸甘油脱氢酶催化氧化生成磷酸二羟丙酮和FADH$_2$。磷酸二羟丙酮可穿出线粒体至胞质，继续穿梭作用。FADH$_2$则进入FADH$_2$呼吸链，生成1.5分子ATP。此种穿梭机制主要存在于脑及骨骼肌中，因此在这些组织中，糖酵解过程中3-磷酸甘油醛脱氢产生的NADH+H$^+$可通过α-磷酸甘油穿梭进入线粒体，故1分子葡萄糖彻底氧化可生成30分子ATP。

2. 苹果酸-天冬氨酸穿梭

胞质中的NADH+H$^+$在苹果酸脱氢酶的作用下，使草酰乙酸还原为苹果酸，后者可通过线粒体内膜上的载体进入线粒体，又在线粒体内苹果酸脱氢酶的作用下重新生成草酰乙酸和NADH+H$^+$。NADH+H$^+$进入NADH呼吸链，生成2.5分子ATP。线粒体内生成的草酰乙酸经天冬氨酸转氨酶（AST）作用生成天冬氨酸，后者方能通过线粒体内膜上的载体运出线粒体，再转变为草酰乙酸，以继续穿梭作用。此穿梭机制主要存在于肝和心肌等组织，故在这些组织中，糖酵解过程中3-磷酸甘油醛脱氢产生的NADH+H$^+$可通过苹果酸-天冬氨酸穿梭进入线粒体中，因此1分子葡萄糖彻底氧化可生成32分子ATP。

7.2.7 非线粒体氧化体系

除线粒体外，细胞的微粒体和过氧化物酶体也是生物氧化的重要场所。其氧化类型与线粒体不同，具有特殊的氧化体系。其特点是在氧化过程中不伴有偶联磷酸化，不能生成ATP。

7.3 高能磷酸键的储存和利用

生物体内的化学能存在于化学键中，1个化合物分子含有的化学能大小一般用其所含化学键能之和的大小来比较。有机体内的化学能主要存在于以共价键为主的有机化合物中。

7.3.1 高能磷酸化合物的定义

机体内高能化合物很多，但最重要的一类就是高能磷酸化合物，这类分子中的酸酐键水解时能释放出大量自由能，这类能释放出大量自由能的化学键称为高能键（，为了区别于一般的化学键，常用符号"～"表示。

1. 高能化合物

一般将水解或基团转移时释放出20.9 kJ/mol以上自由能的化学键称为高能键，含有高能键的化合物称为高能化合物。

2. 高能磷酸化合物

高能化合物有磷酸型和非磷酸型两大类。常见的磷酸型高能化合物有：①烯醇式磷酸化合物，如磷酸烯醇式丙酮酸；②酰基磷酸化合物，如乙酰磷酸；③焦磷酸化合物，如ATP、ADP、UTP；④胍基磷酸化合物，如磷酸肌酸。非磷酸型高能化合物主要有：①硫酯键化合物，如乙酰辅酶A；②甲硫键化合物，如S-腺苷甲硫氨酸。

焦磷酸化合物如三磷酸腺苷（ATP）是高能磷酸化合物的典型代表。ATP磷酸酐键水解时，释放出30.54 kJ/mol能量，它有两个高能磷酸键，在能量转换中极为重要。酰基磷酸化合物（如1,3-二磷酸甘油酸）以及烯醇式磷酸化合物（如磷酸烯醇式丙酮酸）也属此类。

此外，脊椎动物中的磷酸肌酸和无脊椎动物中的磷酸精氨酸，是ATP的能量贮存库，作为贮能物质又称为磷酸原。

磷酸肌酸   磷酸精氨酸

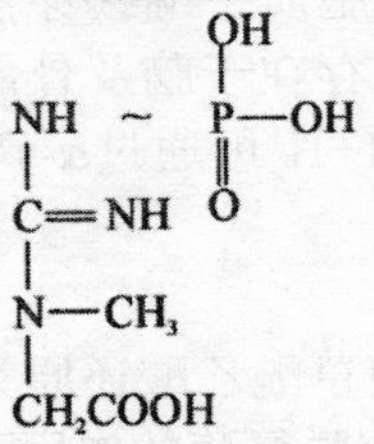

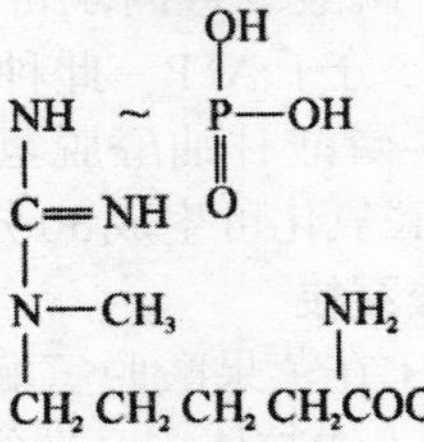

7.3.2　生命体内最常见、最重要的高能磷酸化合物

1. ATP自由能释放

尽管体内存在各种类型的高能化合物，但是在能量转换过程中起到枢纽作用的却是高能磷酸化合物——腺苷三磷酸（ATP），ATP的结构如图7-7所示。

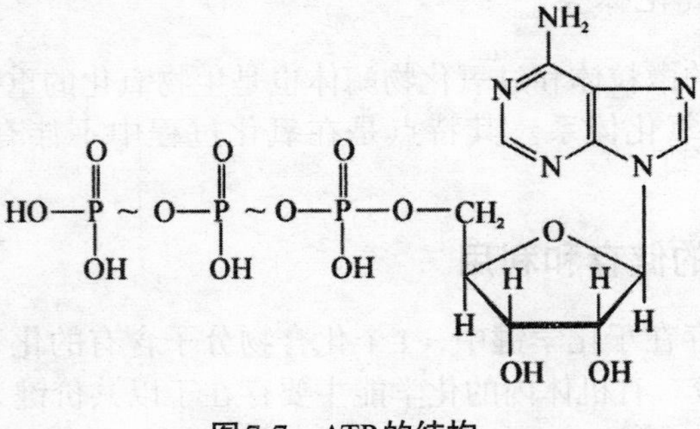

图7-7　ATP的结构

从低等的单细胞生物到高等生物人类，能量的转换几乎都是以ATP为中心来进行的，如果把能量比喻为货币，那么ATP的作用就如同金融系统中的货币流通一样，所以人们通常把ATP看作是细胞内的"能量货币"。除了ATP外，其他核苷三磷酸也可被直接利用。例如，UTP可以用于多糖的合成，CTP用于磷脂的合成，GTP在蛋白质合成中可以直接提供能量。除此以外的其他高能化合物中的自由能一般不能直接被利用，这些高能化合物中储存的能量必须通过传递给ADP形成ATP后才能用于生命活动。所以ATP在能量转换中起着非常重要

的中间传递体的作用。

2. 磷酸肌酸能量释放及与 ATP 的转换

ATP 是能量的传递者，并不是能量的储存者。在神经和肌肉细胞中，ATP 的含量很低，如在哺乳动物的脑和肌肉中为 3 ~ 8 mmol/kg。这些 ATP 提供的能量只能供肌肉剧烈活动 1 s 左右的时间，所以不可能成为能量的储存者。在这些可兴奋组织中，真正的能量储存是以磷酸肌酸的形式。当能量供应充足时，ATP 将其中的自由能和磷酰基在磷酸肌酸激酶的作用下传递给肌酸生成磷酸肌酸。当细胞需要能量时，磷酸肌酸再把能量和磷酰基转移给 ADP 形成 ATP 供细胞利用。

$$\underset{\text{肌酸}}{\begin{array}{c} NH_2 \\ | \\ C=NH \\ | \\ N-CH_3 \\ | \\ CH_2COOH \end{array}} + ATP \overset{\text{肌酸激酶}}{\underset{}{\rightleftharpoons}} \underset{\text{磷酸肌酸}}{\begin{array}{c} \quad\quad\quad OH \\ \quad\quad\quad | \\ NH \sim P-OH \\ | \quad\quad\quad\| \\ C=NH \quad O \\ | \\ N-CH_3 \\ | \\ CH_2COOH \end{array}} + ADP$$

另外，在某些无脊椎动物的肌肉中，能量的储存形式也不是 ATP，而是磷酸精氨酸，其作用和磷酸肌酸相似。

第8章 糖 代 谢

8.1 糖类的消化吸收

8.1.1 糖类的消化

食物中的糖类大多数是淀粉、糖原等多糖，当然也有简单的二糖，如麦芽糖、蔗糖、乳糖等，这些较复杂的多糖分子，必须经过水解变成小分子的单糖，才能透过细胞膜而被吸收。对人和其他哺乳动物而言，食物中的淀粉进入口腔后，唾液内 α 淀粉酶可水解淀粉分子中的 α-1,4 糖苷键。由于食物在口腔中停留时间短，所以水解程度不大。食团进入胃中后，这种酶很易受胃酸及胃蛋白酶水解而失活，因而其消化作用也就停止了。

当食糜由胃进入十二指肠后，酸度被胰液和胆汁中和，此时活力很强的胰 α 淀粉酶与胰 β 淀粉酶起作用，将其水解为麦芽糖、麦芽低聚糖、α 糊精和少量的葡萄糖。最后，小肠黏膜上皮细胞表面有麦芽糖酶和 α 糊精酶，可将麦芽糖和麦芽低聚糖进一步水解成为葡萄糖。另外，肠黏膜上皮细胞表面还有蔗糖酶和乳糖酶，分别使食物中的蔗糖和乳糖水解为葡萄糖和果糖及半乳糖和葡萄糖。因此食物进入小肠后，其中的淀粉及二糖绝大多数水解为单糖而被吸收。

食物中除淀粉、糖原之外的其他多糖不能被胃肠道消化酶水解，如纤维素等只被胃酸轻微地水解，它们进入大肠时基本没有变化。这些多糖能产生许多有益的作用，具有刺激肠道蠕动和通便的功能。由于提高了肠的运动速度，因此能较快地将肠道不吸收的分解产物、代谢毒物和大量有害微生物排出体外，否则可能引发炎症或导致癌症。此外，这些多糖还能降低血中胆固醇含量，防止动脉粥样硬化。

8.1.2 糖类的吸收

食物中的糖被消化为单糖后，在小肠被其黏膜细胞吸收，再经门静脉进入肝脏，其中一部分转变为肝糖原，其余则经肝静脉进入血液循环，运输至全身各组织器官进行代谢。糖在人及其他哺乳动物体内主要是以葡萄糖的形式运输，并以糖原的形式贮存。小肠黏膜细胞对葡萄糖的摄入是一个依赖于特定载体转运的、主动耗能的过程，在吸收过程中伴随有 Na^+ 一同运输进入细胞，这种运输称为协同运输。即葡萄糖和 Na^+ 都是由细胞外向细胞内转运，葡萄糖跨膜运输所需要的能量来自细胞膜两侧 Na^+ 浓度梯度。这类葡萄糖转运体称为 Na^+ 依赖型葡萄糖转运体，它存在于小肠黏膜和肾小管上皮细胞。

各种单糖在体内吸收的速度不同，半乳糖和葡萄糖较易吸收，而果糖吸收的速度较慢。二糖一般不能被吸收，若肠中浓度过高，亦可不经水解而被吸收。但通常不能被身体利用而由尿中排出。

在人和动物的肝脏中，糖原是葡萄糖非常有效的贮藏形式。糖原在细胞内的降解称为磷酸解，胞内糖原的降解需要脱支酶和糖原磷酸化酶的催化，从糖链的非还原端依次切下葡萄糖残基，产物为1-磷酸葡萄糖和少一个葡萄糖残基的糖原。

$$\text{糖原}+\text{Pi}\xrightarrow{\text{糖原磷酸化酶}}\text{糖原}+\text{1-磷酸葡萄糖}$$

（n残基）　　　　　　　　（n-1残基）

8.1.3 糖的转运——血糖的来源与去路

葡萄糖等单糖被人和动物吸收进入血液，血液中的糖称为血糖。血糖含量是表示体内代谢的一项重要指标。正常人血糖浓度为4.4～6.7 mmol/L，高于8.8 mmol/L称为高血糖，低于3.8 mmol/L称为低血糖。正常机体可通过肝糖原或肌糖原的合成或降解来维持血糖恒定。

8.2 糖的无氧分解

在缺氧的情况下，葡萄糖降解为丙酮酸并伴随，ATP生成的一系列化学反应称为糖酵解。它是葡萄糖在生物体中的主要降解途径，是生物从有机化合物中获得化学能的最原始的途径。为纪念3位生物化学家对阐明糖酵解途径的贡献，该途径也称为。EmbdenMeyer-hof-Parnas途径，简称EMP途径。

8.2.1 糖酵解的反应过程

糖酵解途径包含多步反应，都是在胞液中进行的。

1. 葡萄糖的磷酸化

葡萄糖被ATP磷酸化为6-磷酸葡萄糖，该反应是在己糖激酶催化下进行的不可逆过程，并需要Mg^{2+}作为辅助因子。己糖激酶也可以催化其他己糖磷酸化。肝内含有另一个只能催化葡萄糖磷酸化的同工酶，称葡萄糖激酶，或己糖激酶D。

2. 6-磷酸果糖的生成

6-磷酸果糖的生成是由磷酸己糖异构酶催化的醛糖变为酮糖的异构化反应，反应可逆（见图8-1）。

6-磷酸葡萄糖　　　　6-磷酸果糖

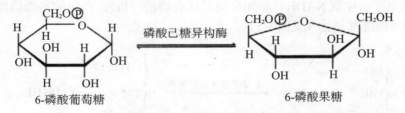

图8-1　6-磷酸果糖的生成

3. 6-磷酸果糖的磷酸化

在磷酸果糖激酶（PFK）的催化下，6-磷酸果糖磷酸化生成1，6-二磷酸果糖，需ATP和Mg^{2+}参与（见图8-2）。

6-磷酸果糖　　　　1,6-二磷酸果糖

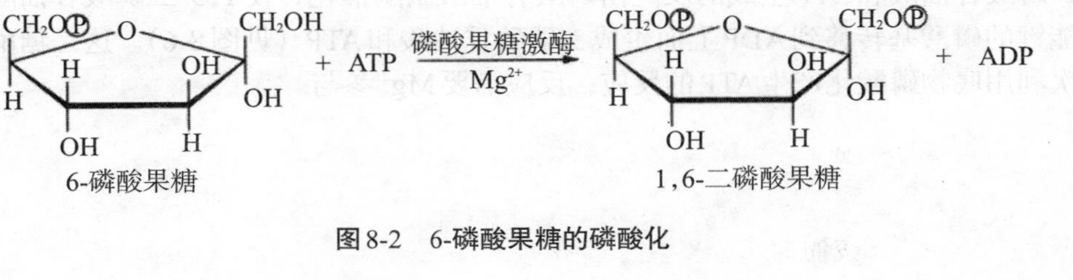

图8-2　6-磷酸果糖的磷酸化

4. 1，6-二磷酸果糖的裂解

此反应由醛缩酶催化裂解1，6-二磷酸果糖生成2分子三碳糖：磷酸二羟丙酮和3-磷酸甘油醛（见图8-3）。该反应在热力学上不利于向右进行，但由于产物在下一阶段的反应中不断被消耗，从而驱动反应向裂解方向进行。

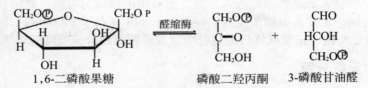

图8-3　1，6-二磷酸果糖的裂解

5. 磷酸丙糖的异构化

磷酸丙糖异构化的反应由磷酸丙糖异构酶催化，是一个吸收能量的反应，反应的平衡偏向左，但由于在后面的反应中3-磷酸甘油醛被不断利用，使之浓度降低，反应仍向右进行，趋向生成醛糖（见图8-4）。

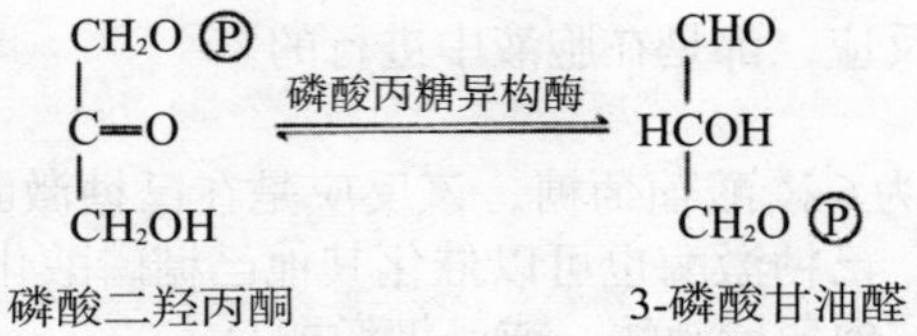

$$\underset{\text{磷酸二羟丙酮}}{\begin{array}{c}CH_2O\ \circled{P}\\ \mid\\ C{=\!=}O\\ \mid\\ CH_2OH\end{array}} \quad\underset{\text{磷酸丙糖异构酶}}{\rightleftharpoons}\quad \underset{\text{3-磷酸甘油醛}}{\begin{array}{c}CHO\\ \mid\\ HCOH\\ \mid\\ CH_2O\ \circled{P}\end{array}}$$

图8-4　磷酸丙糖的异构化

6. 3-磷酸甘油醛氧化为1,3二-磷酸甘油酸

3-磷酸甘油醛氧化为1,3-二磷酸甘油酸的反应由3-磷酸甘油醛脱氢酶催化，以NAD$^+$为辅酶接受氢和电子，生成NADH。参加反应的还有磷酸（Pi），产生的高能磷酸键的能量来自3-磷酸甘油醛的醛基氧化（见图8-5）。

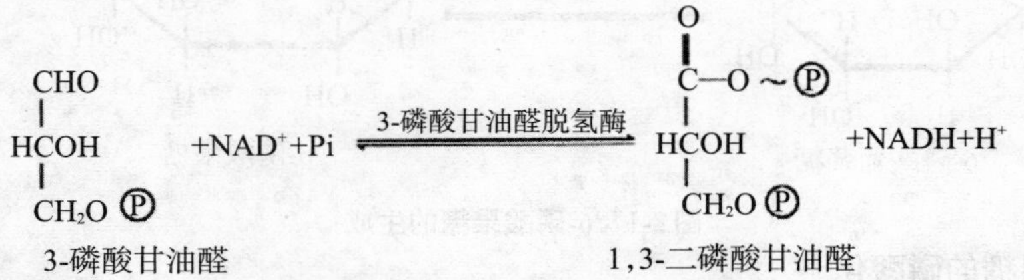

$$\underset{\text{3-磷酸甘油醛}}{\begin{array}{c}CHO\\ \mid\\ HCOH\\ \mid\\ CH_2O\ \circled{P}\end{array}} +NAD^++Pi \quad\underset{\text{3-磷酸甘油醛脱氢酶}}{\xrightarrow{\hspace{2cm}}}\quad \underset{\text{1,3-二磷酸甘油醛}}{\begin{array}{c}O\\ \parallel\\ C{-}O\sim\circled{P}\\ \mid\\ HCOH\\ \mid\\ CH_2O\ \circled{P}\end{array}} +NADH+H^+$$

图8-5　3-磷酸甘油醛氧化为1,3-二磷酸甘油酸

7. 3-磷酸甘油酸和ATP的生成

3-磷酸甘油酸和ATP生成的反应由磷酸甘油酸激酶催化，使1,3-二磷酸甘油酸中C_1上具有高能键的磷酸基转移到ADP上而生成3-磷酸甘油酸和ATP（见图8-6）。这是糖酵解过程中第一次利用底物磷酸化产生ATP的反应，反应需要Mg^{2+}参与。

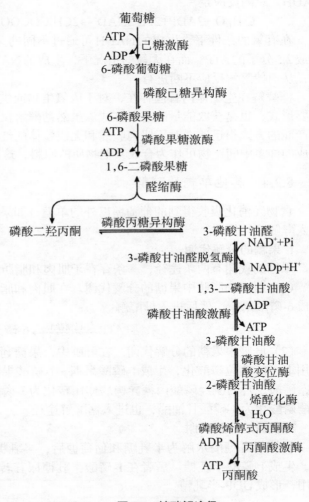

图8-6 3-磷酸甘油酸和ATP的生成

8. 3-磷酸甘油酸变为2-磷酸甘油酸

3-磷酸甘油酸变为2-磷酸甘油酸的反应由磷酸甘油酸变位酶催化，使磷酸根在C_2与C_3之间可逆转变，在反应中Mg^{2+}是必需的。

9. 磷酸烯醇式丙酮酸的生成

磷酸烯醇式丙酮酸（PEP）反应在烯醇化酶的作用下，使2-磷酸甘油酸脱去一分子水而生成磷酸烯醇式丙酮酸，反应需要Mg^{2+}或Mn^{2+}的参与。反应形成一个高能键，为下一步反应做好准备。

10. 丙酮酸的生成

此反应在丙酮酸激酶的催化下，需要Mg^{2+}、K^+或Mn^{2+}的参与，生成烯醇式丙酮酸，它极不稳定，很容易自发的转变为丙酮酸。在细胞内这个反应是不可逆的，且是糖酵解的第三步不可逆反应。

综上所述，葡萄糖经酵解途径的步骤如图8-7所示。

8.2.2 丙酮酸的去路

从葡萄糖到丙酮酸的酵解过程，在生物界都是极其相似的。而丙酮酸以后的途径随生物所处的条件及其种类而不同。这里先讨论在无氧条件下丙酮酸的去路。

图8-7 糖酵解途径

1. 转化为乳酸

乳酸杆菌厌氧酵解，或人体肌肉由于激烈运动而暂时缺氧时，产生的NADH无法经电子呼吸链再生为NAD^+，此时利用乳酸脱氢酶将丙酮酸还原为乳酸，同时使NADH氧化为NAD^+。在食品中乳酸发酵可用于生产奶酪、酸奶及食用泡菜。

2. 转化为乙醇

在酵母及一些微生物的作用下，丙酮酸被丙酮酸脱羧酶转化为乙醛，后者被醇脱氢酶转化为乙醇，后一个反应使NAD^+再生。乙醇发酵可用于酿酒、面包制作等工业，在有氧的条件下，乙醛被氧化生成乙酸。

8.2.3 糖酵解的能量核算及生理意义

糖酵解的初期，消耗2分子ATP使1分子葡萄糖转变为1,6-二磷酸果糖，在以后的步骤中，每个三碳单位产生2个ATP，即每个葡萄糖分子净生成2个ATP，同时生成2分子NADH。总的反应是

$$C_6H_{12}O_6+2ADP+2Pi+2NAD^+ \rightarrow 2CH_3COCOOH+2ATP+2NADH+2H^++2H_2O$$

在有氧的条件下，生成的NADH可通过不同的穿梭方式进入线粒体，每分子产生1.5分子或2.5分子的ATP。而在无氧的情况下，生成的NADH通过转变为乳酸或乙醇，使NAD^+再生，从而使酵解反应不断进行。

糖酵解在生物体内普遍存在，对于厌氧生物或供氧不足的组织来说，糖酵解是糖分解的主要形式，也是获取能量的主要方式。虽然糖酵解仅利用葡萄糖贮存能量的一小部分，但这种产能的方式很迅速，对于肌肉收缩和无线粒体的红细胞来说尤为重要。此外，糖酵解途径形成的许多中间产物可作为合成其他物质的原料，这就将糖酵解与其他代谢联系起来了。

8.2.4 其他单糖的酵解

食物经消化吸收得到的葡萄糖以外的单糖（如果糖、半乳糖）也可以生成磷酸化衍生物进入酵解途径代谢。

1. 果糖的分解代谢

果糖的代谢有两条途径，一条存在于肌肉和脂肪中，另一条存在于肝脏中。

（1）肌肉和脂肪中果糖的分解代谢。在肌肉和脂肪果糖组织中，果糖被己糖激酶磷酸化生成6-磷酸果糖，然后进入糖酵解。

$$果糖+ATP \xrightarrow{己糖激酶} 6\text{-}磷酸果糖+ADP$$

（2）肝脏中果糖的分解代谢。在肝脏中，果糖利用1-磷酸果糖途径代谢，在果糖激酶的作用下，使C_1位磷酸化，生成1-磷酸果糖。1-磷酸果糖被醛缩酶裂解为磷酸二羟丙酮和甘油醛，磷酸二羟丙酮经磷酸丙糖异构酶作用转化为3-磷酸甘油醛后进入糖酵解。甘油醛被丙糖激酶磷酸化为3-磷酸甘油醛，也进入糖酵解途径。

2. 乳糖的分解代谢

乳糖经乳糖酶水解为半乳糖和葡萄糖后，半乳糖在半乳糖激酶的作用下，使C_1位磷酸化，生成1-磷酸半乳糖。后者在1-磷酸半乳糖尿苷转移酶催化下，与UDP-葡萄糖（UDPG）作用，形成UDP-半乳糖。

$$半乳糖+ATP \xrightarrow{半乳糖激酶} 1\text{-}磷酸半乳糖+ADP$$

$$1\text{-}磷酸半乳糖+UDPG \xrightarrow{1-磷酸半乳糖尿苷转移酶} 1\text{-}磷酸葡萄糖+UDP\text{-}半乳糖$$

在生长阶段，UDP–半乳糖也可由1–磷酸半乳糖在UDP-半乳糖焦磷酸化酶催化下，消耗UTP而生成。

$$1\text{-磷酸半乳糖}+UTP \xrightarrow{\text{UDP-半乳糖焦磷酸化酶}} UTP\text{-半乳糖}+PPi$$

UDP-半乳糖在差向异构酶的作用下生成UDP-葡萄糖（UDPG），并用于糖原合成。

$$UDP\text{-半乳糖} \xrightarrow{\text{UDP-半乳糖差异构酶}} UDPG$$

UDP-葡萄糖经焦磷酸化酶作用生成1-磷酸葡萄糖，再异构为6-磷酸葡萄糖进入糖酵解途径。

$$UDP\text{-葡萄糖}+PPi \xrightarrow{\text{UDP-葡萄糖焦磷酸化酶}} 1\text{-磷酸葡萄糖}+UTP$$

3. 甘露糖的分解代谢

由食物得到的甘露糖，在己糖激酶的催化下生成6-磷酸甘露糖，并进一步转变为6-磷酸果糖而进入糖酵解途径。

$$甘露糖 \underset{ATP \quad ADP}{\xrightarrow{\text{己糖激酶}}} 6\text{-磷酸甘露糖} \xrightarrow[\text{6-磷酸甘露糖异构酶}]{} 6\text{-磷酸果糖}$$

8.3 糖的异生作用

由非糖物质转变为葡萄糖和糖原的过程称为糖异生作用。这些非糖物质主要是生糖氨基酸、乳酸、甘油。在生理情况下，肝脏是糖异生的主要器官，饥饿和酸中毒时，肾脏也可成为糖异生的重要器官。

8.3.1 糖异生作用的生理意义

1. 保证血糖水平的相对恒定

血糖的正常浓度为80～120 mg/100 mL，即使禁食数周，血糖浓度仍可保持在70 mg/100 mL左右，这对保证某些主要依赖葡萄糖的组织维持其功能具有重大意义。体内有些组织消耗糖量很大，例如人脑每天约消耗120 g，肾髓质、血细胞及视网膜等约40 g，休息状态的肌肉每天也消耗30～40 g，仅这几个组织的耗糖量每天即在200 g左右。可是人体贮存可供利用的糖仅150 g，而且贮存糖量最多的肌肉只供本身氧化供能消耗，如果靠肝糖原的分解维持血糖浓度则不到12 h即全部耗净。

2. 糖异生作用与乳酸的利用有密切关系

剧烈运动时，肌糖原酵解生成大量乳酸。乳酸经血液运送到肝脏，可再合成肝糖原和葡萄糖，这对于回收乳酸分子中的能量、更新肝糖原、防止乳酸中毒的发生等都有一定意义。

3. 促进肾小管分泌氨的作用

有利于肾脏排H^+保Na^+，对于维持酸碱平衡有一定作用。长期禁食后肾脏的糖异生作用明显增加。发生这一变化的原因可能是饥饿造成代谢性酸中毒使体液pH降低，可以促进肾小管中磷酸烯醇式丙酮酸羧激酶的合成，而使糖异生作用增加。当肾脏中α-酮戊二酸经草酰乙酸而加速成糖时，可因α-酮戊二酸减少而促进谷氨酰胺脱氨成谷氨酸以及谷氨酸的脱氨。肾小管细胞将NH_3分泌入管腔中，与原尿中的H^+结合，降低原尿H^+浓度，有利于排H^+保Na^+作用的进行，对防止酸中毒有重要作用。

4. 协助氨基酸代谢

实验证明，进食蛋白质后，肝中糖原含量增加。禁食晚期，糖尿病或皮质醇过多时，由于组织蛋白分解，血浆氨基酸增多，糖的异生作用增强，可见氨基酸变糖可能是氨基酸代谢的一个重要途径。

8.3.2　糖异生的过程

糖异生的途径基本上是糖酵解的逆行过程。酵解途径中的大多数反应是可逆的，但由己糖激酶（或葡萄糖激酶）、磷酸果糖激酶和丙酮酸激酶所催化的三个反应的过程中放出相当大量的热能，逆行则需吸入同量的热量，所以很难进行。这些特殊的有"能障"的反应必须有另外途径绕过，才能实现糖的异生。

由己糖激酶和磷酸果糖激酶催化的两个反应的逆过程是由两个特异的磷酸酶水解己糖磷酸酯完成的，它们是存在于肝脏中的6-磷酸葡萄糖酶和1,6-二磷酸果糖酶。6-磷酸葡萄糖酶催化6-磷酸葡萄糖水解产生葡萄糖，1,6-二磷酸果糖酶使1,6-二磷酸果糖水解为6-磷酸果糖。

由丙酮酸羧激酶催化的反应是由两步反应来绕过"能障"的，称为丙酮酸羧化支路。首先是丙酮酸羧化酶（存在于线粒体）催化丙酮酸羧化生成草酰乙酸，再由磷酸烯醇式丙酮酸羧激酶（存在于胞质中）催化草酰乙酸转变为磷酸烯醇式丙酮酸。

这样一来，整个酵解途径就成为可逆的了。糖异生的主要原料是乳酸、甘油和生糖氨基酸。乳酸在乳酸脱氢酶作用下转变为丙酮酸，经前述羧化支路成糖；甘油在甘油激酶作用下转变为磷酸甘油后，经脱氢氧化成磷酸二羟丙酮，再循酵解逆过程合成糖；生糖氨基酸则通过多种渠道成为糖酵解代谢中的中间产物，然后生成糖。

8.3.3　糖异生的调节

1. 磷酸果糖激酶和1,6-二磷酸果糖酶的调节

在代谢过程中，当AMP的水平高时，表明需要合成更多的ATP，AMP激发磷酸果糖激酶，加快糖酵解的速度，同时抑制1,6-二磷酸果糖酶的活力，关闭糖异生作用；反之，当ATP和柠檬酸水平高时，表明不需要制造更多的ATP，高水平的ATP和柠檬酸抑制磷酸果糖激酶，降低糖酵解的速率，同时柠檬酸激发1,6-二磷酸果糖酶的活性，加快糖异生作用的速率。

2. 丙酮酸激酶、丙酮酸羧化酶和磷酸烯醇式丙酮酸羧激酶的调节

高水平的ATP和丙氨酸抑制丙酮酸激酶，因此，当ATP和生物合成中间产物充足时，糖酵解被抑制，同时高水平乙酰CoA活化丙酮酸羧化酶，有助于糖异生作用的进行；反之，当细胞的供能状态低迷时，高水平的ADP抑制丙酮酸羧化酶和磷酸烯醇式丙酮酸羧激酶的活性，关闭糖异生作用，糖酵解作用开始。1,6-二磷酸果糖激活丙酮酸激酶，当糖酵解加速时，丙酮酸激酶的活性相应提高。

8.3.4　乳酸循环（Cori循环）和底物循环

1. 乳酸循环（Cori循环）

人体（或动物）经历剧烈运动，在氧有限的条件下，糖酵解过程中NADH的生成超过呼吸链氧化它再生NAD^+的能力，于是在肌肉中由糖酵解产生的丙酮酸被乳酸脱氢酶转化为乳酸，该反应使NAD^+再生以保证糖酵解的继续进行并产生ATP，生成的乳酸随血液流入肝脏，在这里扩散到肝细胞内，被乳酸脱氢酶转回到丙酮酸，经糖异生作用生成葡萄糖，新生成的葡萄糖被释放回血液中被肌肉吸收，这种循环过程被称作乳酸循环或Cori循环。

2. 作用物循环

由催化单向反应的酶催化两个作用物互变的循环称为作用物（底物）循环。在糖酵解和糖异生过程中，由己糖激酶和磷酸果糖激酶催化的两个反应的逆过程是由存在于肝脏中的6-磷酸葡萄糖酶和1,6-二磷酸果糖酶催化的，它们就属于作用物循环；另外，由丙酮酸羧化酶和磷酸烯醇式丙酮酸羧激酶催化的两步反应和丙酮酸激酶所催化的反应也是一种作用物循环。

8.4 糖原的合成与分解

8.4.1 糖原的合成代谢

在糖原分子中的葡萄糖，93%以α-(1,4)糖苷键相连，7%以上通过α(1,6)糖苷键相连。

糖原分支都有两个优点：①溶解度增加；②在分支外围末端的葡萄糖残基没有还原性，称为非还原端。糖原分支多，非还原端也多。非还原端的数量多则使糖原分子中可以同时有许多部位进行代谢。

除葡萄糖外，其他单糖如果糖和半乳糖等也能合成糖原。动物体内由葡萄糖等单糖合成糖原的过程称为糖原的合成作用。由葡萄糖合成糖原，包括四个反应步骤。

可见糖原的合成是以体内原有的小分子糖原为引物，逐步加入葡萄糖残基，糖残基的供体是尿苷二磷酸葡萄糖（UDPG）而不是葡萄糖。新加入的葡萄糖残基以α-(1,4)糖苷键连接糖原引物的非还原端，并可同时在糖原引物的几个分支上增加葡萄糖残基。糖原的合成是一个消耗ATP的反应，每增加一分子葡萄糖残基需要消耗一分子ATP和一分子UTP。

当糖原分子中以α-(1,4)糖苷键相连的支链延长到6个以上的葡萄糖残基时，分支酶可将特定部位的α-(1,4)糖苷键断裂，并把断下的寡糖部分转移到另一分支的适当位置，使它们之间以α-(1,6)糖苷键相连接。分支酶每次可转移约含6个葡萄糖残基的寡糖链，如图8-8所示。

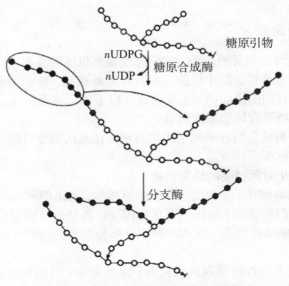

图8-8 分支酶在糖原合成中的作用

8.4.2 糖原的分解代谢

经糖原磷酸化酶、转移酶和脱支酶（也称去分支酶）三个酶的共同作用把糖原首先分解为1-磷酸葡萄糖和葡萄糖。在变位酶的作用下，1-磷酸葡萄糖可转变为6-磷酸葡萄糖，进而转变为1,6-二磷酸果糖。由糖原转变为1-磷酸葡萄糖和葡萄糖的过程如图8-9所示。

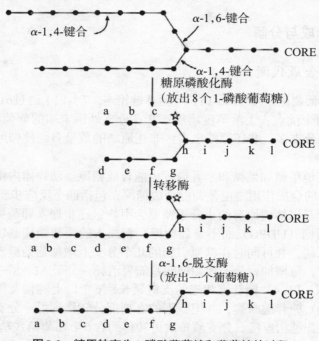

图8-9 糖原转变为1-磷酸葡萄糖和葡萄糖的过程
CORE:糖原核心

8.4.3 糖原代谢调节

糖原合成与分解是两条相反的途径，它们都是根据机体的需要由一系列的调节机制进行调控，二者的协同调控对维持血糖水平的稳定具有重要意义。糖原磷酸化酶和糖原合酶分别是两条途径的限速酶，它们的协同调节主要体现在以下两个方面。

1. 糖原磷酸化酶和糖原合酶的别构调节

葡萄糖和6-磷酸葡萄糖是两种酶的别构调节剂，在激活糖原合酶的同时抑制糖原磷酸化酶，从而对两条途径进行相反调节。

2. 磷酸化与脱磷酸化对两种酶的协同调控

磷酸化酶以活化的磷酸化酶a和无活性的糖原磷酸化酶b两种形式存在。这两种形式在磷酸化酶激酶和磷酸蛋白磷酸酶1的作用下互相转变。各种调节糖原合成和分解的因素，一般都通过改变这两种酶的活性状态而实现对糖原分解与合成的调节作用。

（1）磷酸化调节。

磷酸化作用可以使无活性的糖原磷酸化酶b转变为有活性的糖原磷酸化酶a，而使有活性的糖原合酶a转变为无活性的糖原合酶b。

磷酸化酶的激活实际上是一系列连锁酶促反应逐级放大的结果：cAMP活化蛋白激酶—活化磷酸化酶b激酶—活化磷酸化酶b或磷酸化酶a。故凡能促使细胞内cAMD增加的信号，都能导致磷酸化酶活化，进而促使糖原分解加速。例如胰高血糖素和肾上腺素都能活化肝脏或肌肉细胞膜上的腺苷酸环化酶，激活cAMP第二信使系统，使cAMP增加，激活蛋白激酶A，它可同时磷酸化糖原合酶和磷酸化酶b激酶。活化的磷酸化酶b激酶进一步通过磷酸化作用，使磷酸化酶b转变为磷酸化酶a，最终导致糖原分解，阻断糖原合成。而胰岛素却使cAMP减少，因而抑制糖原的分解。

糖原合成酶和糖原磷酸化酶相反，受cAMP的抑制，即cAMP可以活化蛋白激酶A，而抑制糖原合成酶。故胰高血糖素和肾上腺素能抑制此两酶，减少糖原合成，而胰岛素则能激活此酶，而促进糖原合成。此外，糖原合酶可被多种蛋白激酶磷酸化，其调节非常复杂。

（2）脱磷酸化调节。

磷酸蛋白磷酸酶1对糖原合成与分解进行协同调控。磷酸蛋白磷酸酶1可以同时催化糖原合酶、糖原磷酸化酶和磷酸化酶b激酶的脱磷酸化作用。结果是使糖原合酶激活，而糖原磷酸化酶和磷酸化酶b激酶的活性被抑制，导致糖原合成途径开放，糖原分解途径关闭。胰岛素降低血糖的另一机制就是通过磷酸蛋白磷酸酶1对上述三种酶进行脱磷酸化调节。

糖原分解与合成两个对立途径中的关键酶受同一调节系统控制，有非常重要的生理意义。当机体受到某些因素影响，如体内的血糖浓度下降时，促使肾上腺素及胰高血糖素分泌增加。这两种激素通过cAMP——蛋白激酶系统，一方面活化了肝细胞中的磷酸化酶，使糖原分解加速；另一方面促使肝脏、肌肉和脂肪细胞中糖原合成酶失活，抑制了糖原的合成，这样更有利于迅速将葡萄糖释放到血液中。除此以外，血糖下降的信号，还能抑制胰岛素的分泌。

8.5 糖代谢各途径之间的联系

8.5.1 糖代谢各途径之间的联系

细胞中，各种代谢途径既各自独立，又互相联系。糖代谢途径也是一样，彼此有些共同使用的酶和公共中间产物，是实现互相联系的交叉点。各途径又有自己专用的关键酶调节控制该途径的速率，保持代谢途径的独立性。通过各途径的调控和彼此的联系，可实现代谢底物的合理流向。

糖类物质有几条不同的代谢途径，例如，糖原的合成与分解、糖酵解与糖异生、磷酸戊糖途径、三羧酸（柠檬酸）循环等，在细胞内有其各自不同的代谢特点，合成代谢及分解代谢往往在一个细胞内同时进行。各条代谢途径之间，可通过共同的中间代谢物发生联系，这些枢纽性中间代谢物主要包括6-磷酸葡萄糖、磷酸二羟丙酮（3-磷酸甘油醛）、丙酮酸、乙酰CoA、柠檬酸循环的中间产物如草酰乙酸、α-酮戊二酸等。

6-磷酸葡萄糖是糖酵解、磷酸戊糖途径、糖异生、糖原合成及糖原分解的共同中间代谢物。在肝细胞中，通过6-磷酸葡萄糖使上述糖代谢的各条途径得以沟通。

3-磷酸甘油醛是糖酵解、磷酸戊糖途径及糖异生的共同中间代谢产物；脂肪分解产生的甘油通过甘油激酶催化也可以形成3-磷酸甘油醛；另外，生糖氨基酸经脱氨基作用以后也可转变为3-磷酸甘油醛。

丙酮酸是糖酵解、糖的有氧氧化和生糖氨基酸氧化分解代谢的共同中间代谢物。糖酵解时丙酮酸还原为乳糖，有氧氧化时则生成乙酰CoA。另外，丙酮酸在丙酮酸羧化酶的作用下形成草酰乙酸。生糖氨基酸异生为糖也需要经过丙酮酸的形成及转变。

分解代谢中间代谢产物乙酰CoA可通过共同的代谢途径——柠檬酸循环、氧化磷酸化氧化为CO_2和H_2O，并释放能量。

草酰乙酸、α-酮戊二酸等柠檬酸循环中间产物，除参加三羧酸循环外，还可为生物体内合成某些物质提供碳骨架。如草酰乙酸、α-酮戊二酸分别合成天冬氨酸、谷氨酸；某些生糖氨基酸经代谢转变也可生成草酰乙酸、α-酮戊二酸等代谢中间物，并通过糖异生作用生成葡萄糖。丙酮酸也可以通过羧化作用生成草酰乙酸，补充柠檬酸循环的中间产物有助于柠檬酸循环的顺利进行。

8.5.2 血糖及其调节

1. 血糖的来源与去路

血糖浓度是由其来源和去路两方面的动态平衡决定的。血糖的主要来源是食物中的淀粉经消化吸收后的葡萄糖，在不进食情况下，血糖主要来源于肝糖原的分解作用或糖异生作用。血糖的去路有以下四个方面：①在组织器官中氧化分解以供应能量；②在各组织器官如肝脏、肌肉、肾脏等中合成糖原而贮存；③转变为脂肪贮存；④转变成其他糖类物质。

2. 血糖水平的调节

血糖浓度在24 h内稍有变动。饭后血糖可以暂时升高，但正常人很少超过180 mg/100 mL。当血糖浓度低于160 mg/100 mL时，肾小管细胞几乎可以把滤入原尿中的葡萄糖全部重吸收。所以用一般检验尿糖的方法，从尿中测不出糖。如果血糖浓度高于180 mg/100 mL，超过肾小管重吸收的能力，就可出现糖尿现象。通常将160~180 mg/100 mL血糖浓度称为肾糖阈（即尿中出现糖时血糖的最低界限）。肾糖阈是可变的，例如长期糖尿病患者的肾糖阈比正常人稍高。因空腹时血糖浓度比较恒定，故临床上在空腹时测定血糖。正常人血糖浓度为80~120 mg/100 mL。

维持血糖水平的稳定，主要通过激素的调节，激素对血糖水平的调节实际上涉及激素对糖代谢的总体调控。参与血糖水平调节的激素主要有以下几种。

（1）胰岛素。它是唯一降血糖的激素。高血糖时，胰岛素通过抑制糖原合酶激酶3的活力，抑制了糖原合酶的磷酸化而使其激活。同时，胰岛素通过对磷酸蛋白磷酸酶的激活，使糖原磷酸化酶去磷酸化而失活，糖原合酶去磷酸化而激活，最终促进糖原合成，抑制糖原分解，降低血糖。胰岛素可诱导己糖激酶、磷酸果糖激酶-1和丙酮酸激酶的合成，从而促进葡萄糖的分解，降低血糖；还可以通过抑制糖异生途径中酶的活力来控制血糖浓度。

胰岛素可刺激葡萄糖载体的移动和释放，促进葡萄糖进入肌肉和脂肪等组织的细胞，对葡萄糖的氧化利用、糖原合成和糖转变成脂肪都有促进作用，其总的结果表现为降低血糖。

心肌缺氧时，载体转运加快，以增加缺氧心肌的葡萄糖供应，并对促进其中无氧酵解有重要意义。酵解产生ATP的数量虽少，但可供缺氧心肌维持较低水平生理活动。肌肉收缩时可以加快载体转运，而且在胰岛素不足时也不减少，这可能与肌肉收缩可以提高组织对胰岛素的敏感性有关。这一机制可以解释为什么糖尿病患者运动时，葡萄糖的利用得到改善，而能使血糖降低。

（2）胰高血糖素。它是体内主要升高血糖的激素。低血糖时，胰腺分泌胰高血糖素，通过cAMP第二信使级联放大系统的调节，抑制肝糖原的合成，促进肝糖原的分解。同时抑制糖酵解，促进糖异生作用，使血糖升高。

（3）糖皮质激素。升高血糖的激素。

（4）肾上腺素。是强有力的升高血糖激素。在应激状态下，胰高血糖素大量分泌，肾上腺素促进肝糖原降解和糖的异生作用，抑制肝细胞中的糖酵解，使血糖升高；同时促进肌糖原的降解和肌细胞中的糖酵解作用，为肌肉收缩提供能量。

3. 血糖水平异常

空腹血糖水平高于 7.8 mmol/L 称为高血糖；当血糖浓度高于 10.00 mmol/L 时，可出现糖尿，此血糖值称为肾糖阈；高血糖见于糖尿病、肾脏疾病、情绪激动等。

8.6 血糖及其调节

血糖指血液中的葡萄糖。体内血糖浓度是反映机体内糖代谢状况的一项重要指标。正常情况下，用葡萄糖氧化酶法测定静脉血血浆中葡萄糖浓度，正常人空腹血糖浓度为 3.6～6.1 mmol/L，餐后可升高，禁食时会降低，但均可保持在一定范围内。空腹血浆葡萄糖浓度高于 6.1 mmol/L 称为高血糖，低于 3.6 mmol/L 称为低血糖。

血糖浓度维持在较为恒定的水平，对保证人体各组织器官特别是脑利用葡萄糖供能发挥正常功能极为重要。

8.6.1 血糖的来源与去路

正常情况下，血糖浓度能维持较为恒定的水平，血糖浓度的相对恒定是由其来源与去路两方面不断地保持着的动态平衡所决定的。

餐后从小肠吸收大量葡萄糖后，血糖浓度升高，使葡萄糖进入肝、肌肉、肾等组织合成糖原或转变成脂肪贮存。空腹时，由于身体各组织器官仍需利用葡萄糖作为能源，此时肝糖原分解和非糖物质通过糖异生作用转变成葡萄糖，维持血糖浓度恒定。

血糖的主要来源有：①从食物消化吸收的葡萄糖是血糖的主要来源；②肝脏（肾脏）将非糖物质如甘油、乳酸及生糖氨基酸等通过糖异生作用生成葡萄糖，是长期饥饿时血糖的来源；③肝糖原分解是空腹时血糖的直接来源。

血糖的主要去路有：①在各组织中氧化分解供能，是血糖的主要去路；②在肝脏、肌肉等组织中合成糖原；③转变为脂肪或非必需氨基酸等非糖物质；④转变为核糖、氨基糖和糖醛酸等其他糖类物质。血糖浓度保持恒定实际上是体内各组织器官在葡萄糖分解、糖异生、糖原分解和糖原合成等各方面代谢协同的结果。

8.6.2 血糖水平的调节

血糖浓度维持在相对稳定的正常水平对机体是极为重要的。正常人体内存在着精细的调节血糖来源和去路动态平衡的机制，保持血糖浓度的相对恒定是组织器官、激素及神经系统共同调节的结果。调节血糖浓度相对恒定的机制有如下两种。

1. 组织器官水平调节

血糖浓度和各组织细胞膜上葡萄糖转运体（GLUT）是器官水平调节的两个主要影响因素，目前发现细胞膜上葡萄糖转运体家族有 GLUT 1～5，是双向转运体。在正常血糖浓度情况下，各组织细胞通过细胞膜上 GLUT 1 和 GLUT 3 摄取葡萄糖作为能量来源。

（1）肝脏：肝脏是调节血糖浓度的最主要器官。当血糖浓度过高时，肝细胞膜上的GLUT 2起作用，通过加快将血中的葡萄糖转运入肝细胞，以及通过促进肝糖原的合成来降低血糖浓度；当血糖浓度偏低时，肝脏通过促进肝糖原的分解，以及促进糖的异生作用，可增高血糖浓度。

（2）肌肉等外周组织：血糖浓度过高会刺激胰岛素分泌，导致肌肉和脂肪组织细胞膜上GLUT 4的量迅速增加，加快对血液中葡萄糖的吸收，合成肌糖原或转变成脂肪储存起来，也通过促进其对葡萄糖的氧化利用以降低血糖浓度。

2. 激素水平调节

激素主要通过调节糖代谢各途径的关键酶的活性以维持血糖浓度的相对恒定。

（1）降低血糖浓度的激素——胰岛素。胰岛素是胰岛B细胞分泌的激素，是人体内唯一降低血糖浓度的激素，也是唯一同时促进糖原、脂肪、蛋白质合成的激素。由于葡萄糖能自由通过胰岛B细胞膜上的葡萄糖转运体2（GLUT 2），因此胰岛B细胞能对不同程度的高血糖做出直接反应。胰岛素通过加速葡萄糖进入细胞、促进糖原合成和抑制糖原分解、降低糖异生、减少脂肪动员等多方面作用降低血糖浓度。

（2）升高血糖浓度的激素——胰高血糖素、肾上腺素、糖皮质激素、生长激素、甲状腺激素。胰高血糖素是胰岛A细胞分泌的激素，血糖浓度过低促进其分泌。胰高血糖素主要通过促进糖原分解和抑制糖原合成、减少葡萄糖分解代谢、促进糖异生、增加脂肪动员等多方面作用升高血糖浓度。

胰岛素和胰高血糖素是调节血糖浓度最主要的两种作用相反的激素。引起胰岛素分泌的信号（如血糖浓度升高）可抑制胰高血糖素分泌；反之，使胰岛素分泌减少的信号（如血糖浓度降低）可促进度高血糖素分泌。

肾上腺素主要在应激状态下发挥作用，与胰高血糖素作用相似。糖皮质激素能促进肌肉蛋白分解，诱导肝中磷酸烯醇式丙酮酸羧激酶的表达，增强糖异生；它还可抑制丙酮酸脱氢酶复合体的活性，使肝外组织对血糖利用减少，使血糖浓度升高。此外生长激素、促肾上腺皮质激素、甲状腺激素等均有升高血糖浓度的作用。

3. 神经系统水平调节

神经系统对血糖浓度的调节主要通过下丘脑和自主神经系统调节相关激素的分泌。

8.6.3　血糖浓度异常

1. 高血糖

成人空腹血糖浓度高于6.1mmol/L时称为血糖过高或高血糖。若血糖浓度超过肾糖阈，葡萄糖可从尿中排出，称为糖尿。临床上高血糖和糖尿主要见于糖尿病。随着生活水平的提高、人口老龄化、生活方式的改变，患糖尿病的人数迅速增加。

目前将糖尿病分为Ⅰ型糖尿病、Ⅱ型糖尿病、其他特殊类型的糖尿病和妊娠期糖尿病。Ⅰ型糖尿病主要是患者胰岛B细胞破坏，引起胰岛素缺乏；Ⅱ型糖尿病患者存在胰岛素受体或受体后功能缺陷（胰岛素抵抗）和胰岛素分泌缺陷。Ⅱ型糖尿病患者的遗传易感性较Ⅰ型强。一些特殊类型糖尿病与胰岛B细胞中单基因缺陷有关。糖尿病严重时，机体不能利用葡萄糖供能，此时体内脂肪分解加速，酮体生成大大增加，可引起酮症酸中毒。它是内科常见的急症之一。其他因素如进食大量糖、情绪激动肾上腺素分泌增加等也可引起一过性的高血糖和糖尿。

2. 低血糖

成人空腹血糖浓度低于3.6 mmol/L时被认为低血糖，可出现低血糖症，临床表现有交感神经过度兴奋症状如出汗、颤抖、心悸（心率加快）、面色苍白、肢凉等以及神经症状如头晕、视物不清、步态不稳，甚至出现幻觉、精神失常、昏迷、血压下降等。

胰岛素分泌过多或临床上使用胰岛素过量，升高血糖浓度的激素分泌不足，糖摄入不足（饥饿或节食过度），肝糖原分解减少，糖异生减少，组织耗能过多等均能导致低血糖症。新生儿脑重量占体重的比例较大，且脑几乎完全依赖葡萄糖供能。出生前由母体血液中的葡萄糖提供能量。出生后数小时内，由于肝中磷酸烯醇式丙酮酸羧激酶含量很低，糖异生能力有限，早产儿糖异生能力更弱，肝中糖原贮存更少，因此容易出现低血糖，使脑功能受损，需及时补充糖类食物。

第9章 脂 代 谢

9.1 概述

9.1.1 脂类的主要生理功能

脂类是生物体内一大类重要的有机化食物，包括脂肪和类脂两部分。脂肪是机体的良好能源，通过氧化为生物体提供丰富的热能，每克脂肪氧化分解释放的能量比等量蛋白质或糖所释放的能量高一倍以上。脂类是细胞质和细胞膜的重要组分，细胞内的磷脂类几乎都集中在生物膜中。脂类物质也可为动物机体提供溶解于其中的必需脂肪酸、脂溶性维生素、某些萜类及类固醇质，如维生素A、维生素D、维生素E、维生素K、胆酸及固醇类激素，具有营养、代谢和调节功能。在机体表面的脂类物质具有防止机械损伤与防止热量散失等保护作用。某些类脂是细胞的表面物质，与细胞识别、种特异性和组织免疫等有密切关系。脂类物质可以增加饱腹感，其在胃内停留时间较长，使人不易感到饥饿。

9.1.2 脂类的吸收和运输

人从食物中摄入脂类，主要在小肠中进行消化和吸收。由于脂类不溶于水，其在肠道内的消化不仅需要相应的消化水解酶类，还需要胆汁中胆汁盐的乳化作用。在小肠中，脂肪首先被胆汁盐乳化成微粒并均匀分散于水中，有利于胰脏分泌的脂肪酶对其水解，生成脂肪酸和甘油。

胆汁盐包括胆酸、甘氨胆酸和牛磺胆酸，是胆固醇的氧化产物。它的极性端暴露于外侧，而内侧一端是非极性的，这样就形成一个胶质颗粒，即微粒（或微团）。具体来讲，它的疏水部分指向内侧，羧基和羟基部分指向外侧。它不仅有这样的特性，而且还作为载体把脂肪从小肠腔移送到上皮细胞，小肠对脂肪的吸收即在这里发生。对于游离脂肪酸、单酰甘油和脂溶性维生素，微团也参与它们的吸收。对胆管堵塞的患者进行检查证实：小肠只吸收少量的脂肪，在粪便中有较多的脂肪水解产物（脂肪痢）。可见，胆汁盐可以帮助脂肪进行消化和吸收。

在小肠中被吸收的脂类物质包括脂肪酸（70%）、甘油、β-甘油酯（25%）以及胆碱、部分水解的磷脂和胆固醇等。其中甘油、β-甘油酯同脂肪酸在小肠黏膜细胞内重新合成三酰甘油。新合成的三酰甘油与少量磷脂和胆固醇混合在一起，并被一层脂蛋白包围形成乳糜微粒，然后从小肠黏膜细胞分泌到细胞外液，再从细胞外液进入乳糜管和淋巴，最后进入血液。乳糜微粒在血液中留存的时间很短，又通过淋巴系统运送到各种组织，很快被组织吸收。脂质由小肠进入淋巴的过程需要α-脂蛋白的参与，先天性缺乏β-脂蛋白的人，脂质进入淋巴管的作用就显著受阻。脂蛋白是血液中载运脂质的工具。

短的和中等长度碳链的脂肪酸在膳食中含量不多，它们被吸收后经门静脉进入肝脏。即短链和中长链的脂肪酸绕过了形成脂蛋白的途径。

胆固醇的吸收需要有脂蛋白存在。胆固醇还可以与脂肪酸结合成胆固醇酯而被吸收。胆固醇酯和脂蛋白起载运脂肪酸的作用。

磷脂在脂肪的消化吸收和转运、细胞内信号传递等方面具有重要作用。

胆汁酸盐为表面活性物质，能使脂肪乳化，同时又可促进胰脂酶的活力，能促进脂肪和胆固醇的吸收。

不被吸收的脂类则进入大肠被细菌分解。

进入血液的脂类有下列三种主要形式。

（1）乳糜微粒组成为：三酰甘油81%～82%、蛋白质2%、磷脂7%、胆固醇9%。餐后血液呈乳状，即由于乳糜微粒的增加而导致。

（2）β-脂蛋白组成为：三酰甘油52%、蛋白质7%、磷脂胆固醇20%。

（3）未酯化的脂酸（与血浆清蛋白结合）血浆的未酯化脂肪酸水平是受激素控制的。肾上腺素、促生长素、甲状腺素和促肾上腺皮质激素（ACTH）皆可使之增高，胰岛素可使之降低，其作用机制尚不完全清楚。

上述3类脂质进入肝脏后，乳糜微粒的部分三酰甘油被脂肪酶水解成甘油和脂肪酸，进行氧化，一部分转存于脂肪组织，还有一部分转化成磷脂，再运到血液分布给器官和组织。

β-脂蛋白和其他脂肪-蛋白质络合物的三酰甘油部分被脂蛋白脂肪酶水解。水解释出的脂肪。酸可以运往脂肪组织再合成三酰甘油储存起来，也可供其他代谢利用。脂蛋白脂肪酶存在于多种组织中，脂肪组织和心肌中含量相当高。肝素对脂蛋白脂肪酶有辅助因子的作用。未酯化的脂肪酸可从储脂和吸收的食物脂肪分解而来。它们的更新率很高，主要作用是供机体氧化。

9.2 脂肪的分解代谢

体内的脂肪经常不断地进行分解消耗，除了不断从食物补充外，机体中亦有糖、蛋白质不断通过代谢过程生成脂肪。各组织中的脂肪不断地进行自我更新，脂肪的分解与合成在正常情况下处于动态平衡。

在分解代谢过程中，脂肪首先经水解作用生成甘油和脂肪酸，然后水解产物各自按不同的途径进一步分解或转化。

9.2.1 脂肪的酶促水解

脂肪酶广泛存在于体内各组织中，除成熟的红细胞外，各组织都有分解脂肪和产物的能力。它能催化脂肪逐步水解产生脂肪酸和甘油。这种作用称为脂肪的动员。

$$\begin{array}{l} CH_2OCOR^1 \\ | \\ CHOCOR^2 \\ | \\ CH_2OCOR^3 \end{array} + 3H_2O \xrightarrow{\text{脂肪酶}} \begin{array}{l} CH_2OH \\ | \\ CHOH \\ | \\ CH_2OH \end{array} + 3RCOOH$$

脂肪　　　　　　　　甘油　　　脂肪酸

R 为 R¹、R² 或 R³

脂肪水解酶为激素敏感酶。脂肪酶的活性受多种激素的调节，激素参与靶细胞受体作用，激活腺苷酸环化酶，使细胞内cAMP增加，激活蛋白激酶，由蛋白激酶激活脂肪酶使脂肪发生上述水解作用。

9.2.2　甘油的分解代谢

脂肪水解产生的甘油，经甘油激酶（肝、肾、泌乳期的乳腺及小肠黏膜等细胞）的催化，由ATP供能，生成α-磷酸甘油，然后在磷酸甘油脱氢酶的催化下脱氢生成磷酸二羟丙酮。其反应如下：

$$
\begin{array}{ccc}
\text{CH}_2\text{—OH} & \xrightarrow[\text{甘油激酶}]{\text{ATP}\quad\text{ADP}} & \text{CH}_2\text{—OH} \\
\text{CH—OH} & & \text{CH—OH} \\
\text{CH}_2\text{—OH} & & \text{CH}_2\text{—OPO}_3^{2-}
\end{array}
\quad
\xrightarrow[\text{磷酸甘油脱氢酶}]{\text{NAD}^+\quad\text{NADH+H}^+}
\quad
\begin{array}{c}
\text{CH}_2\text{—OH} \\
\text{C}=\text{O} \\
\text{CH}_2\text{—OPO}_3^{2-}
\end{array}
$$

磷酸二羟丙酮再经磷酸丙糖异构酶催化转变为α-磷酸甘油醛，因此磷酸二羟丙酮在肝脏中有两条途径：一种是进入糖酵解途径，经丙酮酸进入三羧酸循环彻底氧化成CO_2和水，同时放出能量；另一种是经糖异生作用合成葡萄糖，进而合成糖原。

9.2.3　脂肪酸的分解代谢

生物体内脂肪酸的氧化分解途径主要是β氧化。

1904年，Franz Knoop将不同长度脂肪酸的甲基叫ω-碳原子与苯基相连接，然后用这些带有苯基的脂肪酸喂狗。在检查尿中的产物时，发现不论脂肪酸链长短，用苯基标记的奇数碳脂肪酸饲喂的动物尿中都能检测到苯甲酸衍生物马尿酸，而用苯基标记的偶数碳脂肪酸饲喂的动物尿中都能检测到苯乙酸衍生物苯乙尿酸。Knoop从以上结果得出了脂肪酸的β氧化学说。他认为偶数碳脂肪酸不论长短，每次水解2个碳原子，最终都要形成苯乙酸，与甘氨酸化合成苯乙尿酸；而奇数碳脂肪酸同样每次水解2个碳原子，最终都要形成苯甲酸，与甘氨酸化合成马尿酸排出体外，在脂肪酸β氧化中水解的2个碳原子是乙酸单元。

继Knoop的发现之后，近百年的研究工作结果都支持了他的基本论点。即降解始发于羧基端的第2位（β位）碳原子，在这一处断裂切掉2个碳原子单元，脂肪酸的降解途径被称为β氧化。现在的观点与Knoop的假说相比较，有以下三点差异：切掉的2个碳原子单元生成乙酰辅酶A，而不是乙酸分子；反应体系中的中间产物全部都是结合在辅酶A上；降解的起始需要ATP水解。

1. 脂肪酸的活化

脂肪酸的氧化主要是在原核生物的细胞质及真核生物的线粒体基质中。脂肪酸在进入线粒体之前，要先被活化成脂酰辅酶A。该反应由脂酰辅酶A合成酶催化，此酶存在于线粒体外膜。ATP推动脂肪酸的羧基与HSCOA的巯基之间形成硫酯键。

脂肪酸在脂酰辅酶A合成酶催化下，先与ATP形成脂酰-磷酸腺苷。脂酰-磷酸腺苷再与辅酶A反应，生成脂酰辅酶A。

$$
\underset{\text{脂肪酸}}{\text{RCH}_2\text{CH}_2\text{CH}_2\text{COO}^-} + \text{ATP} \longrightarrow \underset{\text{脂酰-磷酸腺苷}}{\text{RCH}_2\text{CH}_2\text{CH}_2\text{CO-AMP}} + \underset{\text{焦磷酸}}{\text{PPi}}
$$

$$
\text{RCH}_2\text{CH}_2\text{CH}_2\text{CO-AMP} + \text{HSCoA} \rightleftharpoons \underset{\text{脂酰辅酶 A}}{\text{RCH}_2\text{CH}_2\text{CH}_2\text{CO}\sim\text{SCoA}} + \text{AMP}
$$

在体内，焦磷酸很快被磷酸酶水解，使反应不可逆。

2. 脂肪酸转入线粒体

10个碳原子以下的脂酰辅酶A分子可容易地渗透通过线粒体内膜，但是更长链的脂酰辅酶A就不能轻易透过其内膜。体内催化脂肪酸氧化分解的酶分布于线粒体基质中，而长链脂肪酸的激活在线粒体外进行，所产生的脂酰辅酶A必须进入线粒体内部。脂酰辅酶A在肉毒碱存在时可在内膜上生成脂酰肉毒碱，然后通过内膜再生成脂酰辅酶A和游离的肉毒碱。这一反应由脂酰肉碱移位酶Ⅰ、Ⅱ所催化。

脂酰肉碱移位酶Ⅰ、Ⅱ是一组同工酶。前者在线粒体内膜外侧，催化脂酰辅酶A上的脂酰基转移给肉碱，生成脂酰肉碱；后者则在线粒体内膜内侧将运入的脂酰肉碱上的脂酰基重新转移至辅酶A，游离的肉碱被运回内膜外侧循环使用。

3. 脂肪酸的β氧化过程

脂酰辅酶A进入线粒体后，经历多次β氧化作用而逐步降解成多个二碳单位——乙酰辅酶A。β氧化作用每循环一次包括以下四步反应。

（1）氧化。脂酰辅酶A经脂酰辅酶A脱氢酶的催化，在α碳原子和β碳原子上共脱去2个氢生成一个带有反式双键的$\triangle^2$-反-烯脂酰辅酶A；这一反应需要黄素腺嘌呤二核苷酸（FAD）作为氢的载体。

$$RCH_2 CH_2 CH_2 COSCoA+FAD \Longleftrightarrow RCH_2 CH—CHCOSCoA+FADH_2$$
$$\text{脂酰辅酶A} \qquad\qquad \triangle^2\text{-反-烯脂酰辅酶A}$$

（2）水合。$\triangle^2$-反-烯脂酰辅酶A经过水化酶的催化，生成β-羟脂酰辅酶A。

$$RCH_2 CH=CHCOSCOA+H_2O \Longleftrightarrow RCH_2 CHOHCH_2 COSCoA$$
$$\triangle^2\text{-反-烯脂酰辅酶A} \qquad\qquad L\text{-}(+)\text{-}\beta\text{-羟脂酰辅酶A}$$

（3）氧化。L-(+)-β-羟脂酰辅酶A经β-羟脂酰辅酶A脱氢酶及辅酶NAD^+的催化，脱去2个H而生成β-酮脂酰辅酶A。

$$RCH_2 CHOHCH_2 COSCoA+NAD^+ \Longleftrightarrow RCH_2 COCH_2 COSCoA+NADH+H^+$$
$$L\text{-}(+)\text{-}\beta\text{-羟脂酰辅酶A} \qquad\qquad \beta\text{-酮脂酰辅酶A}$$

（4）断裂。最后一个步骤是β-酮酰辅酶A经与另一分子辅酶A作用发生硫解（硫酯解酶参加），生成1分子乙酰辅酶A及1分子碳链少两个碳原子的脂酰辅酶A。

$$RCH_2 COCH_2 COSCoA+HSCoA \Longleftrightarrow RCH_2 COSCoA+CH_3 COSCoA$$
$$\beta\text{-酮脂酰辅酶A} \qquad\qquad \text{碳链较短的脂酰辅酶A} \quad \text{乙酰辅酶A}$$

此碳链较短的脂酰辅酶A又经过氧化、水合、氧化、断裂等反应，生成乙酰辅酶A。如此重复进行，脂肪酸最终全部转变成乙酰辅酶A。如1分子十六碳的软脂酸（棕榈酸，$C_{15} H_{31} COOH$）的β-氧化过程需经历7轮β-氧化作用，生成8分子乙酰辅酶A。

4. 脂肪酸β-氧化过程中的能量变化

脂肪酸在β-氧化作用前的活化作用需消耗能量，即1分子ATP转变成了AMP，消耗了2个高能磷酸键，按照ADP+Pi生成ATP的机制，相当于少生成2分子ATP，因此可将其按消耗2分子ATP计算。

在β氧化过程中，每进行一个循环有2次脱氢，自脂酰辅酶A脱氢传递给FAD^+生成$FADH_2$；自β-羟脂酰辅酶A脱氢传递给NAD^+生成$NADH+H^+$。$FADH_2$和$NADH+H^+$在生物氧化过程中被氧化成水，同时分别生成2分子及3分子ATP。因而β氧化每循环一次可生成5分子ATP。β氧化作用的产物乙酰辅酶A可通过三羧酸循环而彻底氧化成CO_2和H_2O，同时每分子乙酰辅酶A可生成12分子ATP。

现以16碳的软脂酸（棕榈酸，$C_{15} H_{31} COOH$）为例说明脂肪酸β氧化过程中的能量转变。软脂酸完全氧化成乙酰辅酶A共经过7次β氧化，生成7个$FADH_2$、7个NADH和8分子乙酰辅酶A。因而1分子软脂酸彻底氧化可净生成ATP数为：2×7+3×7+12×8-2=129。如用热量计直接测定1 mol软脂酸完全氧化生成CO_2和H_2O时，可释放出能量9790.56 kJ。由此可见，脂肪酸氧化所产生的能量有40%（30.54×129÷9790.56×100%）以ATP的形式贮存起来并供生命活动使用。

5. 奇数碳原子的脂肪酸的氧化

大多数哺乳动物组织中奇数碳原子的脂肪酸是罕见的，但反刍动物（如牛、羊）奇数碳原子脂肪酸氧化提供的能量相当于它们所需能量的25倍。在许多植物及一些海洋生物体内的脂类含有一定量的奇数碳原子脂肪酸。在牛及其他反刍动物的瘤胃中通过糖的发酵作用生成大量的丙酸，这些丙酸吸收入血后可在肝脏及其他组织进行氧化。含奇数碳原子的脂肪酸以与偶数碳原子脂肪酸相同的方式进行氧化，但在氧化降解的最后一轮，产物是丙酰辅酶A和乙酰辅酶A。丙酰辅酶A在含有生物素辅基的丙酰辅酶A羧化酶、甲基丙二酸单酰辅酶A表异构酶、甲基丙二酸单酰辅酶A变位酶的作用下生成琥珀酰辅酶A，如图9-3所示。琥珀酰辅酶A可进入三羧酸循环被氧化。

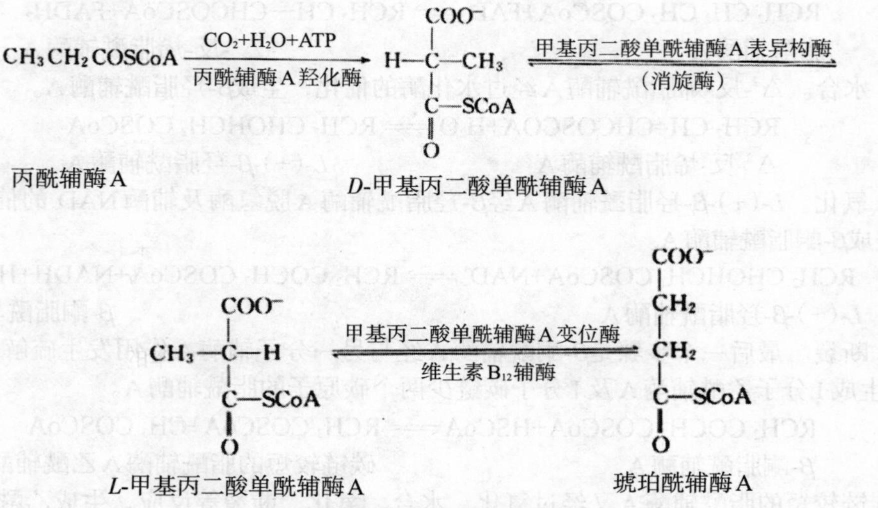

$$CH_3CH_2COSCoA \xrightarrow[\text{丙酰辅酶A羧化酶}]{CO_2+H_2O+ATP}$$

丙酰辅酶A

$$\xrightarrow[\text{（消旋酶）}]{\text{甲基丙二酸单酰辅酶A表异构酶}}$$

D-甲基丙二酸单酰辅酶A

$$\xrightarrow[\text{维生素}B_{12}\text{辅酶}]{\text{甲基丙二酸单酰辅酶A变位酶}}$$

L-甲基丙二酸单酰辅酶A　　　　　琥珀酰辅酶A

图9-3　丙酰辅酶A的代谢

此外，丙酰辅酶A也可以经其他代谢途径转变成乳酸及乙酰辅酶A进行氧化。

9.2.4　酮体的生成与利用

1. 酮体的生成

如果脂肪酸氧化和碳水化合物的降解达到平衡，乙酰辅酶A就进入三羧酸循环继续被氧化分解而产生能量，因为这时碳水化合物分解产生的草酰乙酸足够用于乙酰辅酶A缩合成柠檬酸。但当脂肪分解占优势时，乙酰辅酶A就发生另外的转化。比如在饥饿或患糖尿病时，草酰乙酸常被用于形成葡萄糖而浓度降低。在这种情况下，脂肪酸氧化不完全，2分子乙酰辅酶A可以缩合成乙酰乙酰辅酶A；乙酰乙酰辅酶A再与1分子乙酰辅酶A缩合成β-羟β-甲基戊二酸单酰辅酶A（HMG CoA），后者裂解成乙酰乙酸；乙酰乙酸在肝脏线粒体中可还原生成β-羟丁酸。乙酰乙酸还可以脱羧生成丙酮。乙酰乙酸、β-羟丁酸和丙酮，统称为酮体。

2. 酮体的利用

在肝脏中有活力很强的生成酮体的酶，但缺少利用酮体的酶。肝线粒体内生成的酮体可迅速透出肝细胞经血液循环输送至肝外组织。在肝脏中形成的乙酰乙酸和β-羟丁酸进入血液循环后送至肝外组织，主要在心脏、肾脏、脑及肌肉中通过三羧酸循环氧化。β-羟丁酸首先氧化成酮酸，然后酮酸在琥珀酰辅酶A转硫酶（在心肌、骨骼肌、肾、肾上腺组织中）或乙酰乙酸硫激酶（骨骼肌、心及肾等组织中）的作用下，生成乙酰乙酰辅酶A，再与第2个分子辅酶A作用形成2分子乙酰辅酶A，乙酰辅酶A可以进入三羧酸循环彻底氧化放能，也可作为合成脂肪酸的原料。乙酰乙酸可进一步被还原为β-羟丁酸，也可自发脱羧形成丙酮。丙酮有一部分随尿排出，还有一部分直接从肺部呼出。丙酮在体内也可转变成丙酮酸或甲酰基或乙酰基供其他代谢途径利用，丙酮酸既可以氧化，也可以合成糖原。

3. 酮体生成的意义

由酮体的代谢可以看出，肝脏组织将脂肪酸转变为酮体，而肝外组织则再将酮体转变为乙酰辅酶A。这并不是一种无效的循环，而是由于肝内外酶系的不同而决定的乙酰辅酶A在体内的特殊利用方式。目前认为，肝脏组织正是以酮体的形式将乙酰辅酶A通过血液运送至外周器官中的。骨骼、心脏和肾上腺皮质细胞的能量消耗主要就是来自这些酮体，脑组织在糖饥饿时也能利用酮体作为能源。

酮体在正常血液中少量存在，是人体利用脂肪的一种正常表象。正常情况下，血液中酮体浓度相对恒定，这是因为肝中产生的酮体可在肝外组织迅速利用，尤其是肾脏和心肌具有较强的使乙酰乙酸氧化的酶系，其次是大脑。肌肉组织也是利用酮体的重要组织。对于不能利用脂肪酸的脑组织来说，利用酮体作为能源具有重要意义。但在某些生理或病理情况下（如因饥饿将糖原耗尽后，膳食中糖供给不足时，或因患糖尿病而导致糖氧化功能障碍时），脂肪动员加速，肝脏中酮体生成增加，超过了肝外组织氧化的能力。又因糖代谢减少，丙酮酸缺乏，可与乙酰辅酶A缩合成柠檬酸的草酰乙酸减少，更减少酮体的去路，使酮体积聚于血液内，成为酮血症。血中酮体过多，由尿排出，又形成酮尿。酮体为酸性物质，若超过血液的缓冲能力时（酮血症或酮尿出现），就可引起机体酸中毒。

9.3　脂肪的合成代谢

脂肪的生物合成可以分为三个阶段：甘油的生成、脂肪酸的合成、由甘油和脂肪酸缩合后合成脂肪。

9.3.1　甘油的生物合成

生物体内，糖酵解的中间产物磷酸二羟丙酮，在胞质内的β-磷酸甘油脱氢酶催化下还原为β-磷酸甘油，后者在磷酸酶作用下生成甘油。

$$\underset{\text{磷酸二羟丙酮}}{\begin{array}{c}CH_2OPO_3H_2\\|\\C=O\\|\\CH_2OH\end{array}} \xrightarrow[\quad]{NADH+H^+ \quad NAD^+} \underset{\text{3-磷酸甘油}}{\begin{array}{c}CH_2OH\\|\\OH-CH\\|\\CH_2OPO_3H_2\end{array}} \xrightarrow[\quad]{ADP \quad ATP} \underset{\text{甘油}}{\begin{array}{c}CH_2OH\\|\\HOCH\\|\\CH_2OH\end{array}}$$

9.3.2 脂肪酸的生物合成

脂肪酸合成过程比较复杂，与氧化分解步骤完全不同，可分为饱和脂肪酸的从头合成、脂肪酸碳链的延长和不饱和脂肪酸的合成三大主要部分。脂肪酸合成的原材料乙酰CoA主要来自糖酵解产生的丙酮酸，合成部位是在细胞质中，例如高等动物脂肪酸的合成来自脂肪细胞、肝脏细胞和乳腺组织的细胞质中，同时还需要有载体蛋白的参加。

1. 饱和脂肪酸的从头合成

（1）乙酰CoA的转运与活化。大部分脂肪酸的合成发生在细胞质中，脂肪酸合酶多酶复合体存在于细胞质，而细胞内脂肪酸合成的原料乙酰CoA全部在线粒体基质里产生，但是代谢产生的乙酰COA不能穿过线粒体的内膜到细胞质中去，所以要借助"柠檬酸-丙酮酸循环"的转运途径来达到转移乙酰COA进入细胞质的目的。"柠檬酸-丙酮酸循环"主要过程如下。

①丙酮酸氧化产生的乙酰CoA与丙酮酸羧化产生的草酰乙酸，在柠檬酸合酶作用下缩合生成柠檬酸，柠檬酸通过线粒体内膜上的载体转运至细胞质，然后在胞质中由柠檬酸裂解酶催化裂解，重新生成乙酰CoA和草酰乙酸。

②此时胞质中生成的乙酰CoA用于合成脂肪酸，而草酰乙酸在苹果酸脱氢酶催化下，以$NADH+H^+$为辅酶，加氢还原成苹果酸。苹果酸可通过苹果酸-α-酮戊二酸转运体重新转运至线粒体内，再利用线粒体内的苹果酸脱氢酶生成草酰乙酸。

③胞质中的苹果酸还可接着在苹果酸酶的催化下氧化脱羧生成CO_2、$NADPH+H^+$和丙酮酸。丙酮酸可再通过线粒体内膜上的载体转运至线粒体内重新羧化生成草酰乙酸，后者再与乙酰CoA缩合成柠檬酸。以上过程如此反复循环，乙酰CoA便可不断地从线粒体内转运至胞质中。"柠檬酸-丙酮酸循环"是个耗能的过程，转运1分子乙酰CoA需要消耗2分子的ATP。

在植物体内，线粒体内产生的乙酰CoA先脱去COA以乙酸的形式运出线粒体，再在线粒体外由脂酰CoA合成酶催化重新形成乙酰CoA。因此植物体内可能不存在"柠檬酸-丙酮酸循环"的转运穿梭过程。

（2）丙二酸单酰CoA的合成。在胞质中，乙酰CoA羧化生成丙二酸单酰CoA是脂肪酸合成的第一步反应，催化反应的酶是乙酰CoA羧化酶复合体，由生物素羧化酶（BC）、羧基转移酶（CT）、生物素羧基载体蛋白（BCCP）三个不同的亚基组成。其辅基为生物素，Mn^{2+}为激活剂，存在于胞质中。该酶是别构酶，在柠檬酸、异柠檬酸存在时，10～20个单体聚合成线状排列的多聚体，催化活性增加10～20倍。而软脂酸及其他长链脂酰CoA能使多聚体解聚成为单体，抑制酶的活性。所以乙酰CoA羧化酶是脂肪酸合成的限速酶，且合成反应不可逆。

脂肪酸的从头合成需要HCO_3^-，反应分两步：第一步由生物素羧化酶亚基催化生物素的羧化作用，碳原子来自比CO_2更活泼的HCO_3^-，第二步由羧基转移酶亚基催化使羧基从生物素羧基载体蛋白转移到乙酰CoA上形成丙二酸单酰CoA。

$$乙酰CoA+ATP+HCO_3^- \rightarrow 丙二酸单酰CoA+ADP+Pi+H^+$$

（3）丙二酸单酰CoA生成软脂酸的加成反应。丙二酸单酰CoA生成软脂酸的加成反应是在脂肪酸合酶系统（FAS）的作用下完成的。脂肪酸合酶系统是一个多酶复合体，由酰基载体蛋白（ACP）、乙酰CoA：ACP酰基转移酶（AT）、丙二酸单酰CoA：ACP转移酶（MT）、β-酮脂酰-ACP合成酶（KS）、β-酮脂酰-ACP还原酶（KR）、β-羟脂酰-ACP脱水酶（HD）、β-烯脂酰-ACP还原酶（ER）7种蛋白组成，6种酶以1个酰基载体蛋白为中心。

这一反应历程以乙酰CoA为起点，由丙二酸单酰CoA在羧基端逐步添加二碳单位，合成出不超过16个碳的脂酰基，最后脂酰基被水解成游离的脂肪酸。

①乙酰基和丙二酸单酰基进位。

乙酰基进位：乙酰CoA的乙酰基在乙酰转移酶催化下，转移到脂肪酸合酶多酶复合体的酰基载体蛋白（ACP）的中央巯基上。

乙酰基移位：乙酰基由中央巯基转移到外围巯基上。

丙二酸单酰基进位：丙二酸单酰CoA的单酰基在丙二酸单酰转移酶催化下，被转移到中央巯基上。

②缩合。酰基载体蛋白（ACP）的外围巯基上的乙酰基与中央巯基上的丙二酸单酰基在β-酮脂酰合成酶催化下，缩合成β-酮丁酰基，连接在ACP的中央巯基上，同时释放出1分子CO_2。

（3）加氢。在β-酮脂酰-ACP还原酶催化下，β-酮丁酰基ACP的β位羰基被$NADPH+H^+$加氢还原成羟基，生成β-羟丁酰基ACP。

④脱水。在β-羟脂酰-ACP脱水酶催化下，β-羟丁酰基ACP的α、β碳原子间脱水生成反$\triangle^2$烯丁酰基ACP。

⑤再加氢。在β-烯脂酰-ACP还原酶催化下反$\triangle^2$烯丁酰基ACP的α、β之间双键被$NADPH+H^+$再加氢还原成单键，生成延长了两个碳单位的丁酰基ACP。

生成的丁酰基ACP再与新进位的丙二酸单酰CoA的单酰基重复上述缩合、加氢、脱水、再加氢的循环反应，又延长两个碳原子的脂酰基ACP复合物，生成己酯酰基。如此反复进行，连续7次的加成反应后，直至生成16碳的软酯酰基ACP复合物为止。

⑥脂酰基水解。当中央巯基上的脂酰基延长到一定程度（不超过16碳）后，在硫酯酶的水解作用下，ACP上的脂酰基被转移到CoA上，即可生成软脂酸。

软脂酸合成的总反应为：

$$CH_3COSCoA+7\,HOOCCH_2COSCoA+14(NADPH+H^+)\rightarrow CH_3(CH_2)_{14}COOH+7CO_2+6H_2O+8CoASH+14NADP^+$$

2. 脂肪酸链的延长

从头合成只能合成16碳以下的脂肪酸，而16碳以上的脂肪酸是由延长系统以脂酰CoA为起点形成的。脂肪酸碳链延长的反应，主要在肝细胞线粒体或内质网中进行，可经过两条不同的途径延长。

（1）线粒体脂肪酸延长途径。线粒体脂肪酸延长途径的延长过程发生在动物的线粒体中。线粒体基质中含有催化脂肪酸延长的酶系，可以按照与脂肪酸β-氧化逆反应过程基本相似的过程使软脂酸的碳链延长，只是第四个酶烯脂酰CoA还原酶代替了β-氧化过程中的脂酰CoA脱氢酶。软脂酰CoA与乙酰CoA缩合生成β-酮脂酰CoA后，由$NADPH+H^+$供氢还原产生α，β-羟硬脂酰CoA；后者脱水可以生成α，β-硬烯脂酰CoA，然后经α，β-烯脂酰还原酶催化，$NADPH+H^+$供氢，还原后即可生成硬脂酰CoA。以此方式，每一轮反应使脂肪酸新增加2个碳原子，一般可以延长至24或26碳的脂肪酸，不过仍以硬脂酸生成最多。

（2）内质网脂肪酸延长途径，也称非线粒体系统合成途径。动、植物都存在内质网延长系统，过程与脂肪酸从头合成相似，在内质网中含有催化脂肪酸延长酶系，以丙二酸单酰CoA作为二碳单位的供体，NADPH+H$^+$供氢，通过缩合、加氢、脱水以及再加氢等反应，按照胞质中软脂酸合成相似的过程，使软脂酸碳链逐步延长。但不同的是反应中脂酰基不是以ACP为载体，而是连接在CoASH上，此途径可以合成24碳的脂肪酸。不过还是以软脂酸合成18碳的硬脂酸为主。

3. 不饱和脂肪酸的合成

生物体内存在大量的不饱和脂肪酸，最主要的如棕榈油酸、油酸、亚油酸、亚麻酸、花生四烯酸等。其中含有两个或两个以上双键的脂肪酸称为多不饱和脂肪酸。亚油酸和亚麻酸是人体必需脂肪，因为人和其他哺乳动物缺乏在脂肪酸第9位碳原子以上位置引入双键的酶系，所以自身不能合成含有$\triangle^{11}$、$\triangle^{12}$、$\triangle^{14}$或$\triangle^{15}$双键的亚油酸和亚麻酸，必须从植物中获得，因此称为营养必需脂肪酸。亚油酸和亚麻酸广泛存在于植物油（花生、芝麻和棉籽油等）中。其他多不饱和脂肪酸都是由以上4种不饱和脂肪酸衍生而来，而这四种不饱和脂肪酸都是由饱和脂肪酸通过延长和去饱和作用而形成的：去饱和作用一般首先发生在饱和脂肪酸的9、10位碳原子上（从羧基端开始计数）生成单不饱和脂肪酸（如棕榈油酸、油酸）。它包括需氧和厌氧两条途径，需氧途径主要发生在真核生物中，厌氧途径存在于厌氧微生物中。

（1）需氧途径（氧化脱氢途径）。由于去饱和酶系和电子传递体的反应方式不同，植物和动物体内的需氧途径有所差别。

①动物组织：该途径的去饱和酶系结合在内质网膜上，以脂酰-CoA为底物；一分子氧接受来自去饱和酶的两对电子而生成2分子水，其中一对电子是通过电子传递体（细胞色素b_5）从NADPH+H$^+$获得，另一对则是从脂酰基获得，结果NADPH+H$^+$被氧化成NADP$^+$，脂酰基被氧化成双键。

②植物组织：植物的去饱和酶系不同于动物，它结合在叶绿体等质体中，以脂酰-ACP为底物。一对电子通过在植物体内的铁硫蛋白作为电子传递体使NADPH+H$^+$被氧化成NADP$^+$。

（2）厌氧途径。厌氧途径主要发生在厌氧微生物脂肪酸从头合成的过程中，是其合成单烯脂酸的方式。当脂肪酸合酶多酶复合体从头合成到10个碳的羟脂酰-ACP（β-羟葵酰-ACP）时，由专一性的β-羟葵酰-ACP脱水酶催化在β,γ位之间脱水，生成β,γ-烯葵酰-ACP，然后继续掺入二碳单位，进行从头合成反应过程。这样，厌氧途径就可产生不同长短的单不饱和脂肪酸，但只能发生一次脱水反应，无法产生多不饱和脂肪酸。

9.3.3 脂肪的生物合成

脂肪，即三酰甘油是由3-磷酸甘油和脂酰CoA逐步脱水缩合生成的。其中，3-磷酸甘油有两个来源：一是由甘油与ATP在甘油激酶催化下生成的；二是走甘油的合成途径，由糖酵解产生的磷酸二羟丙酮还原生成的。脂酰CoA由脂肪酸在脂酰CoA合成酶催化下生成，反应式见脂肪酸β-氧化中脂肪酸活化。

1. 单酰甘油合成途径

小肠黏膜细胞利用食物消化吸收的脂肪酸在ATP、Mg^{2+}、CoASH存在的条件下，被内质网脂酰CoA合成酶催化生成脂酰CoA，又在内质网脂酰CoA转移酶的作用下，脂酰CoA与食物消化吸收的单酰甘油反应，生成二酰甘油，最终生成三酰甘油。

2. 二酰甘油途径

葡萄糖酵解途径生成的磷酸二羟丙酮经还原生成β-磷酸甘油，后者在脂酰CoA转移酶的作用下，依次加上2分子脂酰CoA生成磷脂酸，磷脂酸在磷脂酸磷酸酶的作用下，水解脱去磷酸生成1,2-二酰甘油，然后在脂酰CoA转移酶催化下，再加上1分子脂酰基，即生成三酰甘油。肝细胞及脂肪细胞中主要以二酰甘油途径合成三酰甘油。

9.4 类脂代谢

9.4.1 磷脂代谢

1. 甘油磷脂的代谢

生物体内存在多种使甘油磷脂水解的酶，可以分别作用于甘油磷脂分子中不同的酯键。它们在自然界中分布很广，存在于动物、植物、细菌、真菌中。在磷脂酶的催化下，甘油磷脂水解成甘油、脂肪酸、磷酸和含氮化合物。甘油进入糖酵解或糖异生途径代谢，脂肪酸进行β-氧化或再合成脂肪，磷酸进入糖代谢或钙磷代谢，而含氮化合物进入氨基酸代谢或再合成新的磷脂。

2. 鞘磷脂的代谢

人体各组织细胞的滑面内质网都含有合成鞘磷脂的酶系，其中以脑组织最活跃。合成鞘磷脂需要以脂酰CoA、丝氨酸、胆碱为基本原料，并在磷酸吡哆醛、$NADPH+H^+$、Mn^{2+}等辅助因子的参与下进行。而降解鞘磷脂的酶属磷脂酶，存在于脑、肝、脾、肾细胞等的溶酶体中，通过水解磷酸酯键，生成磷酸胆碱及N-脂酰鞘氨醇。

9.4.2 胆固醇代谢

1. 胆固醇的生物合成

（1）甲羟戊酸的生成：合成胆固醇的基本原料是来自线粒体中糖有氧氧化产生的乙酰CoA，在合成过程中，2分子乙酰CoA在乙酰乙酰硫解酶的作用下，生成乙酰乙酰CoA；然后再与1分子乙酰CoA缩合生成羟甲基戊二酸单酰CoA（HMG-CoA）。HMG-CoA既是合成酮体的中间产物，同时也是合成胆固醇的中间产物。在线粒体中，羟甲基戊二酸单酰CoA会裂解而生成酮体，而在细胞质中，利用来自糖的磷酸戊糖途径中的$NADPH+H^+$提供的氢，HMG-CoA在其还原酶的作用下，被还原成甲羟戊酸。

（2）鲨烯及胆固醇的合成：甲羟戊酸在胞质中一系列酶的催化作用下，经磷酸化、脱羧及脱羟基等反应生成活性很强的5碳异戊烯焦磷酸和5碳二甲基丙烯焦磷酸。5碳的焦磷酸化合物再缩合成15碳的焦磷酸法尼酯；随后其在内质网鲨烯合酶作用下，再经2次缩合生成30碳多烯烃化合物鲨烯。鲨烯再经环化、氧化、脱羧及还原等步骤，最终生成含有27个碳原子的胆固醇。

（3）胆固醇酯的生成：细胞内合成的游离胆固醇有两种酯化形式，一种是在细胞内，通过脂酰-胆固醇脂酰转移酶催化脂酰CoA结合一个酰基，生成胆固醇酯。而血浆中，游离胆固醇则在磷脂酰胆碱-胆固醇脂酰转移酶的催化下，将磷脂酰胆碱2位碳原子上的脂酰基转移到胆固醇3位羟基上，生成胆固醇酯和溶血磷脂酰胆碱，故胆固醇酯是胆固醇在细胞内贮存或通过血浆运输的主要形式。

2. 胆固醇在体内的代谢转化

胆固醇在体内虽然不能彻底氧化生成CO_2和H_2O，也不能提供能量，但可以转化成多种重要的生理活性物质，起着参与或调节机体物质代谢的作用。

（1）转化为胆汁酸。胆固醇在肝细胞内主要是氧化生成胆汁酸，然后随胆汁排入十二指肠。胆汁酸可以帮助脂类的消化吸收，并抑制胆汁中的胆固醇析出。

（2）转化为类固醇激素。在体内一些内分泌腺中，胆固醇可以合成类固醇激素。例如：肾上腺的皮质细胞可以分别合成雄性激素、氢化可的松及睾酮；睾丸间质细胞、卵巢的卵泡内膜细胞和黄体也可以利用胆固醇合成睾酮、雌二醇和黄体酮这些性激素，它们对调节生理功能和诱发病理改变起着重要的作用。

（3）转化为7-脱氢胆固醇。7-脱氢胆固醇是维生素D_3的前体，后者经紫外线照射转变为维生素D_3，也称胆钙化醇。

3. 胆固醇的排泄

胆固醇大部分被转化成胆汁酸后汇入胆汁中，通过胆管排入小肠内，绝大部分被肠黏膜重新吸收，通过门静脉又返回肝脏内，再排入肠道后，构成胆汁酸的肠肝循环，而另外一小部分随着粪便排出体外。

9.5 血浆脂蛋白代谢

9.5.1 血浆脂蛋白的分类及组成

脂类物质的分子极性小，难溶于水。因此，血液中的脂类与蛋白质结合成可溶性的复合体，这种复合体被称为脂蛋白，实际上脂蛋白是脂类在血浆中的存在和运输形式。脂肪动员释入血浆中的长链脂肪酸则与清蛋白结合而进行运输。血浆脂蛋白为球形颗粒，其中疏水的三脂酰甘油、胆固醇酯集中在颗粒内核，而蛋白质、磷脂和胆固醇等双性分子以极性基团朝向外侧水相，非极性基团则朝向疏水的内核，并以单分子层包绕脂蛋白颗粒表面，从而形成稳定的球形颗粒。

不同脂蛋白中脂类与蛋白质组成的比例不同，颗粒密度也不同。将血浆在一定密度的盐溶液中进行超速离心，其中所含脂蛋白因密度不同而沉降或漂浮，因此按密度由大到小可将脂蛋白分为四类：高密度脂蛋白（HDL）、低密度脂蛋白（LDL）、极低密度脂蛋白（VLDL）和乳糜微粒（CM）。

CM含甘油三酯最多，高达颗粒的80%～95%，蛋白质仅占1%左右，故密度最小，血浆静止即会漂浮；VLDL含甘油三酯亦多，达颗粒的50%～70%，但其甘油三酯与乳糜微粒的来源不同，主要为肝脏合成的内源性甘油三酯；LDL组成中45%～50%是胆固醇及胆固醇酯，因此是一类运送胆固醇的脂蛋白颗粒；HDL中蛋白质含量最多，因此密度最高，磷脂占其组成的25%，胆固醇占20%，甘油三酯含量很少，仅占5%。

血浆脂蛋白中的蛋白部分称载脂蛋白（apolipoprotein，apo），而脂类物质有甘油三酯、磷脂、胆固醇及其酯。组成各种脂蛋白的载脂蛋白种类、脂类组成比例及含量都不相同。

9.5.2 血浆脂蛋白的代谢

1. 乳糜微粒

CM的生理功能是运送外源性三脂酰甘油和胆固醇酯。在小肠黏膜细胞中，消化吸收的甘油一酯和脂肪酸重新合成甘油三酯，后者与磷脂、胆固醇酯及载脂蛋白等形成新生的CM，经淋巴管入血。CM在血液循环中与HDL进行成分交换后能激活肌肉、心及脂肪组织毛细血管内皮表面的脂蛋白脂肪酶，脂蛋白脂肪酶水解CM中的甘油三酯和磷脂，生成甘油、脂肪酸及溶血磷脂等，被各组织摄取利用。

2. 极低密度脂蛋白

VLDL的生理功能是转运内源性甘油三酯。肝细胞以葡萄糖为原料合成的甘油三酯与磷脂、胆固醇及载脂蛋白等形成VLDL。另有小部分VLDL在小肠黏膜细胞合成。VLDL入血后，同HDL交换，激活肝外组织血管内皮表面的脂蛋白脂肪酶。在脂蛋白脂肪酶的作用下，VLDL中的甘油三酯逐步水解，同时磷脂、胆固醇及载脂蛋白向HDL转移，而HDL的胆固醇酯向VLDL转移。在此过程中，VLDL颗粒变小，密度增加，形成富含载脂蛋白的中密度脂蛋白（IDL），部分IDL进入肝细胞代谢，在肝细胞脂肪酶催化下水解甘油三酯和磷脂。未被肝细胞摄取的IDL在脂蛋白脂肪酶的作用下进一步水解其甘油三酯，最后仅剩胆固醇酯，IDL即转变成LDL。

3. 低密度脂蛋白

LDL的生理功能是从肝脏转运内源性胆固醇到肝外组织，它是VLDL在血液中转变形成的。LDL有一半在肝脏降解，肾上腺皮质、卵巢和睾丸等组织代谢LDL的能力也较强。在各种水解酶作用下，LDL中的胆固醇酯被水解为脂肪酸和胆固醇，载脂蛋白被水解为氨基酸。释放出的游离胆固醇可被细胞利用，具有重要的生理调节作用。

4. 高密度脂蛋白

HDL的生理功能是把胆固醇从肝外组织逆向转运回肝脏进行代谢。HDL主要在肝脏合成，小肠也可合成。HDL也主要在肝脏降解，其中的胆固醇在肝内可合成胆汁酸或随胆汁排泄。

血浆中90%的胆固醇酯来自HDL，其中70%的胆固醇酯生成后经血浆胆固醇酯转运蛋白转运到VLDL及LDL后被清除，10%通过肝脏清除。综上所述，HDL在代谢中，从肝外组织获取的胆固醇在血浆脂蛋白中的载脂蛋白及血浆中的卵磷脂胆固醇脂酰转移酶作用下，转化为胆固醇酯，再由血浆胆固醇酯转运蛋白转运，最后进入肝代谢。这种将胆固醇从肝外向肝内转运的过程称胆固醇的逆向转运。这一机制对清除外周组织血管壁及衰老细胞膜上过剩的胆固醇，防止心脑血管脂质沉积和粥样硬化有重要意义。

9.6　脂类代谢紊乱

脂类的代谢也受神经和激素控制。据动物实验结果，切除大脑半球的小狗，其肌肉及骨中的脂肪含量均减少，但肝脏略有增加，肝胆固醇亦显著增加，这说明大脑在调节脂类代谢上具有重要意义。激素对脂代谢的调节更为明显，如果因胰岛功能失调，糖代谢受到抑制，则脂肪（脂肪酸）代谢即同时受阻。肾上腺素、生长激素、促肾上腺皮质激素、甲状腺素和性激素有促进储脂动员和氧化的作用。胰岛素可抑制脂肪分解，激素分泌反常会导致脂代谢障碍，例如性腺萎缩或摘除可引起肥胖；脂代谢失调所导致的常见疾病有酮血症、酮尿症、脂肪肝、动脉粥样硬化等。

9.6.1　酮血症、酮尿症

肝脏氧化脂肪酸时生成酮体，但由于缺乏琥珀酰辅酶A转硫酶和乙酰乙酸硫激酶，不能利用酮体；肝外组织则相反，不仅在脂肪酸氧化过程中不产生酮体，而且还能从血液摄取酮体并用于氧化供能。正常情况下，人体血浆中酮体水平可维持低于0.3 mmol/L，长期饥饿或高脂膳食后升高，为1～2 mmol/L；未控制的糖尿病患者可增至12 mmol/L以上，约为正常时的40倍，此时血浆中丙酮量可能占酮体总量的50%。当肝脏中形成的酮体量超过肝外组织所能利用和破坏的酮体量时，导致血浆中的酮体水平升高，构成酮血症。随即酮体会显著地在尿中出现并随尿排出，出现酮尿，称酮尿症。酮血症和酮尿症统称酮症。乙酰乙酸和β-羟丁酸是中等强度的酸，在血液和组织中被缓冲后持续排出，将造成进行性减少碱储备，引起酸中毒，这对未控制的糖尿病患者可能是致命的。在酮症时血和尿中出现的酮体主要是D-β-羟丁酸。

9.6.2　脂肪肝

脂类，特别是脂肪，是机体的主要能量贮存形式，脂类是所有营养物质中单位质量含有最多能量的化合物（38 kJ/g或9.0 kcal/g），用它们来贮存能量是最有利的。我们把贮存的脂肪称为贮存脂肪或脂肪组织，来自膳食的脂肪必须先转化为贮存脂肪。脂肪的贮存和运送是相互联系的过程。当需要脂肪分解代谢提供ATP形式的能量时，脂肪酸自脂肪组织转移到肝脏进行分解。如何把脂肪库中贮存的脂肪释出游离脂肪酸的过程称为脂肪动员，这个过程需要酶的作用，脂酶和磷脂酶担负着水解脂肪的作用，释出的游离脂肪酸在线粒体中进行分解代谢，甘油则在细胞溶质中降解。脂肪酸动员是由一系列酶调控，与糖类动员的情况颇相像。脂肪酸一旦从脂肪细胞中游离释出，它们就渗透穿过膜，与血清蛋白结合，运送到各种组织。

过度的脂肪动员，肝脏被脂肪细胞所浸渗可导致发展成脂肪肝，变成了非功能的脂肪组织。脂肪肝可能因糖尿而产生，由于胰岛素缺欠不能正常动员葡萄糖，此时就必须使用其他营养物质供给能量。典型的情况是脂类的分解代谢加剧，包括过度的脂肪酸动员和肝脏中过度的脂肪酸降解；其结果引起了脂肪肝的发生。脂肪肝的发生还有可能是受化学药品的影响，例如四氯化碳或吡啶，这些化合物破坏了肝细胞，导致脂肪组织去取代它们，肝的功能就逐步丧失。膳食中缺乏抗脂肪肝剂，即胆碱和甲硫氨酸（蛋氨酸）时，也可导致脂肪肝的出现，因为它们对脂类运送有作用。

胆碱是磷脂酰胆碱的组成成分，已知它的合成需要丝氨酸提供骨架，S-腺苷甲硫氨酸（SAM）提供3个甲基。后者是由甲硫氨酸和ATP反应形成，它在许多生物化学的甲基化反应中扮演甲基供体的角色。在膳食中甲硫氨酸和胆碱的不足，导致磷脂酰胆碱合成的缺乏，结果致使脂蛋白因合成障碍而缺少。脂蛋白是磷脂和蛋白质环绕着胆固醇和三酰甘油的核构成，脂蛋白的脂类来自肝脏。脂蛋白因合成障碍而减少会导致肝脏中脂类的堆积，结果产生脂肪肝。

9.6.3　动脉粥样硬化

动脉粥样硬化的发病机理非常复杂，目前尚未明了，曾有多种学说从不同角度来阐明，诸如脂肪浸润学说、血栓形成和血小板聚集学说、损伤反应学说和克隆学说等。但多数学者认为，动脉粥样硬化为动脉壁的细胞、细胞外基质、血液成分（特别是单核细胞、血小板和LDL）、局部血流动力学、环境和遗传诸因素间一系列复杂作用的结果，因而不可能有单一的病因。

近年来的损伤反应假说已为人们所公认，亦即动脉粥样硬化病变始于内皮损伤。这一学说认为，多种因素（包括机械的、化学的、免疫的、脂质代谢紊乱等）引起的动脉粥样硬化（AS）是引发心脑血管病和周围血管病等的病理基础。

1. 动脉粥样硬化的发生机制

动脉粥样硬化是一个长期渐进的病理过程，许多因素（如遗传、饮食结构、生活方式、工作环境、脂质代谢紊乱等）均影响动脉粥样硬化的发生和发展。Ross提出的损伤反应学，认为血管内皮细胞结构和功能的损伤是动脉粥样硬化的始动环节。

血管内皮细胞（vessel endothelial cell，VEC）不仅是血管壁的机械屏障，阻止血浆中有害物质的侵入，也是人体最大的内分泌器官，它所产生的一系列生物活性物质（如内皮素、前列腺素、NO等）共同调节着血管的舒缩状态、脏器的血液供应、凝血与纤溶的平衡。高脂血症、高血压、烟草中的化学成分、氧自由基、细菌或病毒感染等都会引起血管内皮细胞损伤，导致携带大量胆固醇的有害脂蛋白（如氧化LDL等）侵入，引起动脉壁脂质（主要是胆固醇）沉积，侵入动脉壁的脂蛋白可通过激活某些原癌基因（如c-sis）使血管内皮细胞及血管中膜平滑肌细胞（SMC）合成并释放某些生长因子（如血小板源性生长因子，PDGF），引起血管膜平滑肌细胞增殖，并向内膜下迁移。增殖的血管膜平滑肌细胞原来的收缩表型转变为肌原纤维较少、内质网和高尔基体增多的合成表型。后者合成并释放出大量胶原纤维、弹力纤维、蛋白多糖等细胞外基质，使动脉壁进一步增厚变硬。血液中单核细胞在损伤的血管内皮细胞释放的细胞黏附分子作用下，进入细胞壁发育成巨噬细胞。巨噬细胞与增殖的血管中膜平滑肌细胞借助清道夫受体大量摄取氧化LDL，形成泡沫细胞。在此基础上发生钙化、血栓形成等复合病变。

损伤反应学说认为，脂蛋白代谢障碍是动脉粥样硬化发生发展的主要因素。

2. 脂蛋白与动脉粥样硬化

（1）LDL与AS。LDL是血浆中胆固醇含量最高（50%）的脂蛋白。由于颗粒小LDL能穿过动脉内膜。大量流行病学调查显示，冠心病的发病率与血浆总胆固醇（T-ch）及LDL-胆固醇（LDLc）的水平呈正相关。同位素示踪试验也证实AS斑块中的胆固醇来自血浆LDL。

（2）VLDL与AS。VLDL与AS的关系一直存在争议，因为VLDL含TG多（50颗），胆固醇较少（15%），且颗粒直径大，不易透过动脉内皮。近年来，多数学者认为血浆VLDL水平升高是冠心病的独立危险因素。

（3）HDL与AS。HDL被认为是一种抗AS的血浆脂蛋白。流行病学调查显示人群中HDLc（HDL-胆固醇）水平<0.90 mmol/L者较HDLc>1.68 mmol/L者冠心病的危险性增加8倍。临床报道显示，心绞痛、心肌梗死和周围血管病患者血浆HDLc含量显著降低，HDL水平与动脉管腔的狭窄程度呈负相关。

（4）Lp（a）与AS。Lp（a）既不由VLDL转变生成，也不转变为其他脂蛋白，被认为是一种独立的脂蛋白。肝脏是Lp（a）主要的合成场所。血浆Lp（a）水平个体间差异很大，但一般低于300 mg/L。流行病学调查表明：血浆Lp（a）>300 mg/L的人群，即使T-ch正常，冠心病的发病率也较正常人升高2～3倍；如果同时伴有LDLc的升高，则此危险性可达正常人群的5倍。Lp（a）的致AS作用主要与其所含Aim（a）有关，Apo（a）增加了血栓形成的危险。

因此，血管内皮损伤，平滑肌细胞增殖、内迁和表型改变，泡沫细胞生成为AS的典型病理改变，脂蛋白代谢障碍是AS发生发展的必备条件。氧化LDL是致AS的关键脂蛋白；

Lp（a）可引起纤溶障碍，促进粥样硬化病灶中的血栓形成；HDL可通过逆向转运胆固醇、抗LDL氧化修饰等作用而成为心血管保护因素。

膳食中脂肪摄入过多，可导致肥胖、心血管疾病等。许多国家纷纷倡导限制和降低脂肪的摄入量，从而预防此类疾病的发生。例如，美国食物和健康委员会建议：①脂肪的摄入量低于总能量的30%；②饱和脂肪酸的摄入量低于总能量韵10%；③胆固醇的摄入量不超过300 mg/d。我国营养学会对各类人群脂肪摄入量有较详细的推荐，成人脂肪摄入量应低于总能量的20% ~ 30%。因此，为了防止动脉粥样硬化的发生，应合理膳食、控制饮食、降低LDL和VLDL、提高HDL、适当运动。

9.7　与脂类代谢相关的疾病

脂类是三大营养物质之一，不仅可作为能源物质为生命活动提供能量需求，而且在其代谢过程中生成的许多产物亦可参与机体代谢调节过程，脂类代谢的异常紊乱会造成多种疾病的发生，极大地损害人体健康。

9.7.1　脂肪肝

脂肪肝是一种常见的临床现象，而非一种独立的疾病。过度的脂肪动员是导致脂肪肝形成的重要原因，此时肝脏被脂肪细胞所浸渗，变成了无功能的脂肪组织。正常人的肝脏内脂肪动员加强，游离脂肪酸显著增加，这些脂肪酸不能被充分利用，使肝脏的脂肪合成亢进从而引起脂肪肝。Ⅱ型糖尿病患者的脂肪肝发病率为40 % ~ 50%，且大多为中度以上。营养不良肥胖者容易得脂肪肝，临床上也常发现有的人很瘦却患有脂肪肝，这是由于长期营养不良，缺少某些蛋白质和维生素，因而引起营养缺乏性脂肪肝。如有人因患有慢性肠道疾病，长期厌食、节食、偏食、素食，吸收不良综合征及胃肠旁路手术等原因，造成低蛋白血症，缺乏胆碱、氨基酸或去脂物质，这时脂肪动员增加，大量脂肪酸从脂肪组织中释放进入肝脏，使肝内脂肪堆积，形成脂肪肝。

药物性肝损害占成人肝炎的10%，脂肪肝是常见类型，有数十种药物与脂肪肝有关，如四环素、乙酰水杨酸（阿司匹林）、糖皮质类固醇、合成雌激素、胺碘酮、硝苯地平、某些抗肿瘤药及降脂药等。它们抑制脂肪酸的氧化，引起脂蛋白合成障碍，减少脂蛋白从肝内的释放，从而促进脂肪在肝内积聚。

此外，某些工业毒物，如砷、铅、铜、汞、苯、四氯化碳、DDT等也可导致脂肪肝。妊娠、遗传或精神、心理与社会因素，如多坐、少活动、生活懒散等亦与脂肪肝发生有关系。

9.7.2　酮体代谢病

正常情况下，人体血液中的酮体含量很少，只有0.03 ~ 0.5 mmol/L，这不会对人体造成任何影响。但在饥饿、高脂饮食或糖尿病等病理条件下，糖的来源或氧化供能障碍。脂肪动员增强，酮体产量升高，当超过肝外组织的利用能力时就会造成酮体的堆积，使血中酮体含量升高，导致酮血症（；若血中酮体超过肾阈值，部分酮体随尿排出，就会出现酮尿症。乙酰乙酸和β-羟丁酸都是酸性物质，因此酮体在体内大量堆积会引起酮症酸中毒，严重危害人体健康。

酮体代谢异常和糖尿病有密切联系。当胰岛素依赖型糖尿病患者胰岛素治疗中断或注射量不足，非胰岛素依赖型糖尿病患者遭受各种应激时，糖尿病代谢紊乱加重，脂肪分解加快酮体生成，其含量增多超过利用而积聚时，血中酮体堆积，出现酮血症。当酮体积聚而发生代谢性酮中毒时称为糖尿病酮症酸中毒。此时除血糖增高、尿酮体呈阳性外，血 pH 值下降。如病情严重时可发生昏迷，称糖尿病酮症酸中毒昏迷。糖尿病酮症酸中毒是糖尿病的严重并发症，在胰岛素应用之前是糖尿病的主要死亡原因，胰岛素问世后其死亡率大大降低，目前仅占糖尿病患者病死率的 1%。糖尿病酮症酸中毒的临床表现主要有：早期疲乏软弱，四肢无力，极度口渴，多饮多尿；出现酮体时会有食欲缺乏、恶心呕吐、腹痛等现象，尤以小儿多见，有时被误诊为胃肠炎、急腹症。患有冠心病者同时伴发心绞痛，甚而发生心肌梗死、心律失常、心力衰竭或心源性休克而猝死。当 pH<7.2 时呼吸深大，中枢神经受抑制而出现倦怠、嗜睡、头痛、全身痛、意识渐模糊，终至昏迷。

9.7.3　鞘脂代谢病

鞘磷脂病亦称尼曼-皮克病，此病是由于组织中显著缺少或缺失鞘磷脂酶而使鞘磷脂在单核-巨噬系统和其他组织的细胞中积聚所致。尼曼-皮克病为常染色体隐性遗传，多见于犹太人，我国少见。本病主要表现有三型。

（1）A 型。最常见，多在出生后 1 年内发病。主要症状有：厌食呕吐，体重不增，消瘦，肝脾肿大。皮肤干燥呈蜡黄色，逐渐对外界反应不灵敏，智力减退，肌软弱无力或痉挛、耳聋、失明，眼底黄斑区常可见一樱桃红色小点，X 射线肺部检查常显示网点状阴影，骨骼检查有骨质疏松改变。此类型疾病发展迅速，患者多在 4 岁前死亡。

（2）B 型。具有 A 型内脏症状而无神经系统表现。

（3）C 型。起病稍晚，症状较 A 型轻。骨髓涂片中找到尼曼-皮克细胞，可初步诊断本病。该细胞直径为 20~90 μm，瑞氏染色后胞质呈浅蓝色，含许多泡沫样“空泡”，核偏位。糖原染色阳性，酸性磷酸酶染色阴性。皮肤成纤维细胞培养及羊水细胞培养酶活性减低，分别为确诊及产前诊断依据。

本病无特殊治疗方法，有用异基因骨髓移植治疗 B 型的报道。

目前已发现 10 余种与鞘糖脂降解代谢相关的遗传疾病，这些疾病的发生是由于鞘糖脂代谢中某些酶的缺陷而造成中间代谢物的积累所引起的。如 Tay-Sachs 病，在美国每年有 30~50 名儿童病例，其中多为犹太民族。此病是由于缺乏氨基己糖苷酶而造成神经糖苷脂 GM 积累导致的，目前还没有特效药。此病为常染色体隐性遗传病，通过胎儿基因诊断可有效预防。Fabry 病则是由于缺少 α-半乳糖苷酶 A 而不能正常降解三己糖神经酰胺，造成患者肾脏积累“半乳糖-半乳糖-葡萄糖-神经酰胺”，此病极其罕见，全球确诊病例不过几百例。

9.7.4　高脂蛋白血症

血浆脂蛋白代谢紊乱可以表现为高脂蛋白血症和低脂蛋白血症，后者较为少见。高脂蛋白血症是指血液中的一种或几种脂蛋白的升高。由于所有脂蛋白都含有脂质，因此只要脂蛋白过量（高脂蛋白血症），就会引起血脂水平升高（高脂血症）。虽然高脂蛋白血症与高脂血症看上去是两个不同的概念，但由于血脂在血液中是以脂蛋白的形式进行运转的，因此高脂血症实际上也可以认为是高脂蛋白血症，而用后者来说明脂质代谢的病理变化更为确切。目前，判断高脂蛋白血症一般以成人空腹 12~14 h 血甘油三酯超过 2.26 mmol/L（200 mg/dL）、胆固醇超过 6.21 mmol/dL（240 mg/dL），儿童胆固醇超过 4.41 mmol/L（160 mg/dL）为标准。

高脂蛋白血症按发病的原因通常分为两类，即原发性高脂蛋白血症和继发性高脂蛋白血症。下面着重介绍原发性高脂蛋白血症。

1. **原发性高脂蛋白血症**

原发性高脂蛋白血症亦称家族性高脂蛋白血症，多为先天性遗传性疾病，可有家族史。该病是由于脂质和脂蛋白代谢先天性缺陷以及某些环境因素（例如饮食、营养和药物等），通过未知的机制而引起的。1967年，Fredrickson等用改进的纸上电泳法分离血浆脂蛋白，将高脂蛋白血症分为五型，即 I、II、III、IV 和 V 型。1970年，世界卫生组织（WHO）以临床检验表现型为基础分为六型，将原来的 II 型又分为 II a 和 II b 两型。

I 型极罕见，医学文献报道中只有100例左右，I 型患者由于脂蛋白脂酶（一种负责把乳糜微粒从血中清除出去的酶）缺陷或缺乏，而导致乳糜微粒水平的升高。

II 型高脂蛋白血症最常见，也是与动脉粥样硬化最密切相关的一型。II 型的主要问题在于低密度脂蛋白（LDL）的增高。LDL 以正常速度产生，但由于细胞表面 LDL 受体数减少，引起 LDL 的血浆清除率下降，导致其在血液中堆积。因为 LDL 是胆固醇的主要载体，所以 II 型病人的血浆胆固醇水平升高。II 型又分为 II a 和 II b 型，它们的区别在于：II a 型只有 LDL 水平升高，因此只引起胆固醇水平的升高，甘油三酯水平正常；II b 型 LDL 和 VLDL 同时升高，由于 VLDL 含 55% ~ 65% 甘油三酯，因此 II b 型患者甘油三酯随胆固醇水平一起升高。

III 型也不常见，它是一种因 VLDL 向 LDL 的不完全转化而产生的异常脂蛋白疾病。这种异常升高的脂蛋白称为异常的 LDL，它的成分与一般的 LDL 不同。异常的 LDL 比正常型 LDL 的甘油三酯含量高得多。

IV 型的发生率低于 II 型，但仍很常见。IV 型的最主要特征是 VLDL 升高，由于 VLDL 是肝内合成的甘油三酯和胆固醇的主要载体，因此引起甘油三酯的升高，有时也可引起胆固醇水平的升高。

V 型患者体内乳糜微粒和 VLDL 都升高，由于这种脂蛋白运载体内绝大多数为甘油三酯，所以在 V 型高脂蛋白血症中，血浆甘油三酯水平显著升高，胆固醇只有轻微升高。

2. **继发性高脂蛋白血症**

继发性高脂蛋白血症系发病于某种病症的病理基础上，或某些药物所引起的脂代谢异常，临床表现为各原发病的特点或有用特殊药物史，并伴有血脂增高。例如，未控制的糖尿病、甲状腺功能减退症和黏液性水肿、肾病综合征、肝内外胆管梗阻、胰腺炎、异常球蛋白血症、痛风、酒精中毒和女性服用避孕药等。

由于高脂血症是诱发各种心脑血管疾病的重要因素，所以对其的研究逐渐成为医学热点问题。

第10章　物质代谢途径的相互关系与调控

10.1　物质代谢的相互关系

10.1.1　糖类代谢与脂类代谢的相互关系

糖类代谢与脂类代谢途径的相互联系和物质的相互转化，都是通过共同的中间代谢物而得以实现的。如乙酰CoA和磷酸二羟丙酮就是糖类代谢与脂类代谢都存在的共同中间产物。糖类通过分解代谢途径而生成乙酰CoA，乙酰CoA可以作为胆固醇与脂肪酸合成的原料。脂肪酸和胆固醇合成所需的NADPH作为供氢体，也是通过糖类的磷酸戊糖途径提供的。糖类代谢生成的磷酸二羟丙酮，经还原生成的3-磷酸甘油，是合成脂肪和甘油磷脂的原料。反之，脂肪分解代谢时，生成3-磷酸甘油和脂肪酸，3-磷酸甘油又可进一步转变为磷酸二羟丙酮，再逆酵解途径而生成糖；脂肪酸经β氧化生成乙酰CoA，在某些微生物体内和油料作物种子萌发时，可经乙醛酸途径生成琥珀酸，然后进一步转变为糖。

10.1.2　糖类代谢与蛋白质代谢的相互联系

糖类能为有机物的合成提供碳源和能源，蛋白质中20种氨基酸的碳架都可由糖类代谢中间产物转化而来。如糖类分解代谢生成的丙酮酸、草酰乙酸和α-酮戊二酸可经氨基移换作用而分别生成丙氨酸、天冬氨酸和谷氨酸。其他氨基酸虽不能由糖类代谢的中间产物直接转氨基生成，但可作为合成的原料经多步酶促反应后生成。生成的氨基酸可进一步合成蛋白质。

反过来，蛋白质的水解可生成氨基酸。其中丙氨酸、谷氨酸、谷氨酰胺、天冬氨酸和天冬酰胺经脱氨基作用后可直接转变为丙酮酸、α-酮戊二酸和草酰乙酸，它们可看成联结糖类代谢和蛋白质代谢的共同中间产物。还有许多种氨基酸脱氨后可生成酮酸，再经糖异生而转变为糖，这些氨基酸为生糖氨基酸，如甘氨酸、丝氨酸、丙氨酸、苏氨酸等都是生糖氨基酸。

10.1.3　脂类代谢与蛋白质代谢的相互关系

脂肪经酶促水解可转变为甘油和脂肪酸，甘油经代谢可进一步转变为丙酮酸，丙酮酸进一步代谢可转变为草酰乙酸、α-酮戊二酸，它们通过接受氨基而转变为相应的氨基酸。脂肪酸经β氧化作用而生成乙酰CoA，在某些微生物和油料作物中，存在乙醛酸循环，通过乙醛酸循环，乙酰CoA可转变为琥珀酸，并可进一步生成草酰乙酸，从而促进脂肪酸合成氨基酸的反应。在动物体内不存在乙醛酸循环，因此不能利用脂肪酸合成氨基酸。在油料种子萌发时，由脂肪酸和铵盐形成氨基酸的过程，进行得极为活跃。

蛋白质可以转变为脂类，在动物体内的生酮氨基酸（如亮氨酸）、生酮兼生糖氨基酸（如异亮氨酸、苯丙氨酸、色氨酸、酪氨酸）能经代谢生成乙酰CoA，并进一步合成脂肪酸。甘油可以由生糖氨基酸生成。丝氨酸经脱羧可转变为胆胺，胆胺可作为脑磷脂合成的原料；胆胺在接受来自S-腺苷甲硫氨酸的甲基后形成胆碱，胆碱是合成卵磷脂的原料。

10.1.4　核酸代谢与糖类代谢、脂类代谢及蛋白质代谢的相互关系

核酸是细胞内的遗传物质，通过它可以控制蛋白质的合成，并进而影响细胞的组成成分和各物质的代谢速度。同样，核酸的生物合成亦受蛋白质因子和所需原料浓度的影响。嘌呤或嘧啶合成需甘氨酸、天冬氨酸、谷氨酰胺、磷酸戊糖等为原料。核苷酸在代谢中亦起重要的作用，如ATP可作为能量和磷酸基的供体；尿苷三磷酸（UTP）参与多糖的合成；胞苷三磷酸（CTP）参与磷脂的生物合成；GTP参与蛋白质的合成和糖异生作用等。有些参与代谢反应的辅酶或辅基均含有核苷酸成分，如CoA、NAD⁺、NADP⁺及FAD含有AMP的成分。

从上面分析可知，各类物质的代谢途径不是孤立的，而是通过共同中间物相互联系的，其中糖酵解（EMP）途径和三羧酸循环（TCA）在联系各物质代谢途径中处于中心地位，故被称为中心物质代谢途径。糖类代谢、脂类代谢、蛋白质代谢、核酸代谢的相互联系如图10-1所示。

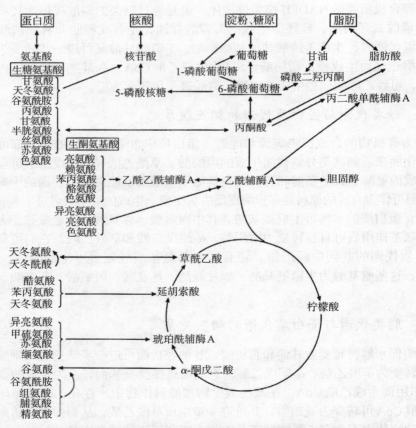

图 10-1　糖类代谢、脂类代谢、蛋白质代谢、核酸代谢的相互关系示意图

10.2　代谢调节控制

在生物的进化过程中，为适应自然环境的变化，机体的结构、代谢和生理功能越来越复杂，体内的代谢调节机制亦趋于复杂。如高等动物就有4个水平上的调节方式：酶水平、细

胞水平、激素水平和神经水平。简单的单细胞生物只能通过酶水平和细胞水平来调节细胞内的代谢；在动物和植物体内，则出现激素调节机制，能使不同组织细胞内的代谢彼此协调。在高等动物体内则有完善的神经系统和传感器官，能感知周围环境的变化，并通过神经传递至大脑，大脑对得到的信息进行分析处理后发出指令至相应的细胞或激素分泌系统，从而进一步控制细胞内的代谢反应。神经水平的调节被认为是最高水平的调节。

细胞水平调节是最基本的调节，是从单细胞生物到高等生物都具备的调节方式。细胞水平的调节涉及 3 个方面：基因表达调控、酶活性调控和酶的区域化定位。

10.2.1　酶的区域化定位

催化不同代谢途径的酶类，分别定位于细胞的不同区域中，并使各类代谢在空间上彼此隔开，互不干扰，保证代谢反应按一定的方向进行。

各亚细胞器内代谢反应的速度还可通过控制膜上运输系统对代谢物的转运速度而调节。如质膜上的 Na^+-K^+-ATPase、葡萄糖透性酶；线粒体内膜上的二羧酸载体、肉碱等及其转运相应代谢物的速度可以调节。

10.2.2　酶活性的调节

酶活性调节主要包括酶原激活、共价修饰、变构调节及酶的聚合与解聚调节等。

1. 酶原激活

酶原是对机体自身保护的一种酶形式，又是一种酶的贮存形式，多见于动物进行食物消化的酶类，当机体代谢需要时，酶原被运输分泌至适当的部位激活后发挥催化活性。

2. 酶的反馈调节

反馈引自电子工程学的一个名词，指输出信号对输入信号的控制作用。生物体内的反馈调节是指反应系统中的产物或终产物对反应系列前面酶的影响作用。反馈调节包括反馈抑制和前馈激活，前者多存在于合成代谢反应中，后者主要存在于分解代谢反应中。

（1）反馈抑制。反馈抑制是指在序列反应中终产物对反应序列前头的酶的抑制作用，从而使整个代谢反应速度降低，降低或抑制终产物生成速度。受反馈抑制的酶一般为别构酶。如大肠杆菌以天冬氨酸和氨甲酰磷酸为原料合成三磷酸胞苷酸（CTP）的序列反应中，当三磷酸胞苷酸的浓变升高后就会抑制反应序列的第一个酶，即天冬氨酸甲酰基转移酶。该酶含有催化亚基和调节亚基两个亚基，三磷酸胞苷酸浓度高时结合于调节亚基抑制酶活，三磷酸胞苷酸浓度降低时，抑制减弱，酶活性上升。

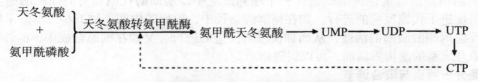

图 10-2　三磷酸胞苷酸(CTP)合成及其反馈抑制

图 10-2 所示三磷酸胞苷酸（CTP）的合成是不分支的线性代谢途径，末端三磷酸胞苷酸一种产物就能起到反馈抑制作用，称为单价反馈抑制。但在分支代谢途径中，会出现几个末端产物，限速酶活性可受两种或两种以上末端产物的抑制，这种情况称为二价或多价反馈抑制。其主要有 4 种抑制机理，如图 10-3 所示。

①顺序反馈抑制。顺序反馈抑制中，x 和 y 分别反馈抑制 E_4 和 E_5，只有当 x 和 y 同时积累过多时，才会使得 D 积聚，当 D 超过一定浓度时，才会对 E_1 产生抑制作用，从而对整个代谢途径产生抑制。枯草芽孢杆菌中芳香族氨基酸的合成就是通过这种方式调节控制的。

②协同反馈抑制。协同反馈抑制的特点是产物 x 和 y 任何一种都不能单独对 E_1 产生反馈抑制作用，只有当 x 和 y 同时过剩累积时，共同作用于 E_1 方可产生抑制作用，从而使整个代谢速度下降或抑制。苏氨酸和赖氨酸抑制天冬氨酸激酶的反馈调节属此种情况。

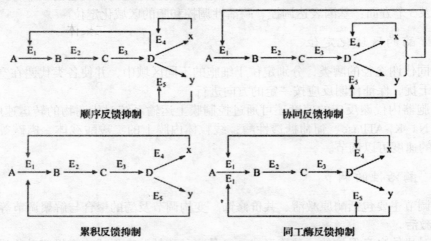

图 10-3　二价反馈抑制的 4 种机理

③累积反馈抑制。累积反馈抑制的特点是任何一种终产物都可对 E_1 起部分抑制作用，不同终产物都过量时，它们对 E_1 的抑制作用累积在一起可以完全抑制 E_1 的酶活性而抑制整个代谢反应。如大肠杆菌中谷氨酰胺是合成 AMP、CTP、GMP、组氨酸、丙氨酸、磷酸氨基葡萄糖、氨甲酰磷酸等多种物质的前体，谷氨酰胺合成酶是上述物质合成途径中的第一个酶，当这些物质单独过量时，都可部分抑制谷氨酰胺酶的活性，当它们同时都过量时，谷氨酰胺酶的活性几乎全部被抑制。

④同工酶反馈抑制。同工酶反馈抑制的特点是几个终产物能抑制分支点之前某一由同工酶催化的反应步骤，但每一种终产物只抑制同工酶中的一种酶。如果所有终产物均过量，则同工酶活性全部被抑制，其效果与协同反馈抑制相同。由天冬氨酸出发合成赖氨酸、甲硫氨酸、苏氨酸、异亮氨酸的调节即是同工酶反馈抑制的例子。其第一步反应是由天冬氨酸转变为天冬酰胺磷酸，催化该反应的冬氨酸激酶是一组同工酶，能分别受过量产物的抑制。

（2）前馈激活。前馈激活是指在一个序列反应中，前面的代谢物对后面的酶的激活作用，结果促进了代谢反应的进行。如在糖酵解途径中，前面的中间产物 1,6-二磷酸果糖可促进后面反应丙酮酸激酶的活性，从而加快酵解反应的进行。又如在糖原合成中，6-磷酸葡萄糖是糖原合成酶的变构激活剂，可以促进糖原的合成。

3. 酶分子解离与聚合调节

一些寡聚酶通过亚基的聚合与解聚而表现出催化活性的不同，从而起到调节代谢的作用。如碱性磷酸酶的两个亚基聚合时表现催化活性，而亚基离解时则发生构象变化而不表现活性。又如乙酰 CoA 羧化酶在有柠檬酸盐存在时，其 20 个单体聚集，表现出催化活性，当去除柠檬酸盐或加入丙二酰 CoA 和软脂酰 CoA 时则引起单体解聚，表现出活力的下降。还有一些酶，单体聚集时不表现活力，而解聚时则表现活力，如 cAMP 与蛋白激酶的调节亚基结合后，使构象改变而解离出催化亚基，表现催化活性，当催化亚基与调节亚基聚集时，则无催化活性。

4. 共价修饰与级联放大

有些酶分子肽链上的某些基团，通过共价联结或脱去一个基团从而改变酶的活性，基团的联结或脱去是通过另外的酶的催化而实现的，酶活性的这种调节方式称为共价修饰。常见的修饰方式有以下几种：磷酸化/去磷酸化、乙酰化/去乙酰化、腺苷酰化/去腺苷酰化、尿苷酰化/去尿苷酰化、甲基化/去甲基化。如催化糖原磷酸解的糖原磷酸化酶，是一种共价修饰调节酶。该酶在肌肉中有两种形式：磷酸化的四聚体和脱磷酸的二聚体，四聚体活性高称为糖原磷酸化酶 a，二聚体活性低称为糖原磷酸化酶 b；磷酸化酶 b 激酶催化磷酸化酶 b 的磷酸化，磷酸化酶 a 磷酸酶催化磷酸化酶 a 的脱磷酸基反应，修饰反应如图 10-4 所示。

图 10-4　糖原磷酸化酶的磷酸化与去磷酸化

通过酶分子的可逆修饰反应调节酶活性，只需消耗很少的能量（ATP）便可进行有效的调控。此外，对酶进行共价修饰的酶（磷酸化酶 b 激酶和磷酸化酶 a 磷酸酶）自身的活性也是受调节的，而且可能是连续几级的调节：如图 10-5 所示肾上腺素促进肝糖原降解的反应过程中，只要有极微量的肾上腺素或胰高血糖素到达靶细胞，就会使细胞内 cAMP 含量升高，经过连续几级的酶促反应，前一反应产物催化后一反应的进行，且每进行一次修饰反应，就产生一次放大效应，如果每一级反应放大 100 倍，经过 4 级反应，就可使调节效应放大 10^8 倍。这种调节代谢反应的连锁反应系统称为级联系统。级联放大调节的速度快，效率高。

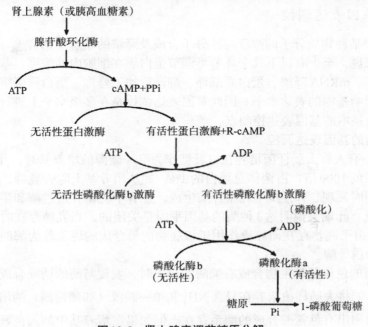

图 10-5　肾上腺素调节糖原分解

5. 辅因子的调节

细胞内许多的代谢反应都需要辅因子和提供能量的ATP分子参与，因此辅因子和能荷也会影响酶促反应的进行，从而起代谢调节作用。

（1）能荷的调节。能荷是指细胞内ATP、ADP、AMP的相对浓度关系，它们的相对含量影响糖酵解和三羧循环中关键酶的活性，如ATP浓度高时抑制磷酸果糖激酶活性，而ADP和AMP浓度高时能激活磷酸果糖激酶的活性。能荷同样可以调节能量代谢反应氧化磷酸化的强度。当细胞生长旺盛时，消耗大量ATP，生成ADP增加，氧化磷酸化作用加速；反之，如ATP浓度增加到一定的值，则会抑制氧化磷酸化的强度，这样，能始终维持细胞内能荷处于一定范围。

（2）NAD^+/NADH对代谢的调节。NAD^+和NADH在细胞内参与能量代谢和氧化还原反应。NAD^+/NADH的比值变化可影响代谢速度，如糖的有氧氧化过快时，NAD^+/NADH的比值降低，即NADH含量上升，对磷酸果糖激酶、异柠檬酸脱氢酶和α-酮戊二酸脱氢酶均有抑制作用，可起到降低糖消耗速度的作用。

又如酒类中的乙醇进入人体后，在肝脏内可进行图10-6所示的转化。当饮酒过量时，NAD^+大量转变为NADH，使NAD^+含量降低，大量的NADH能抑制三羧酸循环，使过多的乙酰CoA和NADH合成脂肪酸，导致高血脂和脂肪肝。同时，大量的NADH可使α酮酸还原，不能进行糖异生反应而导致低血糖。

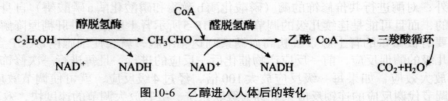

图10-6 乙醇进入人体后的转化

10.2.3 基因表达调控

在活细胞中某种物质分子的浓度与该分子合成及降解的动态平衡有关。对于基因编码产物蛋白质分子来说，至少有以下几个环节可调节蛋白质在细胞内的浓度：基因激活、转录起始、转录后加工、mRNA降解、蛋白质翻译、翻译后加工修饰、蛋白质降解等，任何一个环节的异常均会影响基因的表达水平。因此基因表达调控是在多级水平上进行的复杂事件，其中转录起始是最基本的基因表达控制点。

1. 原核生物的基因表达调控

20世纪初，有人将大肠杆菌培养在以乳糖作为唯一碳源的培养基时，几分钟内，β-半乳糖苷酶增至原来的1000倍，占菌体总蛋白的3%，如从培养基上除去乳糖，则该酶合成在几分钟内停止。同时发现，伴随β-半乳糖苷酶生成，还有半乳糖苷透过酶和半乳糖苷转乙酰基酶也一起被合成。此现象说明这3种酶的基因平时是关闭的，当乳糖存在时才被打开而合成这3种酶。这种由于底物存在而导致作用于该底物的酶合成的现象称为酶的诱导。经诱导作用产生的酶称为诱导酶。

在研究细菌的色氨基酸生物合成有关酶的合成时，发现与酶的诱导合成相反的现象，即酶合成的阻遏。如将大肠杆菌培养在只含NH_4^+和单一碳源（如葡萄糖）的培养基中，在大肠杆菌细胞内可以测出有色氨酸合成的酶系存在。但如果在培养基中加入色氨酸。则大肠杆菌中色氨酸合成的酶系含量水平就明显降低。显然，色氨酸可阻止色氨酸合成酶的合成。这种产物阻遏酶合成的现象称为阻遏作用，这种酶称为阻遏酶。

1961年，Monod和Jacob根据上述事实提出操纵子模型，成功解释了酶的诱导与阻遏。并为后来许多试验证实，并于1965年获得诺贝尔奖。操纵子即为DNA上控制蛋白质合成的一个功能单位，它包括结构基因和一个蛋白质合成控制部位，后者由操纵基因（O）和启动子（P）组成。结构基因表达一种或功能相关的几种蛋白质，控制部位一般位于结构基因上游，操纵子中的控制部位可接受调节基因产物的调节。下面以乳糖操纵子和和色氨酸操纵子为例说明其调节机理。

（1）乳糖操纵子。大肠杆菌乳糖操纵子由启动子、操纵基因和3个结构基因Z、Y、A组成：Z基因编码β-半乳糖苷酶，Y基因编码半乳糖苷透过酶，A基因编码β-硫代半乳糖苷转乙酰基酶。

在乳糖操纵子中，无诱导物时，调节基因合成有活性的阻遏蛋白与操纵基因结合，结构基因几乎不转录，处于关闭状态。当细胞中有诱导物存在时，诱导物与阻遏蛋白结合使阻遏蛋白发生构象改变，成为失活状态，不能再结合于操纵基因，结构基因被转录。乳糖即为结构基因转录的诱导物。其结构类似物如异丙基硫代半乳糖苷（IPTG）也可起与乳糖相同的诱导作用。诱导物一般为结构基因编码酶催化反应的底物或底物类似物。当细胞中不存在诱导物时，阻遏蛋白结合于操纵基因上，阻止启动子与RNA聚合酶的结合，称为操纵子的负调控或酶的阻遏。

乳糖操纵子还有一种正调控机制，大肠杆菌内可表达一种调节蛋白，称为降解物基因活化蛋白（CAP）。当降解物基因活化蛋白（CAP）与cAMP结合形成cAMP-CAP时，能结合于启动部位特定位点，引起RNA聚合酶结合位点的DNA片段构象变化，从而促进RNA聚合酶与启动子部位结合，促进转录的起始，使结构基因编码的3种酶表达加快。这种调节蛋白复合物cAMP-CAP结合于启动部位后促进酶合成的调节称为正调控。

乳糖操纵子的负调控与降解物基因活化蛋白正调控两种机制协调合作。当阻遏蛋白封闭转录时，降解物基因活化蛋白对该系统不能发挥作用，但如没有降解物基因活化蛋白加强转录活性，即使阻遏蛋白从操纵部位上解离也几乎无转录活性。特别是野生型的乳糖操纵子启动子能力较弱，降解物基因活化蛋白是转录必不可少的。

（2）色氨酸操纵子。色氨酸操纵子属于酶合成的阻遏型操纵子，它包括5个结构基因，编码邻氨基苯甲酸合酶、邻氨基苯甲酸磷酸核糖转移酶、吲哚-3-甘油磷酸合成酶、色氨酸合成酶的β亚基和α亚基，这5个基因分别以E、D、C、B和A表示，在结构基因与操纵基因之间，有一个编码前导肽的L序列（trpL）和衰减基因（R）。

在色氨酸操纵子中，调节基因产生的阻遏蛋白无活性，不能影响结构基因的表达，合成色氨酸的酶不断生成，催化合成色氨酸。当色氨酸的量超过一定浓度时，即能与阻遏蛋白结合并使其激活，随即与操纵基因结合而关闭基因，酶的转录停止。色氨酸通过与阻遏蛋白结合而使无活性状态转为有活性状态，故称为辅阻遏物。操纵子中的辅阻遏物一般是结构基因产生的酶合成反应的终产物或其结构类似物。

色氨酸操纵子在转录开始并同时进行翻译的过程中，还有一种更为精细的调节方式，即衰减调节。色氨酸操纵子从前导序列开始转录，前导序列包含162个核苷酸，可编码一个包含14个氨基酸残基的前导肽，其中第10位和第11位均为色氨酸。转录出的包含162个核苷酸的mRNA前导序列可分为4个区域，区域2与区域3及区域3与区域4可互补配对形成特定的茎环结构。

当色氨酸量较多时，前导肽能正常合成，核糖体能顺利通过区域1的色氨酸密码子而进入至区域2，使区域2不能与区域3配对，只能是后转录出现的区域3和区域4能配对形成具凸环的终止子，使转录终止于前导序列的140个核苷酸。当色氨酸的量不足时，核糖体较难通过区域1的色氨酸密码子，这样就使得区域2和区域3配对形成凸环，不能使区域3和区域4形成终止子配对，转录可继续进行并完成结构基因的转录。除色氨酸外，苯丙氨酸、苏氨酸、亮氨酸、异亮氨酸、缬氨酸和组氨酸合成的有关基因中均存在衰减子调节位点。

2. 真核生物的基因表达调控

真核生物由多细胞组成，在高等生物中还分化出不同的组织与器官，且在不同的发育生长阶段，有各自特异的代谢。因此真核生物的基因表达调控要比原核生物复杂得多。这里仅对真核生物基因的调控特点及mRNA转录激活调节做简要介绍。

（1）真核生物基因组结构特点。

①真核生物基因组结构庞大。哺乳类动物基因组DNA由约$3×10^9$ bp的核苷酸组成，采用核酸杂交测定，细胞内含5000～10 000种mRNA，推算至少含40 000种以上的基因。此外，还有5%～10%的核苷酸为rRNA等的重复基因，真核DNA与组蛋白等结合形成染色体结构，因此其调节机制更加复杂。

②真核生物基因为单顺反子。细菌的基因按功能相关性串联在一起，转录出的一个mRNA分子常包含几个基因的转录产物，是多顺反子。但真核生物的一个mRNA分子只是一个基因的转录产物，属单顺反子。

③真核生物基因具有重复序列。由于真核生物基因组大，在DNA中出现的核苷酸重复序列较原核生物更普遍。重复序列核苷酸长短不一，短的在10个核苷酸以下，长的可达数百上千个核苷酸。重复程度达10^6次以上的称为高度重复序列，重复次数达10^3～10^4的称为中度重复序列，它们均称为多拷贝序列。在基因组中只出现1次或少数几次的称为单拷贝序列。重复序列发生在基因的不同区域，与生物进化有关，对DNA复制、转录调控可能有作用。

④真核生物基因具不连续性。真核生物基因的两侧存在有不转录的非编码序列，往往是基因表达调控区域。在编码基因内部亦有一些不编码的序列，称为内含子，而编码的序列称为外显子。外显子被内含子分隔开来。因此真核生物的基因是不连续的。真核生物基因转录后经剪接修饰去除内含子，连接外显子，成为成熟的mRNA。不同的连接方式可形成不同的mRNA，翻译出不同的多肽链，因此转录后的剪接可看作基因表达调控的又一环节。

（2）真核生物基因表达调控的特点。转录的起始亦是真核生物基因表达调控的最基本环节，某些调节机制与原核是相同的，但比原核生物的调节复杂，下面介绍几个特点。

a. 活化的基因对核酸酶敏感，易被DNase I作用。

b. 基因活化时出现DNA拓扑结构变化，RNA聚合酶前方的转录区DNA拓扑结构为正超螺旋，可促进组蛋白的释放；在RNA聚合酶后方的DNA则为负超螺旋，有利于核小体结构的再形成。

c. 处于转录活化状态的基因甲基化程变降低。

d. 组蛋白出现变化，如某些组蛋白含量和性质出现变化，还有组蛋白被乙酰化、泛素化的修饰现象存在。

e. 正调节起主导作用。真核生物RNA聚合酶对启动子基本没有实质性的亲和力，必须依赖一种或多种激活蛋白的作用，方可结合于特定的基因的启动部位，此种调节方式为正调节，正调节可提高基因表达调节的特异性和精确性。阻遏蛋白封闭基因的调节方式为负调节，负调节是不经济的，如果一个基因组有10万个基因，则每个细胞必须合成10万个以上的阻遏蛋白，对细胞来说是个负担。正调节不结合调节蛋白，基因无活性，需要激活基因时，只需表达一组相关的激活蛋白就可实现。

f. 转录与翻译分隔于不同区间进行。转录过程在核内进行，翻译则在核外进行。

g. 转录后需进行剪接及修饰等加工过程。

（3）真核生物基因转录的激活调节。

①顺式作用元件。真核生物基因中具有特定功能的一些保守的核苷酸序列称为顺式作用元件，如启动子、增强子及沉默子。

A. 启动子：真核生物基因启动子是RNA聚合酶结合位点周围的一组转录控制组件。启动子包括至少一个转录起始点和一个以上的功能组件。如TATA盒就是典型的功能组件，共有序列是TATAAAA，位于转录起点上游25~30 bp部位，它控制转录起始的准确性及频率，是基本转录因子TFⅡD的结合位点。由TATA盒与转录起始点可构成最简单的启动子

B. 增强子：增强子就是远离转录起始点1~30 kb，能决定基因的时间、空间特异性表达、增强启动子转录活性的DNA序列。其发挥作用的方式通常与方向、距离无关。增强子也是由若干功能组件即增强体构成，这些功能组件是特异转录因子结合DNA的核心序列。从功能上讲，没有增强子存在，启动子通常不表现活性；而无启动子存在，则增强子也无从发挥作用。

C. 沉默子：某些基因所包含的有负调节功能的序列称为沉默子。当其结合特异蛋白因子时，对基因转录起阻遏作用。有些DNA序列根据其结合因子的不同，既可作为正调节元件又可作为负调节元件起顺式调节作用。

②反式作用因子。反式作用因子亦可称为调控蛋白，能够结合于DNA，对基因表达起调控作用。编码反式作用因子的基因可位于不同的染色体上，往往与被调节基因相距较远。转录调控蛋白（又称为转录调节因子）按功能可分为基本转录因子和特异转录因子两类。基本转录因子是RNA聚合酶结合启动子所必需的一组蛋白因子，它决定转录RNA的类型（即mRNA、tRNA或rRNA）。特异转录因子则决定个别基因转录的时间和空间特异性表达，通过结合于增强子或者沉默子发挥调控作用。转录调节因子通常有两个与调控有关的结构域，即与DNA结合的结构域和与其他蛋白质结合的结构域。下面分别介绍几种较常见的、典型的结构形式。

A. 与DNA结合的亚结构形式。

a.锌指（zinc finger）结构，这是最早发现于结合GC盒的SPI转录因子，由23个氨基酸残基组成，其中有2个半胱氨酸残基（Cys）和2个组氨酸残基（His），4个氨基酸残基分别位于正四面体的顶角，与四面体中心的锌离子配价结合，稳定锌指结构。在半胱氨酸残基和组氨酸残基之间有12个氨基酸残基，其中有几个较为保守的碱性氨基酸残基。锌指在蛋白中常成串重复排列，锌指之间由7~8个氨基酸连接。

含锌指的调控蛋白与DNA结合时，锌指的尖端直接进入大沟或小沟，与特异的DNA序列结合。

b. 螺旋-转角-螺旋结构（HTH）。噬菌体阻遏蛋白结合DNA的结构域属于该结构。后来发现该结构（HTH）存在很广，许多蛋白均含有。其结构为两个α螺旋之间被β转角隔开，其本身通常不稳定，但它是较大的结合DNA的结构域的活性部分，其中一个α螺旋起识别作

用，其含有多个与DNA相互作用的氨基酸残基，可进入大沟中。

c.亮氨酸拉链结构。大多数识别DNA序列的调节蛋白都以二聚体形式起作用，亮氨酸拉链结构有利于蛋白的二聚化。它由约35个氨基酸残基形成两性的卷曲螺旋形α螺旋。疏水基团位于一侧，解离基团位于另一侧，呈直线排列，每圈螺旋3.5个氨基酸残基，每两圈有一个亮氨酸残基。当二聚体形成时，单体通过疏水氨基酸残基侧链和亮氨酸残基肩并肩排列而二聚体化，状如拉链，故称为亮氨酸拉链。在亮氨酸拉链区的氨基端有约30个残基的碱性区（富含赖氨酸和精氨酸），是与DNA结合的部位，结合时碱性区形成的α螺旋缠绕于DNA的大沟中。亮氨酸拉链蛋白质在真核生物中广泛存在。

d.螺旋-突环-螺旋（HLH），其含两个两性的α螺旋，螺旋之间以一段突环连接，突环含40~50个氨基酸残基，由于突环的柔性，使两螺旋可回折并叠加在一起。含有HLH结构的蛋白通过螺旋疏水侧链的相互作用而结合在一起，以二聚体形式发挥作用。螺旋的N端与一段碱性氨基酸残基相连，并以此与DNA结合。

B.与其他蛋白结合的结构域。结合DNA的反式作用因子，除特异结合DNA的结构域外，通常还有一个或多个结构域，用于结合RNA聚合酶或其他调节蛋白。常见的这类结构域有3类：酸性活化结构域、富含谷氨酰胺结构域和富含脯氨酸结构域。例如酵母转录因子GAL$_4$在氨基端附近有一个类似锌指结构，借此而结合于DNA上游控制序列，并通过卷曲螺旋而形成二聚体；它还有一个酸性活化区，含许多个酸性氨基酸，可作用于转录起始复合物调节转录。

③转录因子的相互作用。真核生物RNA聚合酶不能单独识别、结合启动子，其典型的基因表达调节通过几个反式因子结合到各自的顺式元件上，也有的转录因子直接结合于反式作用因子上，形成转录起始复合物。也就是说，RNA聚合酶结合DNA并启动转录是通过转录因子与DNA、转录因子与转录因子之间的相互作用而促进的。增强子是距启动子距离较远的调控序列，当与反式因子结合后往往促进转录，使基因转录频率增加10~200倍。增强子无基因特异性。

10.2.4 激素对代谢的调控

激素是由动物、植物的特定细胞或组织细胞合成，经体液运送至特定的部位调控各种物质代谢和显示生理活性的一类微量化学物质。激素对代谢的调控是通过对酶和其他活性物质合成的控制来实现的。

1. 激素的种类及功能

根据产生激素的生物体种类可将激素分为动物激素和植物激素。动物激素按分子结构可分为4类：氨基酸衍生物类激素、肽和蛋白质激素、甾醇类激素、脂肪族激素。例如肾上腺素和甲状腺素属氨基酸衍生物类激素；生长素和胰岛素属肽和蛋白质类激素；肾上腺皮质激素和性激素属甾醇类激素；前列腺素（PG）属脂肪族激素。植物激素可分为5类：生长素、赤霉素、细胞分裂素、脱落酸和乙烯。

2. 激素对代谢的调控

细胞间或组织间代谢的调节是通过激素的作用来实现的。激素作用于靶细胞或靶器官后，可引起一系列复杂的生化反应。现仅对蛋白质和肽类激素与类固醇激素的作用机制予以说明。

（1）肽和蛋白质激素。此类激素从内分泌腺分泌后，经体液循环运送至靶细胞，但一般不进入靶细胞内部，而是通过作用于细胞膜上的受体来激活一系列的反应。激素与膜上受体结合后，激活膜上的腺苷酸环化酶，催化 ATP 分解生成 cAMP，cAMP 继而激活蛋白激酶，催化细胞内蛋白质和酶的磷酸化，经共价修饰和级联放大在代谢调节中起作用。因此常将激素称为第一信使，而将 cAMP 称为第二信使。肾上腺素、胰高血糖素、甲状旁腺素等均为此作用机制。

（2）甾醇类激素。此类激素可进入靶细胞的胞内，并与胞质内的特异性受体结合而变构，形成活性复合物，复合物进入细胞核调控转录和蛋白质合成过程，从而影响某种酶的活性，进而调控代谢。此类激素调节中，激素为第一信使，而细胞内的激素受体蛋白复合物相当于第二信使。

有些激素（如胰岛素）兼具上述两种类似作用机制，除能作用于膜上受体发挥作用外，还能进入细胞和细胞核结合起作用。

10.3　整体水平的代谢调节

正常机体的新陈代谢是在中枢神经系统的调控下有规律进行的。神经调节和激素调节相比，神经系统的作用短而快，激素的作用缓慢而持久；激素的调节多是局部性的，协调组织与组织间、器官与器官间的代谢，神经系统的调节具有整体性，协调全部代谢。大部分激素的合成与分泌直接或间接地受到神经系统的支配，因此，激素调节离不开神经系统的调节。

10.3.1　整体水平代谢调节的机制

1. 直接调节——神经兴奋的快速调节

在某些特殊情况（如应激）下，机体的交感神经兴奋，由神经细胞的电兴奋引起的动作电位，可以使血糖浓度升高，引起糖尿；刺激动物的丘脑下部的延脑的交感中枢，也能引起血糖升高。这是因为外界刺激通过神经系统促进肝细胞中糖原的分解。

2. 间接调节——神经体液的调节

神经体系对代谢的控制主要来源于交感神经和副交感神经影响各内脏系统及各个内分泌腺，来改变机体的新陈代谢。

神经系统可以直接作用于内分泌腺，引起激素分泌。例如，肾上腺髓质受中枢-交感神经的支配而分泌肾上腺素，胰岛的 β 细胞受中枢-迷走神经的刺激分泌胰岛素。神经系统通过脑腺垂体调控的内分泌调节是一种间接调节。中枢神经将指令首先传给丘脑下部，产生促激素释放激素，再作用于脑腺垂体，产生的促激素通过血液运输到各自对应的内分泌腺而分泌激素，最后激素作用于靶细胞，进行代谢调节。这种调节方式是一种多元控制多级调节的机制。

10.3.2　应激状态下的代谢调节

应激（stress）是人体受到某些异常刺激因素作用（如创伤、剧痛、冻伤、缺氧、中毒、感染及剧烈情绪激动等）所做出一系列反应的紧张状态。应激状态时，交感神经兴奋，肾上腺髓质和皮质激素分泌增加血浆胰高血糖素和生长激素水平升高、胰岛素水平降低等，引起糖、脂肪和蛋白质等物质代谢发生相应的变化。应激时物质代谢变化的主要特征是分解代谢增强。

1. 糖代谢的变化

发生应激反应时，糖代谢变化的主要表现为高血糖。应激引发交感神经兴奋，引起肾上腺素、胰高血糖素分泌增加，可以激活糖原磷酸化酶促进肝糖原分解。同时肾上腺皮质激素及胰高血糖素又可以使糖异生作用增强，不断补充血糖，加之肾上腺皮质激素及生长激素使周围组织对糖的利用降低，多种激素的共同作用的结果使血糖升高，保证大脑和红细胞的能量供应。

2. 脂肪代谢的变化

发生应激反应时，脂肪代谢变化的主要表现为脂肪动员增加。由于肾上腺素、去甲肾上腺素、胰高血糖素等脂解激素增加，而胰岛素的分泌减少，促进脂肪大量动员，血液中脂肪酸含量升高，可以作为心肌、骨骼肌、肾脏等组织能量的主要来源；而且肝生成酮体的作用增强，肝外组织利用酮体的能量也增强，从而节省葡萄糖的利用。这也是血糖升高的另外一个原因。

3. 蛋白质代谢的变化

应激时，蛋白质代谢的主要表现是蛋白质分解加强。由于肌肉组织蛋白质分解，丙氨酸等氨基酸的释放增加，为肝细胞糖异生提供原料，同时尿素合成增加，出现负氮平衡。应激病人的蛋白质代谢既有破坏和分解的加强，也有合成的减弱，直至恢复期才逐渐恢复氮平衡。

10.3.3 饥饿状态下的代谢途径

机体通常在停食 12～16 h 后处于空腹状态，24 h 后进入饥饿状态，两种情况下肠道内都没有营养物质可供吸收，它们之间的根本区别在于是否动用储存脂。若开始动员脂肪功能，表明进入饥饿状态，此时胰岛素/胰高血糖素比值下降，血糖水平的维持完全依赖于糖异生作用，最重要的底物是氨基酸，肌肉蛋白质分解加强以便产生氨基酸；脂肪降解作用大大加速，血液中脂肪酸浓度升高，以保证为其他组织氧化提供能量，骨骼肌、心肌、肾等优先氧化脂肪酸供能，一方面减少葡萄糖的消耗，另一方面也可以减少蛋白质的分解。脂肪酸氧化产生的酮体是一种比脂肪酸更容易被利用的脂源性能源物质，它分子小，水溶性好，可被心肌和骨骼肌优先利用作为替代糖的良好能源，还可以透过血脑屏障进入脑组织。因此，在长期饥饿的情况下，酮体可以代替葡萄糖作为脑的主要供能物质。

参 考 文 献

[1] 陈正礼，罗启慧，程安春.大豆异黄酮对去卵巢大鼠脾脏 IL-2mRNA 表达的影响[J].中国农业科学，2010，43（9）：1948-1953.

[2] 常晓彤，輂晓峰，王振辉.Toll样受体信号转导途径研究进展[J].生理科学进展，2011，42（5）：340-346.

[3] 查锡良，周春燕.生物化学[M].北京：人民卫生出版社，2012.

[4] 曹健等.食品酶学[M].北京：化学工业出版社，2011.

[5] 迟玉杰.食品化学[M].北京：化学工业出版社，2012.

[6] 杜克生.食品生物化学[M].北京：中国轻工业出版社，2018.

[7] 高瑞萍，刘辉.电子鼻和电子舌在食品分析中的应用[J].肉类研究，2010，10：61-67.

[8] 郝林.食品生物技术概论[M].北京：中国林业出版社，2012.

[9] 吉佩忠.植物多糖的免疫活性研究[J].吉林医学，2010，31（6）：821-822.

[10] 李淑琼，李霞，孙宝丰.食品生物化学[M].北京：中国商业出版社，2015.

[11] 李庆章，吴永尧.生物化学[M].2版.北京：中国农业出版社，2011.

[12] 刘小娟，庞广昌，王连芬.螺旋藻蛋白酶解肽对腹腔黏膜系统的作用[J].食品科学，2010，31（21）：378-383.

[13] 卢姗姗，张少辉，付丽娜.牛乳酪蛋白源生物活性肽研究进展[J].食品研究与开发，2011，32（11）：176-179.

[14] 马金柱，王北艳，崔玉东.NLRs蛋白家族的研究进展[J].中国免疫学杂志，2011，27（3）：281-284.

[15] 潘宁，杜克生.食品生物化学[M].北京：化学工业出版社，2018.

[16] 王冬梅，吕淑霞.生物化学[M].北京：科学出版社，2010.

[17] 王继峰.生物化学[M].北京：中国中医药出版社，2010.

[18] 王希成.生物化学[M].北京：清华大学出版社，2010.

[19] 王淼，吕晓玲.食品生物化学[M].北京：中国轻工业出版社，2010.

[20] 王淼，吕晓玲.食品生物化学[M].北京：中国轻工业出版社，2017.

[21] 祥等.食品生物化学[M].广州：华南理工大学出版社，2011.

[22] 谢笔钧.食品化学[M].北京：科学出版社，2011.

[23] 谢达平.食品生物化学[M].中国农业出版社，2017.

[24] 许激扬.生物化学[M].南京：东南大学出版社，2010.

[25] 杨荣武.生物化学[M].北京：科学出版社，2013.

[26] 杨志敏.蒋立科.生物化学[M].北京：高等教育出版社，2010.

[27] 张东杰.重金属危害与食品安全[M].北京：人民卫生出版社，2011.

[28] 张邦建，崔雨荣.食品生物化学实训教程[M].北京：科学出版社，2016.